草图大师
SketchUp 应用

快速精通建模与渲染（第二版）

主编：卫　涛　　杜华山　　唐雪景

参编：黄霆鋆　　李沁明　　丁志颖
　　　林　忠　　鲍文杰　　彭梦雅

U0362917

华中科技大学出版社
http://www.hustp.com
中国·武汉

图书在版编目(CIP)数据

草图大师SketchUp应用：快速精通建模与渲染／卫涛，杜华山，唐雪景主编. － 2版.
－ 武汉：华中科技大学出版社，2019.7（2024.1 重印）
ISBN 978-7-5680-1292-8

Ⅰ．①草… Ⅱ．①卫… ②杜… ③唐… Ⅲ．①建筑设计－计算机辅助设计－应用软件
Ⅳ．①TU201.4

中国版本图书馆CIP数据核字(2015)第245041号

草图大师SketchUp应用：快速精通建模与渲染（第二版）　　　　卫涛　杜华山　唐雪景　主编
CAOTU DASHI SKETCHUP YINGYONG：JINGTONG JIANMO YU XUANRAN (DI-ER BAN)

策划编辑：易彩萍
责任编辑：易彩萍
责任校对：周怡露
装帧设计：张　靖
责任监印：朱　玢

出版发行：华中科技大学出版社（中国·武汉）　　　　　电话：（027）81321913
　　　　　武汉市东湖新技术开发区华工科技园　　　　　邮编：430223

印　　刷：广东虎彩云印刷有限公司
开　　本：787 mm×1092 mm　　1/16
印　　张：15.25
字　　数：516千字
版　　次：2024年1月第2版第4次印刷
定　　价：98.80元

前　言

SketchUp 是一套令人耳目一新的设计工具，能带给设计师边构思边表现的体验，可以快速形成草图，创作方案，打破了设计师手工二维设计的束缚，是设计创作上的一次大革命。

SketchUp 是相当简便易学的强大工具，不熟悉计算机的设计师也可以快速掌握它。它融合了铅笔画的优美与自然笔触，可以迅速建构、显示、编辑三维建筑模型，同时有强大的软件接口，能与多种主流设计软件交流数据。

建筑师在方案创作中使用 CAD 软件的繁重工作量可以被 SketchUp 的简洁、灵活所取代。它是一款专业的草图绘制工具，让设计师可以更直接、更方便地与业主进行交流。

1. 关于一次建模

目前设计师在制作方案时往往存在着"二次建模"的问题。因为当前设计师往往会使用 AutoCAD 绘制平面图形，然后在 3ds Max 中建三维模型。这样，为了完成一个方案就得在两个软件中进行二次"重复"操作，这就是"二次建模"的方法。这种方法使得设计环节十分复杂，而且浪费了大量宝贵的设计时间。而 SketchUp 则不同，平面图与三维图形在一个软件中"一次"即可完成，这就是"一次建模"的理念。

2. 本书的特点

本书是笔者和杜华山、唐雪景老师根据多年的工作经验，并总结了读者学习时容易出现的问题及国内外最新的设计与表现方法最终完成写作的。主要有以下几个显著特点。

●配套下载资源中收录了我们为本书专门制作的大量高清晰的教学视频。

●涵盖经典的行业应用实例，涉及建筑、规划、景观、室内等。

●介绍了多种建模的方法，如单面建模、盒子挤压建模、立面建模等。

●汇集多种效果图制作软件，如 3ds Max、V-Ray、Artlantis 等。

3. 中间软件

SketchUp 实际上是一个"中间软件"。所谓"中间软件"，就是指可以将其他软件的文件导入 SketchUp 中作为参考或模型的部件，又可以将 SketchUp 的模型导出到其他软件中进行渲染或调整。

4. 以面为核心的建模概念

相比 AutoCAD 的"线"元素、Revit 的"体量"元素，在 SketchUp 中模型是由一个一个的"面"组成的。影响 SketchUp"面"的因素有很多，读者在学习过程中要注意，如正面与反面、面的数量、面的重合等。尤其是要知道自己使用 SketchUp 的计算机的显示资源，最大显示的面数是百万级、千万级还是亿级。

5. 64 位的 SketchUp

SketchUp 从 2015 版开始，推出 64 位 Windows 操作系统的专用版本。可以使用 4 GB 以上的大内存，多 CPU 和多核心 CPU 得以在操作上发挥其优势。这样，软件可以更为流畅地运行，同样也能显示更多的面数，解决老版本上的卡顿、蓝屏等问题。

全书由武汉华夏理工学院卫涛、中南建筑设计院杜华山、唐雪景主编。本书的编写承蒙武汉华夏理工学院的领导、学院各位同仁的支持与关怀！也要感谢武汉华夏理工学院科研处的老师们对此书研究方向提出宝贵的意见与诚恳的建议！还要感谢华中科技大学出版社的编辑在本书的策划、编写与统稿中所给予的帮助！

虽然我们对本书中所述内容都尽量核实，并多次进行文字校对，但因时间所限，书中可能还存在疏漏和不足之处，恳请读者批评指正。

卫　涛
二零一九年元月于武汉光谷

目录

第 1 章　概述

SketchUp 主要是为 3D 设计者和方案草图的推敲者而开发的一个软件，适合比较规则模型的建立，制作效果图并不是其"本职工作"。如果用 SketchUp 建人物模型或是自由曲面的模型，那么将是一个巨大的错误。

SketchUp 建模的特点可以用"推拉"一词概括，笔者称其为"推拉建模"。如果配合其他的配景组件，设计者很快就能将头脑中的概念转化为计算机的 3D 模型；进一步说，如果有相配套的模型设备，就会很方便地建立可观、可触的实体模型。用 SketchUp 建模的一个最大的特点就是用"线"绘制成"面"，然后用【推拉】【旋转】和【缩放】三个基本的修改编辑工具生成模型。"面"的概念应该贯穿到绘图过程的始终。利用这个软件，设计师们可以实时转换不同的角度观察模型，用任意视角去绘图。

当工作成为娱乐，生活将变得容易和美好——能够驾驭 SketchUp 的设计师们成功地实现了这样一个美好愿望。SketchUp 让设计人员感觉工作就像玩游戏一样轻松。SketchUp 几乎是最接近设计思考方式的计算机辅助设计软件。设计师可以专注于设计本身，而不去关注软件的操作，接近手脑同步设计。其简洁的界面、强大的功能、简便的操作、丰富的表达方式，提供了自由、开放的表达空间，将铅笔画自然的笔触以及设计师的智慧融入了数字设计当中。

Trimble 公司收购 SketchUp 之后，成功推出了 SketchUp 的 64 位版本，增加了对多 CPU、大内存的支持。同时，由于 Trimble 公司在建筑类软件方面的开发优势，新版本的 SketchUp 操作更简便、受众面更广、运算速度更快。本章将介绍软件的基本功能、适用行业、安装方法等基础性内容，使读者对软件有一定了解，便于后面的深入学习。

1.1 SketchUp 功能概述

SketchUp 目前主要是用来推敲方案，其提供的绘图窗口可以方便地旋转、拖动和缩放视图。与其他的三维软件相比，设计者仅通过鼠标就能控制界面绘图视角和视点位置。

SketchUp 是一套真正帮助设计师进行设计创作的软件，它为设计师提供了全新的三维设计方式——在 SketchUp 中建立三维模型就像我们使用铅笔在图纸上作图一般，SketchUp 本身能自动识别这些线条，

加以自动捕捉。软件建模流程简单明了，就是画线成面，而后推拉成型。

SketchUp 功能介绍如下。

◇独特简洁的界面，可以让设计师短期内掌握。

◇适用范围广泛，可以应用在建筑、规划、园林、景观、室内以及工业设计等领域。

◇方便的推拉功能，设计师通过一个图形就可以方便地生成 3D 几何体，无须进行复杂的三维建模。

◇快速生成任何位置的剖面，使设计者清楚地了解建筑的内部结构，可以随意生成二维剖面图并快速导入 AutoCAD 进行处理。

◇与 AutoCAD、Revit、3ds Max、Piranesi、Artlantis 等软件结合使用，快速导入和导出 DWG、DXF、JPG、3DS 等格式文件，实现方案构思、效果图与施工图绘制的完美结合，同时提供与 AutoCAD 和 ArchiCAD 等设计工具结合使用的插件。

◇自带大量门、窗、柱、家具等组件库和建筑肌理边线需要的材质库，如图 1.1 所示。

图 1.1 自带组件库

◇轻松制作方案演示视频动画，全方位表达设计师的创作思路。

◇具有草稿、线稿、透视、渲染等不同显示模式。

◇准确定位阴影和日照，设计师可以根据建筑物所在地区和时间实时进行阴影和日照分析。

◇简便地进行空间尺寸和文字的标注，并且标注部分始终面向设计者。

现在的 SketchUp 与以前的版本相比较功能有了实质性的提高，可以在照片中建立 3D 模型或者使现有的模型与背景照片相匹配，再做手绘效果、增添雾效，

并可以使用 3D 文字、标志和水印等在模型上做标记。使用【风格】对话框，可以非常容易地选择不同的显示设定，还可以制作属于自己的风格，并且将它保存和分享。

1.2 SketchUp 的安装

安装 SketchUp 时，假如没有安装 Net Framework，就会提示"请先安装 Net Framework"，安装这个软件后才能安装 SketchUp。SketchUp 有免费版（Free）与专业版（Pro）两种，设计师可以根据具体需要选择。图 1.2 为 SketchUp Pro 的安装界面。

图 1.2 SketchUp Pro 的安装界面

继续上面的操作，单击【下一个】按钮后，会出现图 1.3 所示的安装路径对话框。单击【更改】按钮后出现选择路径对话框，请选择相应的路径。建议安装在系统盘（C 盘）以外的磁盘（如 D、E、F、G 盘）内。

图 1.3 选择安装路经

续图 1.3

注意：SketchUp 对中文的支持不佳，所以安装路径中不可出现汉字，否则会导致软件部分功能无法使用。

安装完成后，首次运行 SketchUp 会弹出绘图环境设置向导，一般选择图中下拉菜单红色框示意的选项——毫米制。如图 1.4 所示。

图 1.4 绘图环境设置向导

单击图 1.4 中的【开始使用 SketchUp】按钮后，会弹出【学习】界面，如图 1.5 所示。如果不去掉图中的【始终在启动时显示】的勾选，下次运行 SketchUp 还会出现【学习】界面。这个功能对新手来说很有意义。

图 1.5 【学习】界面

首次运行 SketchUp，还会出现一个【工具向导】的面板。如果其为激活状态，在单击不同的命令按钮时，【工具向导】的面板就会显示相应的命令演示。如图 1.6 所示。

图 1.6 工具向导

1.3 SketchUp 的应用

SketchUp 可以应用在多个设计行业，软件于不同行业的灵活运用是学习的关键。下面就所应用的领域逐一简介，目的是使读者更好地了解该软件。

1. 建筑设计

建筑师使用 SketchUp 可以随心所欲地表达设计方案。通过三维的形体表现让设计师和业主可以更加直观地了解所设计的作品。SketchUp 在建筑设计的细节表现上也相当完美。通过 SketchUp 对建筑的众多表现图，人们相信这款软件在所有进行建筑方案设计的软件中是非常优秀的。图 1.7 是 SketchUp 所作的建筑效果图。

图 1.7 SketchUp 所作的建筑效果图

2. 规划设计

SketchUp 能让规划设计师在总平面图或卫星航拍照片上快速地建立体块，进行实时阴影和日照分析，可以从各个角度对模型做出体量分析，使规划师能快

速地分析宏观的模型体量。SketchUp 还可以快速地建立地形和山体。图 1.8 是 SketchUp 所作的居住区规划鸟瞰图。

图 1.8 SketchUp 所作的居住区规划鸟瞰图

3. 园林景观设计

用户可以通过 SketchUp 组件库中提供的植物库，结合方案设计中的模型体块，轻松实现园林景观的快速表现。组件库中任何组件都是可以修改并自己定义的，而且在以后的模型中还可以反复使用。图 1.9 是 SketchUp 所作的景观剖面分析图。

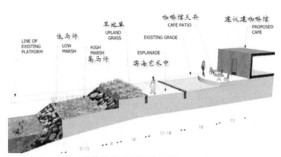

图 1.9 SketchUp 所作的景观剖面分析图

4. 室内设计

SketchUp 可以方便快速地完成三维室内设计。相对于其他二维软件，SketchUp 更加直观，也不像其他三维软件那样难以编辑。图 1.10 是 SketchUp 所作的室内效果图。

图 1.10 SketchUp 所作的室内效果图

5.工业设计

SketchUp 在工业领域的优势在于可以快速地建立概念中的设计想法，准确地绘制出需要的零件，广泛地应用于汽车、飞机、家具等多个工业设计领域。图 1.11 是 SketchUp 所作的工业概念设计。

图 1.11 SketchUp 所作的工业概念设计

6.舞台设计

SketchUp 同样可以应用在舞台设计中，可以对舞台的场景和设备布置进行详细周密的设计，有助于对歌舞厅等文化娱乐设施成套设备的研究，优化对灯光设施、音响设施、机械设施、投影设施、空调设施、舞台地板的设计。图 1.12 是 SketchUp 所作的舞台造型设计。

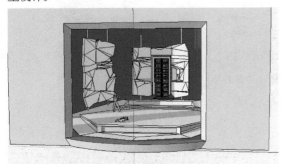

图 1.12 SketchUp 所作的舞台造型设计

1.4 SketchUp 特色功能

SketchUp 与其他设计软件相比，有自己独特的功能。软件能够在照片中建立 3D 模型或者使现有的模型与背景照片相匹配，可以设置手绘效果和各种风格，可以使用水印、3D 文字在模型上做标记，可以

给模型添加雾效，可以在互联网上下载和发布模型，还可以和 Google Earth(谷歌地球)配合建立地标文件。

1.照片匹配

照片匹配就是通过照片建立一个 3D 模型或者使一个现有的模型和一张照片图像相匹配。照片匹配是指在照片内指定轴线并且与 SketchUp 内的轴线定位一致，然后 SketchUp 自动计算照相机位置和视野，使得建模环境与照片透视相匹配，效果如图 1.13 所示。

图 1.13 照片匹配

2.风格样式

风格样式的预设集合中，包含大量的水印和手绘效果，也可以自己设定新的效果并保存与分享。只需要单击预设中的一个样式图标，就能从窗口中选择一种样式并且用于场景。水印图像放在场景中，可以作为绘制顶层图层的背景。风格样式将让你展示的设计提升到新的高度，如图 1.14 所示。

图 1.14 风格样式

3.水印

水印特性使设计者能够在模型后或者模型前放置图像。放在背景层的图像用于创造配景、天空或者纹理背景。放在前景里的图像用于标记图像。通过水印这个工具可以控制水印的透明度、位置、大小和纹理排布。水印特性包含在风格工具栏内。水印效果如图 1.15 所示。

图 1.15 水印样式

4. 雾化

雾化可以给一个模型添加雾效，表现出一种具有景深的感觉。可以通过调整雾的颜色和密度，创造出更为丰富有趣的非照片效果，如图 1.16 所示。

图 1.16 雾化样式

5. 3D 文字

3D 文字可以将文字转化成三维效果。在 SketchUp 内使用【3D 文字】工具创造标志和文字很容易。通过它也可以制作 2D 文字和描边文字，如图 1.17 所示。

图 1.17 3D 文字

6. Google Earth 和 3D Warehouse 插件

如果安装了 Google Earth，SketchUp 提供的真实世界坐标功能就可以使用了，通过该功能，你可以放置你制作的模型并且通过 3D Warehouse 分享它们，效果如图 1.18 所示。

图 1.18 Google Earth 功能

7. 动态组件

动态组件是 SketchUp 对于传统组件功能进行的加强，动态组件可以像传统组件一样运用于一般的场景之中，也可以运用于需要扩展组件的位置，如按照建筑尺寸扩展组件的内容等。动态组件的基本操作如图 1.19 所示。

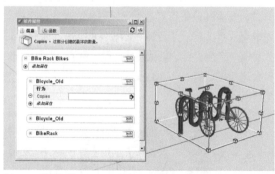

图 1.19 动态组件

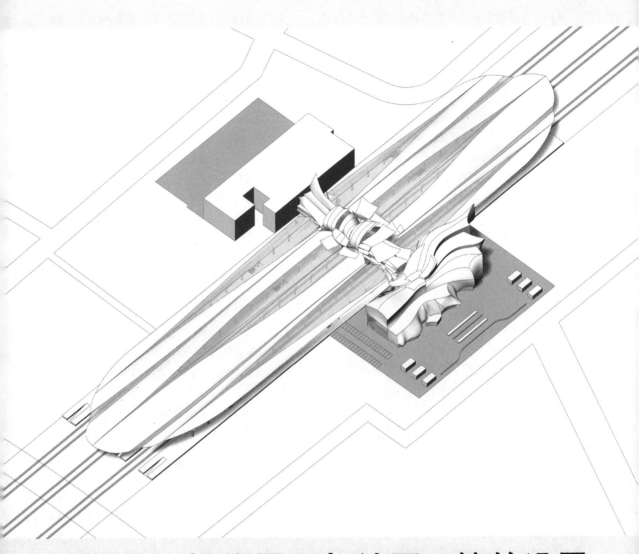

第 2 章 操作界面与绘图环境的设置

SketchUp 明快简洁的软件界面受到众多用户青睐。与其他 3D 设计软件如 3ds Max、AutoCAD 等复杂的绘图模式不同，SketchUp 仅有十几个工具栏，包含三十个左右的常用命令，其中最为常用的命令在十个左右。正是因为其简单易用、功能强大，它被越来越多的 3D 设计爱好者采用。

与其他工程设计软件如 3ds Max、AutoCAD、ArchiCAD、MicroStation 一样，默认情况下都是以英制单位为作图基本单位。作为中国用户，在作图的第一步必须进行绘图环境的设置，以便对模型准确定位。

2.1　操作界面

SketchUp 与其他 Windows 平台的操作软件一样，也是采用"下拉菜单""工具条"的人机信息交换模式，步骤提示通过"状态栏"显示出来。

图 2.1 详细介绍了 SketchUp Pro 的操作界面。

◇ 1 区：下拉菜单区。由【文件】、【编辑】、

图 2.1 操作界面

【视图】、【相机】、【绘图】、【工具】、【窗口】、【plugins】和【帮助】9 个部分组成。其中【plugins】为插件下拉菜单，加入插件或者在 Ruby 控制台下输入调用插件的命令才可以出现，默认情况是没有的。

◇ 2、3 区：工具栏。位置可以通过拖动确定，也可以关闭不常用的工具条。

◇ 4 区：场景管理面板。主要是在制作动画时控制各个页面的属性。

◇ 5 区：大纲管理面板。用于管理场景中的组件和群组，可以清楚地查看其层次关系。

◇ 6 区：组件浏览器。通过组件浏览器可以方便地向场景中添加已保存的组件。

◇ 7 区：图层控制面板。SketchUp 的图层与其他设计软件如 AutoCAD 等的图层概念相同，通过图层控制面板来控制图层的显示和隐藏。

◇ 8 区：样式控制面板。里面保存了大量的预设样式，并且可以通过样式控制面板制作和分享自己创造的样式风格。

◇ 9 区：材质控制面板。通过其向场景中添加材质和编辑材质。

◇ 10 区：输入框。通过此处观察键盘输入的信息。

◇ 11 区：信息提示。在 SketchUp 进行的每一步操作，都可以在此处获得相应的信息提示，以指导下一步的操作。

上面介绍的是最为常用的几个部分，此外 SketchUp 还有其他一些控制面板，那些控制面板的功能将会穿插在本书的其他地方为读者讲解。

2.2　工具栏详解

SketchUp Pro 总共设置了 13 个工具栏，此外还有 2 个复合工具栏。复合工具栏是 13 个独立工具栏的综合。相对于其他的绘图软件，SketchUp 的工具栏可谓是少之又少。下文是对每个工具栏的具体讲解。这对 SketchUp 的初级用户非常有用。工具栏的打开和关闭可以通过单击【视图】→【工具栏】命令展开菜单下的选项来控制。

2.2.1　标准工具栏

SketchUp 标准工具栏中的命令在绝大部分绘图软件中都有，快捷键也和其他绘图软件的快捷键设置一样。所以有其他软件使用经验的用户可以很容易地接受这部分知识。打开和关闭标准工具栏是通过勾选和取消【视图】→【工具栏】→【标准】选项实现的，如图 2.2 所示。

图 2.2 标准工具栏

◇ 【新建文件】功能和【文件】→【新建】功能可以达到相同的目的。快捷键为【Ctrl】+【N】。

◇ 【打开】功能和【文件】→【打开】功能相同。快捷键为【Ctrl】+【O】。

◇ 【保存】功能和【文件】→【保存】功能相同。也可以通过系统的默认快捷键【Ctrl】+【S】保存。

◇ 【剪切】功能和默认快捷键【Ctrl】+【X】都可以对操作对象进行剪切操作。

◇ 【复制】和 【粘贴】是两个配合使用的

命令。相应的快捷键为【Ctrl】+【C】和【Ctrl】+【V】。值得注意的是复制后坐标原点的位置。

◇✕【删除】功能和默认快捷键【Delete】一样，可以对操作对象进行删除操作。

◇↶【撤销】和↷【重复】也是一对命令，是对上一个操作的编辑。相应的快捷键为【Ctrl】+【Z】和【Ctrl】+【Y】。

◇🖨【打印】功能和【文件】→【打印】功能相同。相应的快捷键为【Ctrl】+【P】。

◇ℹ【场景信息】功能和【窗口】→【场景信息】功能相同。

2.2.2 常用工具栏

常用工具栏是操作中不可或缺的工具集合，包括【选择】、【制作组件】、【材质填充】和【删除】四个命令。其打开和关闭是通过勾选和取消勾选【视图】→【工具栏】→【主要】选项来实现的，如图2.3所示。

图 2.3 常用工具栏

◇▲【选择】功能涉及软件隐藏命令的调用问题，相应快捷键为【Space】。即当有对象被选择时，系统将加载能对选择对象操作的命令。

◇◈【制作组件】功能和右击选择对象选择【制作组件】命令一样。只有当对象被选择时，工具按钮才以激活状态的彩色显示。相应的快捷键为【G】。

◇🖌【材质填充】功能主要用在模型建成后的材质推敲，也是导入其他渲染软件前的必用工具。相应的快捷键为【B】。

◇✎【删除】功能不仅仅是删除它选择的对象，配合功能键还可以隐藏和柔化对象。相应快捷键为【E】。选择【删除】工具后按下【Shift】键，再点选对象可以将选择的对象隐藏，如图2.4所示。选择【删除】工具后按下【Ctrl】键，再点选对象可以将选择的对象柔化，如图2.5所示。

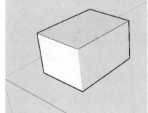

图 2.4 隐藏对象　　图 2.5 柔化对象

2.2.3 绘图工具栏

绘图工具栏中包括【矩形】、【直线】、【圆形】、【圆弧】、【多边形】和【徒手线】六个工具。这几个工具配合修改工具可以创造丰富的立体图形。绘图工具栏的打开和关闭是通过勾选和取消勾选【视图】→【工具栏】→【绘图】选项来实现的，如图2.6所示。

图 2.6 绘图工具栏

◇▢【矩形】工具是生成"面"的快捷工具，相应快捷键为【R】。它可以通过键盘输入尺寸数据得到预定大小的矩形。

◇✎【直线】工具是创造"面"的最基本的工具，相应快捷键为【L】。

◇●【圆形】工具可以画出圆形平面，然后再利用编辑工具拉伸出柱体。相应快捷键为【C】。

◇⌒【圆弧】工具利用三点定圆的原理来确定弧线。相应快捷键为【A】。如果想得到圆滑的弧线，也需要确定组成弧线的直线边数。

◇▼【多边形】工具和【圆形】工具在本质上是一样的原理，只是初始的默认边数不同。使用方法和【圆形】工具相同。

◇🖊【徒手线】工具在制作地形时使用较多。先要点选【徒手线】工具，然后按住鼠标左键不放，拖动光标，就可以随心所欲地绘制出徒手线条。

2.2.4 修改工具栏

修改工具栏的六个命令，即【移动／复制】、【推拉】、【旋转】、【路径跟随】、【缩放】和【偏移复制】，也是绘图的基础命令，是塑造形体不可缺少的工具。其打开和关闭是通过勾选和取消勾选【视图】→【工具栏】→【修改】选项实现的，修改工具栏的形式如图2.7所示。

图 2.7 修改工具栏

◇✥【移动／复制】工具用于移动或复制选择的对象，也可以移动特定的边线以修改图形的形状。相应快捷键为【M】。

◇♦【推拉】工具是由平面生成立体体块的利器，详细功能将在后面讲到。相应快捷键为【P】。

◇↻【旋转】工具用来调整选择对象的位置和方位，也可以用来制作"环型阵列"。相应快捷键为【Q】。

◇ 🖉【路径跟随】工具也可以称为【路径放样】工具。它是将平面以垂直于预定的线运动得到"体"的工具。

◇ 🖎【缩放】工具也可以叫【比例】工具。它可以改变对象的大小和形体，也可以制作镜像效果。相应快捷键为【S】。

◇ 🖆【偏移复制】工具有偏移并复制对象的功能，主要是针对"边"。相应快捷键为【F】。

2.2.5 辅助工具栏

辅助工具栏包括六个命令，分别是【测量／辅助线】、【尺寸标注】、【量角器／辅助线】、【文本标注】、【坐标轴】和【3D 文字】，它们对绘图起到辅助的作用。辅助工具栏的打开和关闭是通过勾选和取消勾选【视图】→【工具栏】→【辅助】选项来实现的，辅助工具栏的形式如图 2.8 所示。

图 2.8 辅助工具栏

◇ 🔍【测量／辅助线】工具不仅有测量和添加辅助线的功能，还有改变场景物体大小的功能。相应的快捷键为【T】。

◇ 🗲【尺寸标注】用于标注尺寸，是设计师把握形体尺度的有力工具，也是和他人交流的辅助手段。

◇ 🖋【量角器／辅助线】工具用于添加不同角度的辅助线。

◇ 🏳【文本标注】用于在绘图过程中对图形进行文本说明。字体和标注形式可以通过【模型信息】对话框进行修改。

◇ 🖈【坐标轴】功能用于修改场景的坐标轴或是单个物体的坐标轴。推敲方案时，它的作用并不是很明显，一旦涉及场景等编程动画，它将是不可缺少的工具。

◇ 🅰【3D 文字】用于在场景中添加 3D 文字。

2.2.6 剖切工具栏

剖切工具栏里的工具比较少，主要有【剖面】、【显示／隐藏剖切】和【显示／隐藏剖切面】三个命令，它们要配合【剖面】工具使用。剖切工具栏的打开和关闭是通过勾选和取消勾选【视图】→【工具栏】→【截面】选项来实现的，剖切工具栏如图 2.9 所示。

图 2.9 剖切工具栏

◇ ⊕【剖面】是实现对图形剖面观察的一个工具，它和剖切工具配合使用。

◇ ▢【显示／隐藏剖切】工具在绘制室内过程中有极其重要的作用，特别是对建筑顶部的设计。隐藏剖切面后能起到隐藏遮挡物的作用，方便对显示的物体进行操作。

◇ ▤【显示／隐藏剖切面】工具应用于对多个剖切面的操作。

2.2.7 显示工具栏

显示工具栏能提供六种显示模式，分别是【X 光模式】、【线框模式】、【消隐模式】、【着色模式】、【贴图模式】和【单色模式】。它们分别在输出方案交流图、观察内部线框结构和节省内存方面发挥作用。显示工具栏的打开和关闭是通过勾选和取消勾选【视图】→【工具栏】→【显示模式】选项来实现的，如图 2.10 所示。

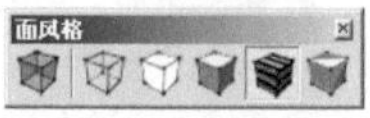

图 2.10 显示工具栏

◇ ▦【X 光模式】不能单独使用，要配合另外四种模式使用，可用于观察模型的结构线框。

◇ ▧【线框模式】是最节省内存的显示模式，也是删除多余结构线时最方便的显示模式。

◇ ▢【消隐模式】用于输出方案交流图或是面数较多的方案推敲，也能很好地节省内存。

◇ ▣【着色模式】比【消隐模式】要消耗内存，主要是考虑设计师的视觉感受。

◇ ◾【贴图模式】用于方案的材质推敲，是较消耗内存的显示模式。

◇ ▢【单色模式】也是节省内存的显示模式，通过这个命令可以观察面的正反。

2.2.8 阴影工具栏

阴影工具栏可以帮助设计师对建筑的光影效果进行推敲。通过【模型信息】对话框设置场景的经纬度、位置，从而很直观地确定挑檐的长度，也可以确定建筑物的阴影区。尽管 SketchUp 还不能作为官方权威的日照分析软件用于实际的工程报批，但在分析阶段，其准确性完全可以相信。阴影工具栏的打开和关闭是通过勾选和取消勾选【视图】→【工具栏】→【阴影】

选项来实现的，如图 2.11 所示。

图 2.11 阴影工具栏

在利用阴影功能之前必须对地理位置进行设置。具体步骤如下。

（1）单击【窗口】→【模型信息】→【位置】选项。弹出【模型信息】对话框，默认设置如图 2.12 所示。

（2）例如，你所做项目的地区是北京，那么做图中所示的更改，如图 2.13 所示。

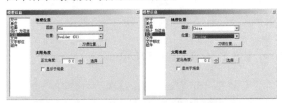

图 2.12 默认设置   图 2.13 修改设置

（3）如果你的地理位置在下拉菜单中没有列出，单击【自定义位置】进行设定。这时你要清楚你的地理坐标。如图 2.14 所示。

◇ 【阴影显示切换】工具控制阴影的显示与否。

◇ 【阴影对话框】工具用于控制【阴影对话框】的开闭并进行阴影设置。【阴影设置】对话框如图 2.15 所示。

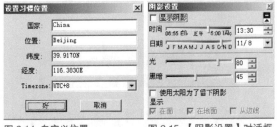

图 2.14 自定义位置   图 2.15 【阴影设置】对话框

2.2.9 观察工具栏

观察工具栏用于变换模型的角度和观察方位。配合鼠标中键使用，使绘图更方便。它由【转动】、【平移】、【缩放】、【窗选】、【撤销视图改变】、【重做视图改变】和【充满视窗】7 个工具组成。观察工具栏的打开和关闭是通过勾选和取消勾选【视图】→【工具栏】→【相机】选项来实现的，如图 2.16 所示。

图 2.16 观察工具栏

◇ 【转动】工具用于旋转模型，其实是旋转相机，因为模型的相对坐标没有变化。相应的快捷键

为【O】。

◇ 【平移】用于平移模型，它的本质也是相机的平移。相应的快捷键为【H】。

◇ 【缩放】工具用于改变相机的焦距，以控制视图的大小。相应的快捷键为【Z】。

◇ 【窗选】工具也可以称为【区域选择】工具，它用于选定区域的放大。相应的快捷键为【Ctrl】+【Shift】+【W】。

◇ 单击【撤销视图改变】工具单击后会回复到上一个视图角度。

◇ 单击【重做视图改变】工具单击后会跳转到下一个视图角度。

◇ 【充满视窗】工具应用于过大或是过小场景的观察。相应的快捷键为【Ctrl】+【Shift】+【E】。

2.2.10 漫游工具栏

漫游工具栏应用于场景建完之后的推敲，也可以用于渲染输出前的视图调整，而在绘图过程中的作用不是很大。它包括【相机位置】、【漫游】和【绕轴旋转】三个工具。其打开和关闭是通过勾选和取消勾选【视图】→【工具栏】→【漫游】选项来实现的，如图 2.17 所示。

图 2.17 漫游工具栏

◇ 【相机位置】工具用于确定“站点”和“视点”的位置。

◇ 【漫游】工具用于观察模型的空间效果。单击【漫游】工具后，在地面上点选一个位置，视点将自动切换过去。

◇ 【绕轴旋转】相当于相机的位置不动，用改变目标点位置的方法改变视图。

2.2.11 视图工具栏

视图工具栏包括【等角透视】、【顶视图】、【前视图】、【右视图】、【后视图】和【左视图】六个工具。这一部分工具没有什么技术上的问题，根据观察的效果不同，又分为相机视图和非相机视图两种模式，用户根据需要进行调整。其打开和关闭是通过勾选和取消勾选【视图】→【工具栏】→【视图】选项实现的，视图工具栏如图 2.18 所示。

图 2.18 视图工具栏

◇ 🏠【等角透视】工具用于展示等角透视图。

◇ 🎴【顶视图】工具在非相机视图下运用，可以展示平面图。

◇ 🏠【前视图】工具在非相机视图下运用，可以展示南立面。

◇ 🎴【右视图】工具在非相机视图下运用，可以展示东立面。

◇ 🏠【后视图】工具在非相机视图下运用，可以展示北立面。

◇ 🎴【左视图】工具在非相机视图下运用，可以展示西立面。

2.2.12 图层工具栏

图层工具栏包括【图层下拉菜单】和【图层管理器】两个工具。其打开和关闭是通过勾选和取消勾选【查看】→【工具栏】→【图层】选项实现的，图层工具栏如图 2.19 所示。

图 2.19 图层工具栏

◇ ✓ Layer0【图层下拉菜单】工具用于改变对象所属图层。

◇ 🎴【图层管理器】工具用于调用【图层管理器】。

2.2.13 Google 工具栏

Google 工具栏包括【获取当前地理位置】、【切换地域】、【放置模型】、【获取模型】和【分享模型】五个工具。其打开和关闭是通过勾选和取消勾选【视图】→【工具栏】→【Google 工具栏】选项来实现的，Google 工具栏如图 2.20 所示。

图 2.20 Google 工具栏

◇ 🌐【获取当前地理位置】功能要配合 Google Earth 使用。打开 Google Earth 后，单击【获取当前地理位置】按钮，会把在 Google Earth 中观察到的地形下载到 SketchUp 中。

◇ 🎴【切换地域】功能将切换下载的地形文件，切换成平面或三维地形。

◇ 🌐【放置模型】功能是将在 Google Earth 中观察到的地形下载到 SketchUp 中，在地形上建立模型后，将模型发布到 Google Earth 上。

◇ 🎴【获取模型】可以从互联网上获取共享的模型。

◇ 🎴【分享模型】通过 3D Warehouse 与网友分享自己的模型。

2.3 设置绘图环境

SketchUp 是一款面向全球的三维设计软件。由于各国与各行业的制图标准不一致，所以在使用软件正式作图之前一定要设置绘图环境，如设置单位、调整操作界面、检查快捷键等，也可以直接利用或定制模板文件，这样下次进入软件就更为便捷了。

2.3.1 设置向导与单位

安装 SketchUp Pro 后，首次运行会有一个【欢迎使用 SketchUp】的对话框，如图 2.21 所示。SketchUp 在默认情况下以英制英寸为绘图单位。此时应该在【选择模板】卷展栏中选择【建筑设计－毫米】选项。尽管有此设置向导，有时候还要对单位精度进行调整，具体的操作如下。

图 2.21 绘图场景设置向导

（1）单击【窗口】→【模型信息】命令，弹出【模型信息】对话框，单击【单位】选项，弹出【长度单位】与【角度单位】设置对话框，如图 2.22 所示。

（2）可以看到在默认情况下，【精确度】是 "0.0mm"，需要重新设置。

（3）在【长度单位】栏中做如下调整，如图 2.23 所示。设置完成后，按下【Enter】键即可。

图 2.22 系统默认的单位

图 2.23 实际绘图需要的单位

2.3.2 场景的坐标系和调整坐标系

与其他三维建筑设计软件一样，SketchUp 也使用坐标系来辅助绘图。启动 SketchUp 后，会发现屏幕中有一个三色的坐标轴，绿色的坐标轴代表 y 轴，红色的坐标轴代表 x 轴，蓝色的坐标轴代表 z 轴，其中实线轴为坐标轴正方向，虚线轴为坐标轴负方向，如图 2.24 所示。

根据设计师的需要，可以将默认的坐标轴的原点、轴向进行更改，具体的操作如下。

（1）单击工具栏中的【坐标轴】按钮，发出重新定义系统坐标的命令，可以观察到此时屏幕中的光标指针变成了一个坐标轴，如图 2.25 所示。

图 2.24 坐标轴向　　　图 2.25 光标指针的变化

（2）移动光标到需要重新定义的坐标原点，在相应的位置点击鼠标左键，完成原点的定位。

（3）转动光标到红色的 y 轴需要的方向位置，在相应的位置点击鼠标左键，完成 y 轴的定位。

（4）再转动光标到绿色的 x 轴需要的方向位置，在相应的位置点击鼠标左键，完成 x 轴的定位。

（5）此时可以看到屏幕中的坐标系已经被重新定义。

如果想在绘图时出现如图 2.26 所示的用于辅助的 xyz 轴定位光标，就像在 AutoCAD 中绘图时的屏幕光标一样，可以使用以下方法来开启。

图 2.26 辅助定位的十字光标

（1）单击【窗口】→【参数设置】命令，在弹出的【参数设置】对话框中选择【绘图】选项，如图 2.27 所示。

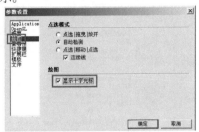

图 2.27 【参数设置】对话框中选择【绘图】选项

（2）在【绘图】栏中，勾选图中红色框示意的复选框即可。

注意： 设置坐标轴只在制作动画时使用，一般并不使用。

2.3.3 模板的调用和修改

如果不习惯使用 SketchUp 默认的模板，那么可以修改 SketchUp 调用的"模板"，然后保存修改的模板，以后就可以使用自己制定的模板了。本节将揭开模板的神秘面纱，具体操作如下。

如果没有改变 SketchUp 默认安装路径，其绘图模板将被安装在"C:\Program Files\SketchUp 2018\Resources\zh-CN\Templates"路径下，如图 2.28 所示。这些模板的文件名后缀为".skp"，这说明模板文件是可以被 SketchUp 打开并编辑的。

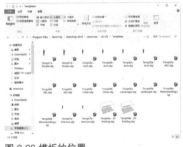

图 2.28 模板的位置

（1）运行 SketchUp 后，系统加载默认的"模板"，如果之前没有设置过，绘图单位为"英寸"，如图 2.29 所示。

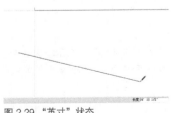

图 2.29 "英寸"状态

（2）单击【窗口】→【参数设置】命令，弹出【参数设置】对话框，单击【模板】选项，如图 2.30 所示。

图 2.30【参数设置】对话框

（3）在下拉菜单中选择【Metric Millimeters-2D】选项，单击【确定】按钮，完成模板的调用，如图 2.31 所示。

图 2.31 调用【Metric Millimeters-2D】模板

（4）现在操作的界面还是显示"英寸"。关闭 SketchUp，重新运行，图 2.32 所示为刚才加载模板的标注样式。

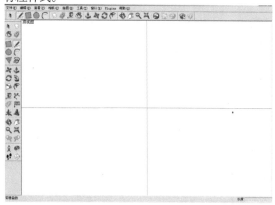

图 2.32 加载模板样式

注意：只要调用模板，以后每次运行 SketchUp 都会自动加载调用的模板。上面演示了加载其他模板，下面演示制作个性化模板。

（5）开始设置标注样式。单击【窗口】→【模型信息】命令，弹出【模型信息】对话框，选择【尺寸】选项，进行如图 2.33 所示的设置。

图 2.33 修改的标注样式

（6）关闭【模型信息】对话框，默认的标注已经被修改。如图 2.34 所示。

（7）单击【窗口】→【风格】选项，弹出【风格】对话框，此时单击图中示意的【水印】选项，勾选【显示水印】复选框，然后进行如图 2.35 所示的设置。

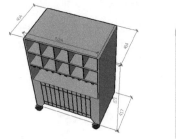

图 2.34 新标注样式　　　　图 2.35 风格对话框

（8）继续上一步的操作，弹出【选择水印】对话框，SketchUp 支持 5 种常用的图像格式，如图 2.36 所示。选择相应的背景图像，单击【打开】按钮。

图 2.36 选择水印图像

（9）继续上一步的操作，弹出【创造水印】对话框，选择【背景】单选框，然后单击【下一步】按钮，如图 2.37 所示。而后会弹出【创造水印】的水印混合对话框，如图 2.38 所示。通过图 2.38 中的滑

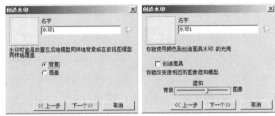

图 2.37 水印覆盖　　　图 2.38 水印混合

杆控制背景图像的透明度。

（10）继续上一步的操作，单击【下一步】按钮后，弹出【创造水印】的水印大小控制对话框，如图 2.39 所示，通过它控制水印的大小。单击图 2.39 中的【完成】按钮后，完成对绘图区域纹理的设定，如图 2.40 所示。

图 2.39 水印大小　　　图 2.40 设置后的纹理

（11）删除场景中的全部对象。单击【文件】→【另存为】命令，保存在"C:\Program Files\SketchUp 2018\Resources\zh-US\Templates"路径下，命名为"我的模板"，如图 2.41 所示。

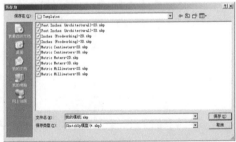

图 2.41 保存模板

（12）参照上面的步骤（2）与步骤（3），调用"我的模板 .skp"文件。关闭 SketchUp，重新运行，如图 2.42 所示为刚才所修改模板的样式。

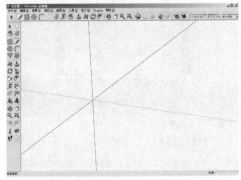

图 2.42 个性化模板样式

2.4　物体显示

在绘图过程中，为了更快捷地编辑图形，时常要切换模型的显示模式。此外，设计师为了让业主能深入地了解方案、理解设计意图，会从各种角度、用各种方式来表达设计成果。因此，SketchUp 中设置了多种显示模式，以供设计师来选择使用。

2.4.1　六种基本显示模式

涉及模型内部设计时，周围都有闭合的面，要观察内部的构造，就需要消隐一部分面，然而消隐后绘图又不利于观察模型。有些计算机的硬件配置较低，需要经常切换【线框模式】与【着色模式】。这些问题在 SketchUp 中都得到了很好的解决。

SketchUp 提供了一个"显示模式"工具栏，此工具条栏共有六个按钮，分别代表了模型常用的六种显示模式，如图 2.43 所示。

图 2.43 显示工具栏

◇【X 光模式】功能是场景中所有的物体都是半透明的，像用 X 光照射的一样。在此模式下，可以在不隐藏任何物体的情况下查看模型内部的构造，如图 2.44 所示。

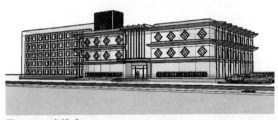

图 2.44 X 光模式

◇【线框模式】是将场景中的所有物体以线框的方式显示，在这种模式下，场景中模型的材质、贴图、面都被隐藏，此模式下的显示速度非常快，如图 2.45 所示。

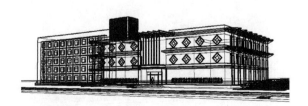

图 2.45 线框模式

◇【消隐模式】就是在【线框模式】的基础上将被挡在后部的物体隐去，以达到"消隐"的目的，此模式更加有空间感，但是由于在后面的物体被消隐，无法观测到模型的内部，如图 2.46 所示。

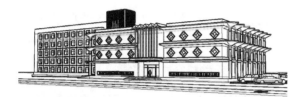

图 2.46 消隐模式

◇【着色模式】是在【消隐模式】的基础上将模型的表面用颜色来表示，如图 2.47 所示。在没有指定表面颜色的情况下，系统用白色来表示正面，用蓝色表示反面。

图 2.47 着色模式

◇【贴图模式】是在场景中的模型被赋予材质后可以显示出材质与贴图的效果，如图 2.48 所示，如果模型没有材质，此按钮无效。

图 2.48 贴图模式

◇【单色模式】可以方便地帮助设计者区分模型的正反面。区分正反面是为了确保模型输出为其他格式不会出错。如果仅仅使用 SketchUp，就可以忽略此功能，如图 2.49 所示。

图 2.49 单色模式

2.4.2 绘图风格的选取与编辑

绘图风格主要用于设计成果的展示，在设计过程中建议不要使用。主要有两点原因：第一，任何一种绘图风格所占用的内存都比默认状态下要大，特别是边线出头的显示状态；第二，软件之所以要设置众多的绘图风格，不能排除营销的考虑，这些风格本身对一个成熟的设计师来说是可有可无的，因为设计者是用设计的作品来打动人，表现风格只是次要手段。

不管怎么看待显示风格问题，它毕竟为设计者提供了大量的表现素材，用显示风格装点出来的成果，提供更多的选择。下面就这一部分知识逐一讲解。

单击【窗口】→【风格】选项，弹出【风格】对话框。在下拉菜单中可以选择众多的预设风格，这些预设的风格可以被编辑、保存和分享，如图 2.50 所示。

图 2.50 【风格】对话框

打开一个现有的文件，默认状态下不显示天空和地面的颜色，显示状态如图 2.51 所示。下面通过【风格】对话框对其显示的风格进行调整。

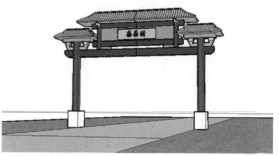

图 2.51 默认的显示风格

（1）做图 2.52 中示意的选择，在【风格列表】中选择【Watercolor】选项，视图模型将以水彩样式的风格显示，当然也可以采用其他样式做试验。

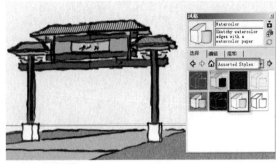

图 2.52 水彩风格

（2）打开【编辑】标签，做图 2.53 中示意的设置。这个对话框是对模型边线的显示控制，这一步仅仅是边线的颜色有所改变，以加强理解。

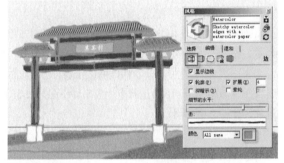

图 2.53 边线风格

（3）单击【面风格】按钮，做图 2.54 中示意的设置，注意此时必为【单色模式】显示状态，否则就将成为混合显示。

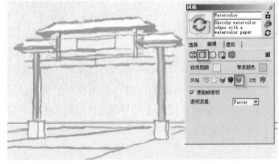

图 2.54 面风格

（4）单击【水印】按钮，取消勾选【显示水印】选项，此时可以观察到带有纹理的背景消失，取而代之的是淡蓝色的背景，这淡蓝色也是该风格的预设，如图 2.55 所示。

（5）单击【天空／地面】按钮，该对话框控制场景中的天空和地面的显示风格，如图 2.56 所示。

（6）打开【混合】标签，选取【风格列表】中的风格后，单击要改变的风格设置，如图 2.57 所示。该功能可以方便地编辑显示风格。

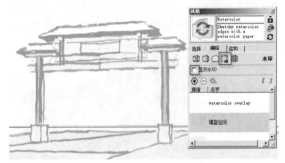

图 2.55 取消水印

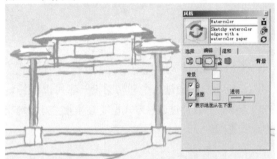

图 2.56 天空和地面的显示控制

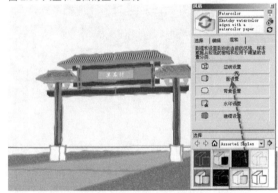

图 2.57 混合控制

2.4.3 设置剖面与显示剖面

传统的设计表达通过平面、立面、剖面和透视来表现，SketchUp 绘图表达同样需要这些途径，剖面图还可以充分表达建筑物内部纵向的结构关系与交通组织。剖面图是用一个虚拟的剖切面将建筑物"剖开"成两个部分，去掉一个部分，观看另一个部分。

在 SketchUp 这样一个面向方案设计的软件中，"剖切"这个常用的表达手法不但容易操作，而且可以"动态"地调整剖切面，生成任意的剖面方案图，具体操作如下。

（1）单击工具栏中的【剖面】按钮，此时屏幕中的光标会变成带有方向箭头的绿色线框，其中线框表示剖切面的位置，箭头表示剖切后观看的方向。剖切后，模型将被"一分为二"，背离箭头的那部分模型将自动隐藏，如图 2.58 所示。

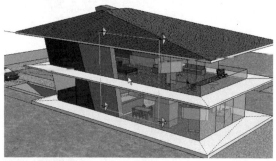

图 2.58 剖切符号

（2）将光标移动到需要剖切的位置，单击确认，如图 2.59 所示。通过这个剖切图设计者可以很好地推敲方案，并且通过这种方式也能够和业主方便地交流设计思想。

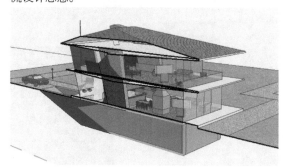

图 2.59 初步定义剖切面

（3）编辑剖切面。主要有两种方式：一是对剖切面进行移动；二是对剖切面进行旋转。在选择状态下单击绘图区域的剖面，剖切面变成蓝色的激活状态，此时可以使用【移动 / 复制】或是对剖切面进行调整。将剖切面向别墅的中部移动，可以观察到别墅的内部构造，如图 2.60 所示。

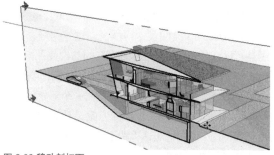

图 2.60 移动剖切面

剖切面的旋转。在剖切面变成蓝色的激活状态下，单击【旋转】按钮，如同旋转场景中的任何物体一样旋转剖切面，如图 2.61 所示。

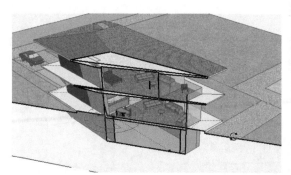

图 2.61 旋转剖切面

（4）右击剖切面，会弹出一个快捷菜单，其中三个命令最为常用：① 隐藏剖切面；② 反转剖切方向；③ 生成剖切平面并成组。隐藏剖切面很容易理解，就是将选中的剖切面隐藏。反转剖切方向的功能主要是将剖切方向反转 180°，将原来剖切后隐藏的部分显示，显示的部分隐藏。

下面重点研究生成剖切平面并成组这个功能。右击操作区域中的剖切面，选择【生成剖切平面并成组】选项，如图 2.62 所示。

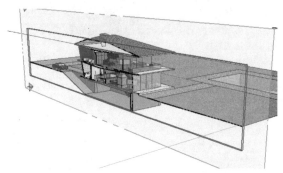

图 2.62 生成二维剖面

单击【移动 / 复制】命令，将生成的剖面移动到图中示意的位置，如图 2.63 所示。可以观察到所谓的剖面就是剖切面和模型所形成的交线，只是该剖面是以组群的形式存在。

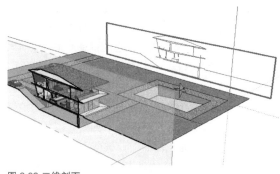

图 2.63 二维剖面

2.4.4 视图切换

SketchUp 绘图通过增加页面实现多个视图模式,如正视图、右视图、后视图和顶视图等。在非相机视图下观察,用于输出 AutoCAD 的立面图。

绘图时设计者需要多个角度观察模型,细化模型时则要放大视图,以使操作方便。不管光标在何编辑工具状态下,前后滚动鼠标中键都可以达到缩放目的。光标所在位置是相机的焦点位置。

下面通过几个图例来说明各种视图模式,如图 2.64 至图 2.67 四幅图所示。

将视图设定完成后,通过页面来记录设置的视图信息。通过切换页面,就可以很方便地观察不同角度的视图,如图 2.68 所示。

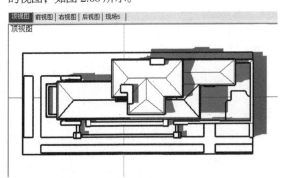

图 2.64 顶视图

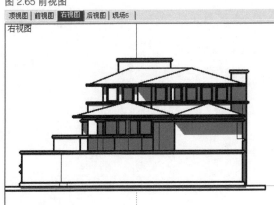

图 2.65 前视图

图 2.66 右视图

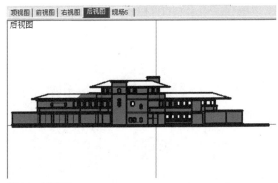

图 2.67 后视图

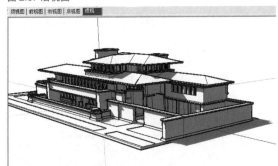

图 2.68 透视图

2.4.5 图层管理

利用 SketchUp 制作单体建筑或是较小的场景,不必理会图层的管理;一旦遇到建立较大场景,例如小区规划,这时候文件就会变得很大。不同的计算机处理数据的能力有很大区别,因此,SketchUp 中操作区域显示图形的速度也有很大区别,鉴于此种情况,应该使用图层管理来解决上述问题。将各种物件归类,而后放在同一个图层里,使用时使其显示,不用时隐藏,这样可以释放大量内存,加快显示速度。

下面研究【图层管理器】的使用方法和特性。单击【窗口】→【图层管理】选项,弹出【图层管理器】面板,如图 2.69 所示。

图 2.69 图层管理器

物件或是物体都可以任意更改所归属的图层。单击【选择】按钮，选择目标物体，单击【图层】工具栏，在下拉菜单中选择要归属的图层，如图 2.70 所示。

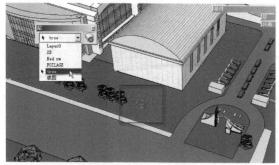

图 2.70 更改所在的图层

在【图层管理器】中可以方便地添加或是删除现有图层。单击【图层管理器】面板中的【新增图层】按钮，添加一个新的图层，双击图层的名称，而后就可以更改图层名称，如图 2.71 所示。

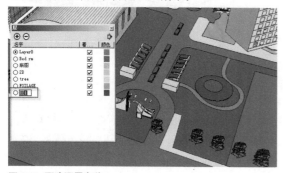

图 2.71 更改图层名称

单击【图层管理器】面板中的【删除图层】按钮，弹出【删除层包含实体】对话框，里面提供了所要删除层包含实体的三种处理方式：① 删除；② 将其归为默认图层；③ 将其归为当前编辑的图层，如图 2.72 所示，根据需要选择具体的处理方式。

图 2.72 删除图层

第 3 章　绘图详解

从本章开始介绍如何运用 SketchUp 所提供的简单而又实用的工具绘图。本章内容是对常用工具的讲解，特别适合初学者。绘制图形、表达设计理念是学习 SketchUp 的最终目的，因而这是正式学习的开始。

SketchUp 绘图有几个特点：一是精确性，可以直接以数值定位，可以进行绘图捕捉；二是工业制图性，拥有三维的尺寸与文本标注；三是易操作性，人人都可以上手。

3.1　常用工具的深层使用

三维建模的一个最重要的方式就是从"二维到三维"，即绘制好二维形体后，进一步操作将二维形体直接"拉伸"成三维模型。所以二维形体一定要绘制准确，否则变成三维模型再修改就很复杂，本节介绍二维图形的绘制。

3.1.1　绘制二维图形工具

在 SketchUp 中有一个绘图工具栏，如图 3.1 所示，这六个按钮从左到右的功能依次是【矩形】、【直线】、【圆形】、【圆弧】、【多边形】和【徒手线】。

图 3.1　绘图工具栏

1. 矩形工具

【矩形】工具通过确定两个对角点绘制规则的平面矩形，并且自动封闭成一个"面"。调用矩形绘图命令有两个方法：一是单击工具栏中的【矩形】按钮；二是依次单击屏幕下拉菜单【绘图】→【矩形】选项。

绘制一个矩形的操作方法如下。

（1）单击【绘图】工具栏中的【矩形】按钮，此时屏幕中的光标变成一个带矩形的铅笔。

（2）在屏幕上单击矩形的第一个对角点，然后拖动光标至所需要的矩形的另一个对角点上，如图 3.2 所示。

（3）在需要的矩形的另一个对角点上再次单击，完成矩形的绘制，SketchUp 将这四根位于一个平面的直线直接转换成了另一个基本的绘图单位——面，如图 3.3 所示。

注意：转换成"面"后，可以直接拉伸成三维形体，这是该软件易操作性的一个表现。而且这个面的四个边线即矩形还将被保留。

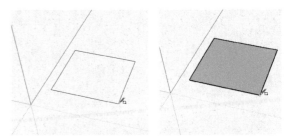

图 3.2 定位矩形对角点　　　图 3.3 绘制矩形 1

还可以使用输入具体尺寸的方法来绘制矩形。

（1）单击【矩形】命令，绘制任意大小的一个矩形，如图 3.4 所示。

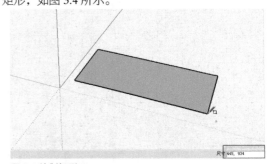

图 3.4 绘制矩形 2

（2）用键盘输入矩形的"长度，宽度"，然后按键盘上的【Enter】键，可以完成精确尺寸的矩形绘制。比如输入"800，800"，如图 3.5 所示，可以绘制一个长度为 800 mm，宽度为 800 mm 的正方形，如图 3.6 所示。

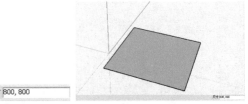

图 3.5 数值输入框　　　图 3.6 绘制矩形 3

注意：在数值输入框中输入精确的尺寸来作图，是 SketchUp 建立模型的最重要的方法之一。此外辅助线手段也很常用。

绘制任意方向矩形。任意方向的矩形可以通过旋转已有矩形得到，但是那样相当麻烦。可以通过使用一个任意方向矩形的插件快速实现任意方向矩形的绘制，方法如下。

（1）单击【plugins】→【任意方向矩形】命令，然后在绘图区域绘制矩形的一条边，这条边的方向就决定了矩形一条边的方向。如图 3.7 所示。

（2）矩形的一条边达到预定长度后，单击确定，然后继续拖动光标，确定另一条边，如图 3.8 所示。

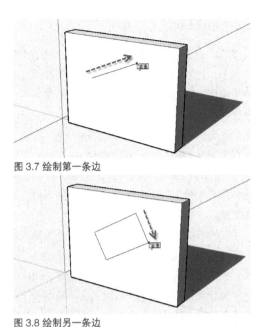

图 3.7 绘制第一条边

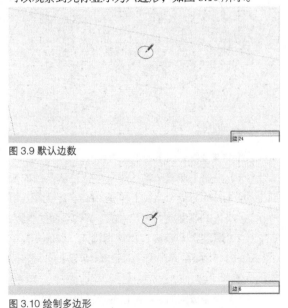

图 3.8 绘制另一条边

2. 圆与多边形

通过几何知识可以理解，当多边形的边数达到一定数目时，人眼就认为是圆形，据说祖冲之就是根据这个原理计算的圆周率。下面讲解圆形与多边形绘制过程中的异同。

（1）单击【圆形】按钮，将光标放在绘图区域，可以看到右下角的数值输入框内数值为"24"，这是默认的圆的边数，如图 3.9 所示。

（2）单击【多边形】按钮，将光标放在绘图区域，可以看到右下角的数值输入框内数值为"6"，此时可以观察到光标显示为六边形，如图 3.10 所示。

图 3.9 默认边数

图 3.10 绘制多边形

（3）继续上一步的操作，用键盘输入"24"，数值输入框中显示如图 3.11 所示。直接输入数值即可，不必按【Enter】键。

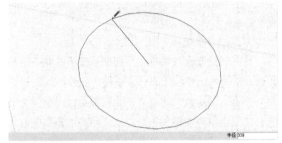

图 3.11 改变多边形边数

（4）继续上一步的操作，在绘图区域绘制多边形，可以发现多边形已经接近圆形，如图 3.12 所示。

图 3.12 绘制图形

3. 圆弧工具

圆弧可以说是部分圆，绘制圆弧在 SketchUp 中只有一种方式——三点定圆弧，即先确定弧线的起点和终点，而后确定弧线中的另一个点。

（1）单击【圆弧】按钮，通过单击左键确定起点和终点，如图 3.13 所示。

图 3.13 绘制圆弧

（2）继续上一步的操作，向上移动光标，可以看到能够得到比较圆滑的弧线，再次单击左键确定圆弧的大小，如图 3.14 所示。

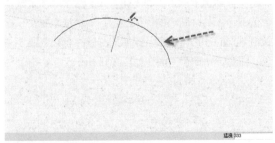

图 3.14 确定圆弧大小

（3）继续步骤（1）的操作，将圆弧绘制得很大，圆弧将以很多折线显示，如图 3.15 所示。如果想使圆弧平滑，则要在单击【圆弧】按钮后，输入合适的边数。

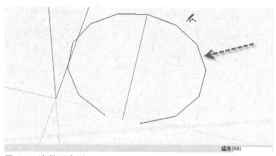

图 3.15 边数不合适

4. 直线与徒手线

直线的绘制比较简单，下面演示精确绘制一定长度直线的方法。单击【直线】按钮，在绘图区内单击鼠标左键，确定直线的起点，而后拖动光标至任意位置再次单击鼠标左键确定终点，注意右下角数值输入框中数值为"2525"。如图 3.16 所示。

用键盘输入"2500"，按下【Enter】键后可以得到长度为 2500 mm 的一条线段，如图 3.17 所示。

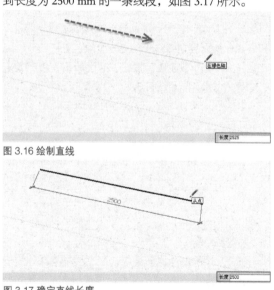

图 3.16 绘制直线

图 3.17 确定直线长度

一般情况下很少用到【徒手线】这个绘图工具，因为这个工具绘制的曲线很随意，非常难掌握，只有绘制地形时才用得较多。绘制的时候注意线条不要交叉，否则无法闭合为面。如图 3.18 所示。

图 3.18 绘制徒手线

3.1.2　辅助绘图工具

本节中主要研究【测量 / 辅助线】、【量角器 / 辅助线】、【文本标注】和【尺寸标注】这四个工具。其中【测量 / 辅助线】和【量角器 / 辅助线】两个命令在绘图中经常使用，【文本标注】和【尺寸标注】两个命令在表达设计方案时经常使用。

1.【测量 / 辅助线】工具的使用

（1）单击【测量 / 辅助线】按钮，由中心向圆外轮廓拖动光标，可以观察到在光标和输入框处都有相关的提示信息，如图 3.19 所示。

（2）继续上一步的操作，当光标在外轮廓线处，单击鼠标左键确认后，会自动生成一条通过圆心的辅助线。在辅助线上任意一点单击鼠标左键，向辅助线的一侧拖动光标，会复制一条与第一条辅助线平行的辅助线，如图 3.20 所示。

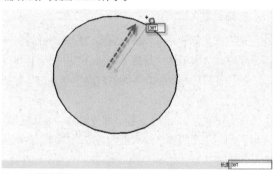

图 3.19 测量半径

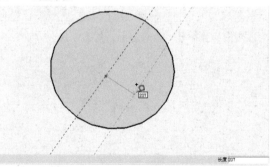

图 3.20 复制辅助线

2.【测量 / 辅助线】的缩放功能

（1）单击【测量 / 辅助线】按钮，从头顶向脚部拖动光标，可以看到人的高度是"1684"，如图 3.21 所示。欲将人的高度放大到"1720"，请看下面的步骤。

（2）继续上一步骤，用键盘输入"1720"，按下【Enter】键后，会弹出警示对话框，单击【是】按钮，如图 3.22 所示。

（3）模型放大后，所标注的尺寸也会相应扩大，如图 3.23 所示。那么人物右面的凳子会不会随之扩大呢?

（4）继续放大人物模型，直到"8000"左右，可以看到人物右面的凳子已经变得很小，如图 3.24 所示。可以得知，只有非组件或群组的模型才会受到缩放操作的影响，而组件及群组则不会。

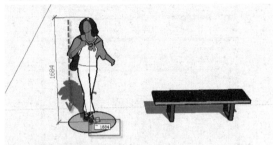

图 3.21 模型缩放 1

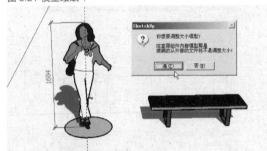

图 3.22 模型缩放 2

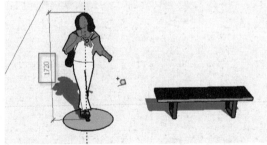

图 3.23 模型缩放 3

图 3.24 模型缩放 4

3. 使用【量角器 / 辅助线】工具旋转复制图形

【量角器 / 辅助线】工具可以测量角度和定位角度，一般绘制带有一定角度的辅助线时才使用，方法如下。

（1）单击【量角器 / 辅助线】按钮，将光标放在所要绘制辅助线经过的一点上，如图 3.25 所示。

（2）拖动光标，确定所要绘制的辅助线参照物上的一个点，如图 3.26 所示。一般情况下，要求有旋转角度的参照物。

（3）拖动光标，单击鼠标左键确定所要绘制辅助线经过的另一个点，如图 3.27 所示。可以通过输入精确的角度对该辅助线定位。

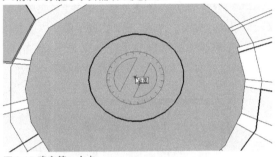

图 3.25 确定第一个点

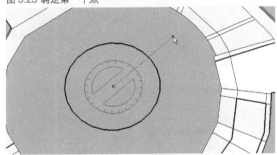

图 3.26 确定参照点

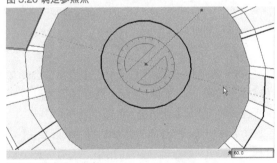

图 3.27 确定另一个点

4.【文本标注】和【尺寸标注】的使用

在绘制方案设计图或施工图时，图形元素无法正确表达设计意图时可换用文本标注来表达，如材料的类型、细部的构造、特殊的做法、房间的面积等。

下面通过制作一页"SketchUp 工具使用向导"来研究【文本标注】和【尺寸标注】的应用方法。

（1）单击【文本标注】按钮，在图中示意的位置输入相关的文字内容，如图 3.28 所示。（截图中

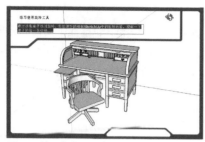

图 3.28 输入文字

深蓝色边框是利用制作水印的方法添加的 PNG 图像）

（2）选择要改变字体的文字，单击下拉菜单【窗口】→【模型信息】选项，在弹出的【模型信息】对话框中选择【文字标注】选项，如图 3.29 所示。单击【字体】按钮，做如图 3.30 所示的设置。而后单击【好】按钮。

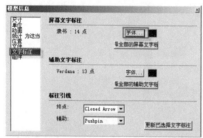

图 3.29 设置文字 1

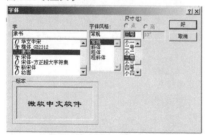

图 3.30 设置文字 2

（3）继续上一步的操作，单击【更新已选择文字标注】按钮，如图 3.31 所示。在绘图区可以观察到所选文字的字体变化情况，如图 3.32 所示。

（4）下面演示标注的绘制和样式的修改。单击【尺寸标注】按钮，通过确定标注的两点，拖动光标完成尺寸标注，如图 3.33 所示。

图 3.31 设置文字 3

图 3.32 设置的字体样式

图 3.33 尺寸标注

（5）选择要修改的标注，单击下拉菜单【窗口】→【模型信息】选项，选择【尺寸】选项，弹出【尺寸】对话框，做如图 3.34 所示的设置后，单击【更新已选择尺寸标注】按钮，完成标注样式的修改（这是建筑制图常用的标注样式）。

图 3.34 修改标注样式

3.2 物体变换

　　一般来说，可以将绘图软件的操作命令分为两大类：一类是绘图命令，一类是修改命令。本节实际上就是介绍的修改命令。修改命令是在绘图命令的基础上对已经绘制的图形进行再编辑，以达到更为复杂形体的要求。

3.2.1 实体信息

　　在 SketchUp 中通过【实体信息】对话框来显示实体信息，相当于 AutoCAD 的【对象特性管理器】。通过【实体信息】对话框不但可以查询物体的相关信息，还可以对物体的某些特性进行修改。相对于选择物体的不同，【实体信息】中的相关内容也不一样。

不论哪一种【实体信息】对话框都包括【图层】与【隐藏】这两个选项，所以可以通过【实体信息】对话框更改物体的图层与隐藏被选择的物体。

启动【实体信息】对话框的方法有两个：一种方法是右击选择的物体，然后选取【实体信息】命令；另一种方法是用【选择】命令选择物体，然后选择下拉菜单【窗口】→【实体信息】选项。

下面介绍几种常用图形类型的【实体信息】对话框。

直线的【实体信息】比较简单，主要有【层】和【长度】两个参数，通过【层】下拉菜单可以看到所选择物体所在的图层，通过【长度】参数可以修改直线的长度，如图 3.35 所示。

下面通过对一个圆形的参数研究来进一步认识【实体信息】对话框的功能。只选择圆的外轮廓线，【实体信息】对话框显示了圆形的参数【半径】和【段】数（圆的段数越多越平滑），将【段】数改为"12"，如图 3.36 所示，而后观察图 3.36 中圆的变化。

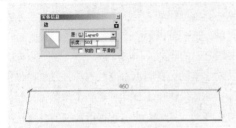

图 3.35 修改直线长度

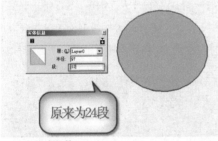

图 3.36 修改段数

上面一步仅是对外轮廓选择，下面仅对其中的面选择。观察【实体信息】对话框的变化，很容易发现【面】的颜色面板由原来的一个变为两个，其中前面一个控制"正面"的颜色，后面一个控制"背面"的颜色，如图 3.37 所示。

现在将圆形的外轮廓和内部的面全部选择，而后会发现【实体信息】对话框的参数变为三项，并且显示为"13 实体"，其中有一个实体为面，其余十二个是十二条边线，总数正好是十三，如图 3.38 所示。

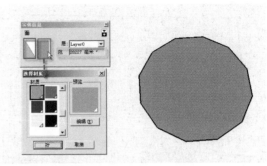

图 3.37 修改面的颜色

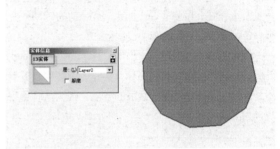

图 3.38 全部选择的情况

3.2.2 等分物体

在 SketchUp 中可以对图形进行等分，包括直线、圆、圆弧、正多边形。下面通过两个实例来深入认识【等分】命令的功能。

1. 对线段进行等分

绘图时常遇到对物体等分的操作，可以通过下面两种方法实现。

方法一：右击要等分的线段，在快捷菜单中选择【等分】命令，而后移动光标，会发现要等分的线段上有等分的夹持点显示，并且也有相应的文字提示信息，如图 3.39 所示。

当调整好等分的段数后，再次单击光标确定。单击【线段】按钮，将光标放在等分的线段上，等分的线段端点会以绿色夹持点显示，如图 3.40 所示。

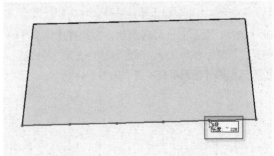

图 3.39 等分线段 1

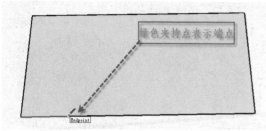

图 3.40 等分线段 2

方法二：单击【测量／辅助线】按钮，在矩形的左面绘制一条辅助线，如图 3.41 所示。单击【移动／复制】按钮，配合【Ctrl】键，将绘制的辅助线复制一条，并放在矩形的右面边线上。

用键盘输入"/5"（"/"为除号），按下【Enter】键确认，同样可以对线段等分。实际的绘图中，笔者还是倾向于用辅助线等分线段的方法，因为这样更直观，如图 3.42 所示。

图 3.41 绘制辅助线

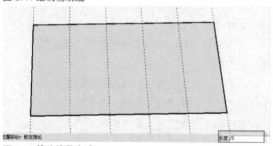

图 3.42 等分线段完成

2. 正多边形等分

（1）单击【正多边形】按钮，在绘图区域绘制一个正方形，如图 3.43 所示。

（2）单击【选择】按钮，仅对正方形的外轮廓进行选择，而后右击外轮廓线，再选择【等分】命令，在屏幕上移动光标，确定等分的边数。等分后，正多边形的外接圆半径不变，如图 3.44 所示。

图 3.43 绘制多边形　　　图 3.44 等分多边形

（3）继续上一步骤，可以发现原来的正四边形转变为正五边形。单击【选择】按钮，选择正五边形的一条边线，右击这条边线，在快捷菜单中选择【等分】命令，可以看到绘图区有等分的夹持点提示，如图 3.45 所示。

（4）对多边形外边线等分的最后结果，就成为多边形的外接圆，如图 3.46 所示。由此可以发现，绘制中，不仅仅是设计的思想和灵感在起重要作用，必要的几何知识也发挥着巨大作用。

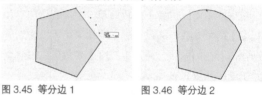

图 3.45 等分边 1　　　图 3.46 等分边 2

3.2.3 移动和复制物体

在 SketchUp 中，对物体的移动与复制是通过【移动／复制】这个工具完成的，只不过具体的操作方式有些不一样。【移动／复制】工具只能做直线方式的阵列复制，这一节讲解一个路径复制的插件，可以做任意曲线方向的阵列。

使用【移动／复制】命令时有两种方法：一种是先选择物体，再执行【移动／复制】命令；另一种是先执行【移动／复制】命令，再选择物体。在读者初学软件时，建议使用第一种方法。

单击【选择】按钮，选择要移动的对象。单击【移动／复制】按钮，将光标放在模型地面上任意一点，单击鼠标左键确定，移动光标就可以移动选定的组件，如图 3.47 所示。

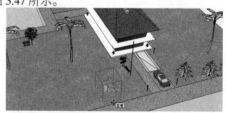

图 3.47 移动对象

下面演示两种复制对象的方法。

（1）单击【选择】按钮，选择要移动的对象。单击【移动／复制】按钮，配合【Ctrl】键，移动光标就能够复制对象，如图 3.48 所示。

（2）用键盘输入"×3"，然后按下【Enter】键确定，可以发现在上一步光标移动的方向上复制有两个对象，如图 3.49 所示。

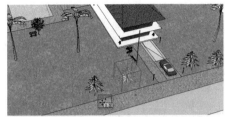

图 3.48 复制对象

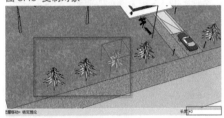

图 3.49 直线阵列复制

上面演示了如何将对象进行直线的阵列操作，下面演示如何使用【路径阵列】命令。【路径阵列】命令只有安装了路径阵列这个插件才能使用。关于插件的相关知识请看本书相关章节。

（1）先确定一条路径，本例采用一条弧线路径，如图 3.50 所示。作为路径的曲线可以是圆、正多边形、弧线和徒手曲线，也可以是贝塞尔曲线。

图 3.50 绘制弧线

（2）运行前面讲到的【实体信息】对话框，重新划分弧线的段数。原来为 12 段，现在划分为 6 段，如图 3.51 所示。

单击【plugins】→【沿路径复制】→【沿节点复制】命令，而后先选择路径曲线，再选择要复制的对象，即可复制成功，如图 3.52 所示。

图 3.51 划分段数

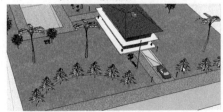

图 3.52 路径复制

3.2.4 缩放物体

使用【缩放】工具可以对物体进行放大或缩小，缩放可以是 x、y、z 三个轴向同时进行的等比缩放，也可以是锁定任意两个轴向或锁定单个轴向的非等比缩放。

1. 对三维物体的等比缩放的操作

（1）单击【选择】按钮，选择需要缩放的三维物体。

（2）单击工具栏中的【缩放】按钮，此时光标变成缩放箭头，而需要操作的三维物体被缩放栅格所围绕。将光标移动到对角点处，此时光标处会出现提示"等比缩放：以相对点为轴"，表明此时的缩放为 x、y、z 轴三个轴向同时进行的等比缩放，如图 3.53 所示。

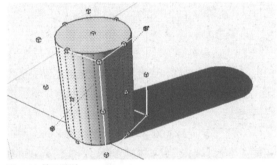

图 3.53 等比缩放

注意：可以根据需要在缩放时在屏幕右下角的数值输入框中输入物体缩放的比率，再按【Enter】键，以达到精确缩放的目的。比率小于 1 为缩小，大于 1 为放大。

2. 非等比缩放的操作

对三维物体锁定 x、y 轴（红 / 绿色轴）的非等比缩放的操作如图 3.54 所示。

除了上面将整个物体作为缩放的对象外，还可以将物体的局部作为缩放的对象。例如将圆柱的顶面作为缩放的对象，如图 3.55 所示。

如果加入圆柱体以外的对象进行缩放操作，例如下面将一条线段加入其中，就可以在更大的范围内缩放对象，缩放的程度将更为明显，如图 3.56 所示。

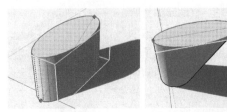

图 3.54 非等比缩放　　　　图 3.55 局部非等比缩放 1

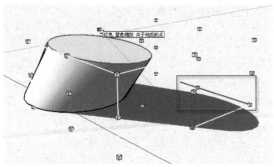

图 3.56 局部非等比缩放 2

3.2.5　旋转物体

【旋转】工具可以对单个物体或多个物体的集合进行旋转，可以对一个物体中的某一个部分进行旋转，还可以在旋转的过程中对物体进行复制。

1. 基本操作

（1）选择需要旋转的物体或物体集。单击工具栏中的【旋转】按钮，此时屏幕中的光标变成了量角器。移动光标到旋转的轴心点处，单击鼠标左键，指定旋转轴。

（2）移动光标到所需要的位置再次单击，这个定位点与旋转轴心形成了旋转参照边。旋转光标到需要的位置再次单击，完成旋转操作，如图 3.57 所示。

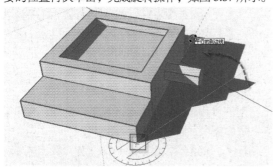

图 3.57　完成旋转操作

2. 对象变形的操作

（1）选择需要旋转的物体。单击【旋转】按钮，将光标放在要旋转物体的旋转圆心上。

（2）移动光标到旋转的轴心点处，单击鼠标左键，指定旋转轴。移动光标到所需要的位置再次单击，这个定位点与旋转轴心形成了旋转参照边。旋转光标到需要的位置再次单击，完成旋转操作，如图 3.58 所示。

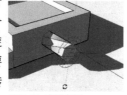

图 3.58　旋转变形

注意：可以根据需要在旋转时在屏幕右下角的数值输入框中输入物体旋转的角度，再按下【Enter】键，以达到精确旋转的目的。角度值为正表示顺时针旋转，角度值为负表示逆时针旋转。

3. 旋转复制的操作

（1）单击【旋转】按钮，确定要做旋转复制的圆心，然后配合【Ctrl】键，这是 SketchUp 中调用【旋转】命令的方法，如图 3.59 所示。

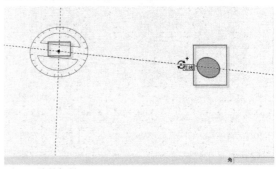

图 3.59 旋转复制

（2）移动光标，沿逆时针方向旋转，如图 3.60所示。用键盘输入"150"，表示旋转 150°，系统会对所操作的图形进行精确的定位。

（3）继续上一步的操作，用键盘输入"/7"（"/"为除号），圆形将均匀排布在上一步骤以旋转轴与旋转所在平面交点为圆心，以交点到旋转对象的距离为半径的弧线上。如图 3.61 所示。

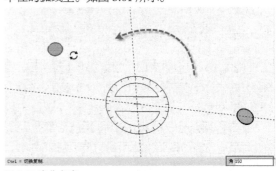

图 3.60 定位角度

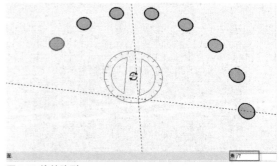

图 3.61 旋转阵列

3.3　物体的选择

【选择】工具会在绘图中实时用到。选择的方式不同，选中的对象也不同。快速准确地选择对象能大幅度提高绘图速度。SketchUp 独特的扩展选择模式，有别于其他常规应用软件。

3.3.1　框选与交选

SketchUp 中的一般选择模式分为框选与交选两种，下面讲解这两种选择方式达到的效果。

1. 框选模式的选择效果

单击【选择】按钮后，从左上角向右下角做选区，称为框选，如图 3.62 所示。在线框显示模式下框选的实际效果，如图 3.63 所示。

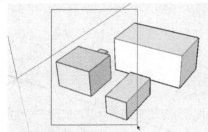

图 3.62　框选表面效果

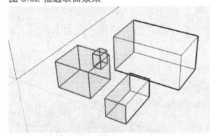

图 3.63　框选的实际效果

框选是从屏幕左侧向屏幕右侧拉出一个框，这个框是实线框，完全框进去的对象才被选择。

2. 交选模式的选择效果

单击【选择】按钮后，从右下角向左上角做选区，称为交选，如图 3.64 所示。在线框显示模式下的交选效果，如图 3.65 所示。

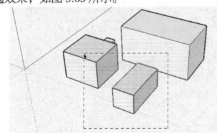

图 3.64　交选表面效果

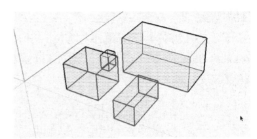

图 3.65　交选的实际效果

交选是从屏幕右侧向左侧拉一个框，这个框是虚线框，只要是与框相交的对象就会被选择。

3.3.2　扩展选择

扩展选择包括单选、加选、减选、自由选择、双击连选和三击连选六种模式。熟悉这六种模式是很有必要的，下面就逐一讲解。

（1）单选模式。单击【选择】按钮后，在一个面上单击鼠标左键会选择该平面，但不会选中相邻的边线，如图 3.66 所示。如果这时候敲击【Delete】键，只会删除该平面，保留外围的边线。

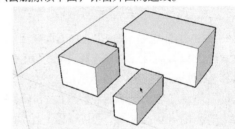

图 3.66　单选模式

（2）加选模式。单击【选择】按钮后，按下【Ctrl】键，此时光标上会多出一个"＋"号，说明处于"加选"状态，再选择其他对象会被加选到选择集中，如图 3.67 所示。

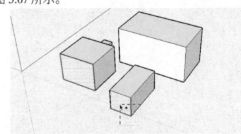

图 3.67　加选

（3）减选模式。单击【选择】按钮后，按下【Ctrl】+【Shift】键，此时光标上会多出一个"－"号，说明处于"减选"状态，单击对象会被排除到选择集之外，如图 3.68 所示。

（4）自由选择模式。单击【选择】按钮后，按下【Shift】键，此时光标上会多出一个"＋／－"号，说明处于"自由选择"状态。鼠标左键单击未选中的对象会被加选到选择集中，单击选中的对象会被排除到选择集之外，如图 3.69 所示。

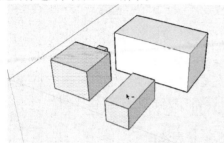

图 3.68 减选

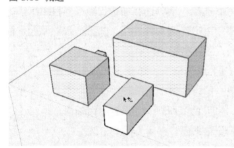

图 3.69 自由选择

（5）双击连选模式。单击【选择】按钮后，鼠标左键双击物体的边或面，可以选择该边或面还有与之直接相连的面或边，如图 3.70 所示。

（6）三击连选模式。单击【选择】按钮后，鼠标左键连续三击物体的边或面，可以选择该边或面还有与之相连的全部面和边，如图 3.71 所示。

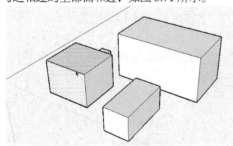

图 3.70 双击连选

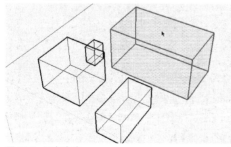

图 3.71 三击连选

3.4 阴影设置

不论是天光、阳光，还是人工照明，都会使物体产生阴影。通过阴影效果与明暗对比，能烘托出物体的立体感。设计师往往需要自己的作品拥有更多的层次，这时光影效果的表达不可缺少。SketchUp 的操作虽然简单，但是功能非常全，可以根据实际的地理位置，模拟真实的日照与阴影效果，还可以制作阴影动画。

3.4.1 设置地理位置

现代建筑设计越来越注重节能设计，阴影工具可以帮助设计师对建筑的光影效果进行推敲。通过【场景信息】对话框设置场景的经纬度、位置，从而很直观地确定挑檐的长度，也可以确定建筑物的阴影区，准确性完全可以相信。打开和关闭阴影是通过勾选和取消勾选【查看】→【工具栏】→【阴影】选项实现的，如图 3.72 所示。

图 3.72 阴影工具栏

在利用阴影功能之前必须对地理位置进行设置，具体步骤如下。

（1）单击【窗口】→【模型信息】命令。在弹出的【模型信息】对话框中选择【位置】选项，默认设置如图 3.73 所示。

（2）例如，你所做项目的地区是北京，那么做图中所示的更改，如图 3.74 所示。

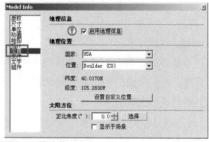

图 3.73 默认的设置

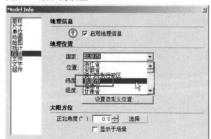

图 3.74 修改的设置

（3）如果你的地理位置在下拉菜单中没有列出，单击【自定义位置】进行设定。这时你要清楚你的地理坐标，它可以利用 Google Earth 确定。如图 3.75 所示。

图 3.75 自定义位置

3.4.2 阴影设置

阴影设置常被用在 SketchUp 输出图片文件时。模型上有阴影显示，可以使设计方案更加生动。下面就其使用方法进行讲解。

【阴影显示切换】功能控制阴影的显示与否。如图 3.76 所示打开阴影显示，能使画面更丰富，表现力更强。

【阴影对话框】工具用于控制阴影对话框的开闭。单击该工具后会显示如图 3.77 所示的对话框。

它分别能够调节【光】数值、【黑暗】数值、【日期】数值和【时间】数值，此外还可以控制太阳是否投影、表面是否受影。仅调大【黑暗】数值后，效果如图 3.77 所示。

注意：阴影设置对显卡要求非常高，如果读者所使用的计算机无法打开【阴影设置】对话框，请更新显卡驱动甚至升级显卡。

图 3.76 打开阴影显示

图 3.77 阴影设置

第4章　建模思路与实例

通过前面对 SketchUp 的学习，我们已经对这个软件有了一定的了解，从这一章起，开始"实战"。使用一个软件就是在运用一种方法，这种方法其实就是一种思路。在 SketchUp 中建模的总体思路是：从草图到软件，从二维到三维。即先绘制好二维图形，然后使用三维操作命令将二维图形"转换"成三维模型。在此过程中要充分利用"群组"和"组件"的功能，以达到事半功倍的效果。

SketchUp 的三维操作命令主要是针对规则的形体，如果涉及复杂的自由形体，虽然可以制作出来，但是没有专业的建模软件方便，所以需要建立复杂模型时应尽量使用其他软件辅助。

4.1 面核心的建模法

在 3ds Max 中，模型可以是多边形、片面、网格的一种或几种形式的组合，但是在 SketchUp 中模型都以"面"组成。所以在 SketchUp 中建模是紧紧围绕着以"面"为核心的方式来操作的。这种操作方式的优点是模型很精简，操作起来很简洁，可以用"推拉"一词来概括。

4.1.1 单面的概念

使用软件做设计一样必须要通过头脑思考。不是说软件使用得熟练就可以做出来好的设计，任何读者都要清楚这一点。下面通过一个从头到尾的实例来说明建模的思路。先观察一下平面的功能，如图 4.1 所示。

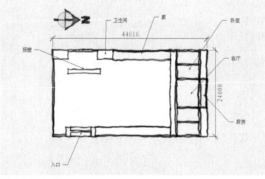

图 4.1 功能排布

在上面的图中可以看到，该平面图为一农村小院，之所以选这个实例，就是因为它既简单又可以说明全部问题。在建模之前先了解一下 SketchUp 中"面"的概念。

由于 SketchUp 采用以"面"为核心的建模方法，那么首先就必须要了解什么是"面"。在 SketchUp 中只要是线型物体组成了一个封闭的、共面的区域，那么会自动地形成一个面，如图 4.2 所示。

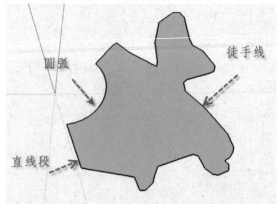

图 4.2 面的组成

一个面实际上由两个部分组成：正面与反面。正面与反面是相对的，一般情况下需要渲染的面是正面。如图 4.3 所示，其中"图 1 副本"是旋转了 180° 的"图 1"，SketchUp 是利用不同的颜色来区分正反面的。

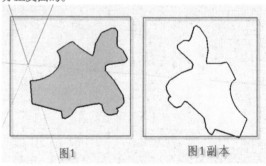

图 4.3 面的正反

对于面的问题为什么要用正面与反面区别开来解释呢？这主要是因为渲染过程中需要解决的一个难题。渲染器在渲染一个场景时，是对场景中每个面来进行光能运算的。通常有两种渲染方式：一种是对正面与反面都进行渲染的"双面渲染"方式；一种是只针对一个面即正面进行渲染的"单面渲染"方式。

渲染器的默认设置为单面渲染。举例，如图 4.4 所示，3ds Max 在缺省状况下的【mental ray 渲染器】的【公用】中【强制双面】是没有勾选的。由于面数成倍增加，双面渲染比单面渲染要多花上一倍的计算时间。所以为了节省作图时间，设计师在绝大多数情况下都是使用单面渲染。

上面仅仅是对其中的一点做出说明，如果SketchUp的图反面朝向相机，导入到很多渲染器后，反面将"消失"。不过随着软件的更新换代，现在的这些问题将被解决。

就现阶段来说，如果仅仅单独使用SketchUp作图，可以不考虑正面与反面，这是因为SketchUp并没有渲染功能。设计师往往会将SketchUp当做一个"中间软件"，即在

图 4.4 双面渲染

SketchUp中建模，然后导入到别的渲染器中进行渲染，如Lightscape、3ds Max等。在这样的思路指引下用SketchUp作图时，必须对所有的面进行统一处理，否则导入到渲染器后，正反面不一致，会导致无法完成渲染。

4.1.2 通向三维的利器——推拉与路径跟随

在很多三维软件中都有两个从二维到三维的工具：【挤出】（或叫【挤压】）与【放样】。这两个工具在SketchUp中就是【推拉】与【路径跟随】。实际上，在SketchUp中，从二维图形到三维对象，也就只有这两种方法，但是操作方法却很灵活，可以构建出变化多端的各类模型。

1. 推拉工具

这是SketchUp中最有用的工具之一。在演示SketchUp操作时，就是不断地对面进行推拉，生成新物体、改变原物体、对表面进行调整等。当初学者看到使用SketchUp的【推拉】工具可以如此方便地进行形体构建，马上就对其产生浓厚的兴趣。

（1）基本操作。在屏幕操作区绘制几个二维形体，如图4.5所示。按下键盘的【P】键，光标立即变成 形，鼠标左键单击相应的物体表面，移动光标，再单击鼠标左键确认，此时就将二维形体推拉生成三维对象，如图4.6所示。

（2）变形。配合键盘的【Alt】键，可以实现面的垂直向移动，这样可以使物体变形，如图4.7所示。

（3）镂空。向内侧直接推动矩形面到底，这时

可以实现镂空，如图4.8所示。

（4）精确数值的推拉。如果需要精确的推拉，可以在右下角的数值输入框中输入相应的距离，如图4.9所示。

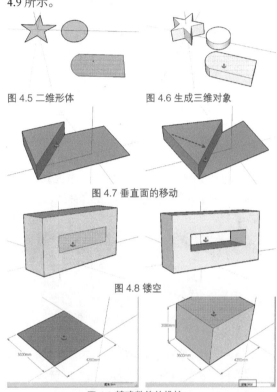

图 4.5 二维形体　　　　图 4.6 生成三维对象

图 4.7 垂直面的移动

图 4.8 镂空

图 4.9 精确数值的推拉

（5）重复距离的推拉。在【推拉】工具状态下，鼠标左键双击物体表面将会自动重复上一次的推拉操作，如图4.10所示。这样的操作经常用于对一定量的面进行推拉。

注意： 在SketchUp中，对于弧形面是无法进行推拉的，如图4.11所示。弧形面开窗的方法将在后面介绍。

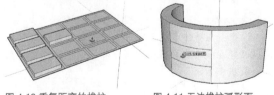

图 4.10 重复距离的推拉　　图 4.11 无法推拉弧形面

2. 路径跟随

【路径跟随】是一个截面图形沿着一条路径移动，从而形成三维对象的工具命令。这个功能类似于3ds Max的【放样】，是从古代制船方法改进得来的。

（1）基本操作。单击【路径跟随】按钮（【路径跟随】没有快捷键），先选择截面图形，然后选择路径，如图4.12所示。

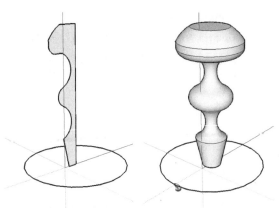

图 4.12 路径跟随基本操作

（2）自动路径。自动路径的【路径跟随】可以选择一系列线性物体作为操作的路径。单击【路径跟随】按钮，先选择截面图形，然后配合键盘的【Alt】键选择路径，如图 4.13 所示。

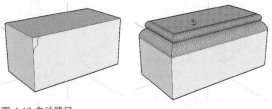

图 4.13 自动路径

（3）球体的绘制。在 SketchUp 中球体也是要用【路径跟随】来制作的。先绘制两个大小一样、相互垂直的圆形，如图 4.14 所示。使用【路径跟随】命令对圆形进行操作，完成后如图 4.15 所示。

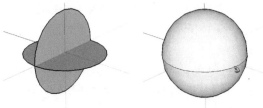

图 4.14 绘制圆形　　　　图 4.15 生成球体

注意： 在操作【路径跟随】时，截面图形与路径对象必须在一个屏幕区域中。（即在一个组件里或在一个群组中）

4.1.3 小院平面的绘制

前文介绍了"面"的概念，下面开始绘制小院的平面，先从正房开始。在绘制过程中讲解线的定位和面的反转。

使用【直线】工具绘制正房的平面图，使用【测量／辅助线】工具对墙体定位，如图 4.16 所示。其中具体数值依设计而定。

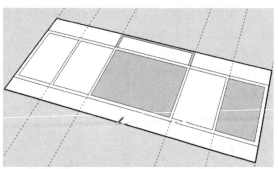

图 4.16 使用辅助线

鼠标右击任何一个正面，选择【统一面的方向】命令。然后再右击这个面，选择【将面反转】命令，可以对正面和反面进行切换。

4.1.4 面的复制和拉伸

具体的步骤在此不再涉及，只讲思路。使用相应的工具将整个平面补充完整，不要求尺寸特别准确，但要求比例精准。如图 4.17 所示为整个小院的平面图。有些部位只做示意性的绘制，这也是实际设计中绘制方案的特点。

使用【推拉】工具拉伸出台基和墙体，用键盘输入具体数值以实现准确定位，台基高 450 mm，墙体高 3500 mm（自室内地面），如图 4.18 所示。

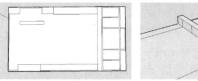

图 4.17 小院平面图　　　　图 4.18 拉伸面

通常物体的复制可以用三种方法实现：① 移动复制；② 拉伸复制；③ 旋转复制。移动复制与旋转复制效果直接明了，下面研究拉伸复制。拉伸复制就是在拉伸过程中实现复制物体，在绘制台阶时很方便。单击【推拉】按钮，将光标放在要拉伸的面上，按一下【Ctrl】键，当光标出现"＋"，说明启用拉伸复制，如图 4.19 所示。

将拉伸的面向下分别推进 150 mm 和 300 mm，即可形成台阶，如图 4.20 所示。在绘制有层间线的楼层、分段编辑的柱体时也经常使用该方法。

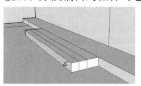 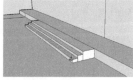

图 4.19 拉伸复制面　　　　图 4.20 拉伸面

4.2　群组和组件的使用

在介绍"群组"的同时也介绍一下"组件"，群组和组件都是为了方便管理绘图对象而开发的功能。在层级上组件要比群组小，但在 SketchUp 中二者又可以互相嵌套，这就造成了一个疑问，究竟二者区别何在？

SketchUp 可以设定位置和日光，如何使用软件提供的这个功能优化设计方案，难道仅仅是为了丰富图面吗？

本节中将研究以上问题。群组与组件在 SketchUp 的操作中非常重要，如果建模时不使用这两个功能，那么就无法进行深入的细致操作。

4.2.1　创建群组

群组实际上是一个由多个子对象组成的母对象。在实际工作中，往往会遇到很大的场景文件。如果不能及时创建群组，到后期对场景修改时几乎是无从下手。创建群组后，可以方便地管理其中的子对象，也可以随时增减子对象。

（1）使用【直线】工具，在前文 4.1.4 节成果的基础上依照图中示意的方式绘制一个如图 4.21 所示的长方形，选择这个长方形，并点击鼠标右键，在快捷菜单中选择【创建群组】命令，将其制作为群组。

（2）创建群组后，群组和其相关联的边线分离，可以任意编辑群组而不影响其他部分。双击群组，进入编辑状态，使用【推拉】工具，将其拉伸，如图 4.22 所示。

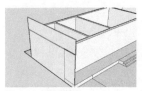 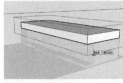

图 4.21　创建群组　　　图 4.22　编辑群组

注意：双击群组，将进入群组编辑模式。在这个状态下，可以方便地对群组内部的子对象进行操作。完成后，单击群组外空白处，即可退出。

4.2.2　确定挑檐

挑檐不仅仅可防止雨水侵蚀基础，也有遮阳避雨的作用。在北方，住宅设计强调采光，目标是夏天避免日光照入室内，而冬天又有充足的日照，实现这个目标主要是通过挑檐。

（1）SketchUp 提供了日照阴影功能，先要确定所在地区的经纬度，而后分析夏至日与冬至日的采光情况。单击【窗口】→【模型信息】选项，调整地理位置，例如北京地区，如图 4.23 所示。

图 4.23　调整地理位置

（2）在模型上任意开一个窗洞，窗台高一般为 900 mm，如图 4.24 所示。

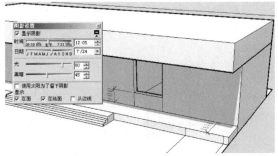

图 4.24　夏至日情况

（3）调用【阴影设置】对话框，将时间设定在冬至日前后，观察阴影情况。从图中可以观察到红色框内的开窗部分对室内日照无效，要想增加日照可以降低窗台的高度，如图 4.25 所示。

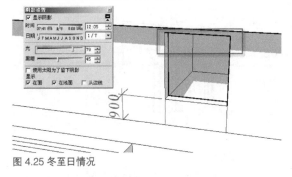

图 4.25　冬至日情况

4.2.3　制作组件

将绘制的图形制作成组件的好处就是，相同的组件可以整体编辑，只要编辑其中一个，其他相同的组件也会发生相应的改变。为利用这个特性，可以将窗户、柱子和桌椅等在场景中大量重复的物体制作为组件。

（1）继续上一小节的内容，开始绘制门窗。右击绘制的全部窗户，选择【制作组件】命令，将其制作成为组件，如图 4.26 所示。

（2）单击【选择】按钮，选择成为组件的窗户。单击【移动／复制】按钮，配合键盘的【Ctrl】键，启用复制功能，复制窗户如图 4.27 所示。

图 4.26 制作组件　　　图 4.27 复制组件

（3）通过进一步操作来说明相同组件的整体编辑特点。双击任何一个窗户组件，进入可编辑状态，例如将窗框向外拉伸，观察到其他相同组件也有相应变化，如图 4.28 所示。

（4）右击全部门窗，选择【创建群组】命令，使之成为群组。通过制作的群组可以方便地管理门窗，如图 4.29 所示。

图 4.28 编辑组件　　　图 4.29 制作群组

（5）单击【窗口】→【大纲】命令，在管理目录中列有一个群组和四个组件，因为门和两旁的落地窗没有成组，故没有显示。通过【大纲】对话框管理场景中的群组和组件更为方便，如图 4.30 所示。

图 4.30 组件管理

注意：群组与组件在建模时是非常重要的概念，总体原则是晚建不如早建，少建不如多建。如果整个模型建立得差不多时，发现有些组件或群组没有建，这时去补救将花费很大的精力，有时甚至不可能。在建模时一旦出现可以建立组件或群组的物体集，应立即建立，在组件或群组中增加、减少物体的操作是很简单的。如果对整个模型都非常细致地进行分组，那么调整模型会非常方便，因为设计过程中，设计师会不断地调整方案，组件或群组在这时会显得格外重要。

4.2.4 对称物体的绘制

在 SketchUp 中绘制对称物体如果不采取一点技巧就需要绘制两次，这是任何一个设计者都不希望的。作者在长期的实践中发现，利用组件的同时编辑特性可以方便地绘制对称物体。使用下面介绍的方法即使没有镜像的插件也能容易地实现镜像功能。

（1）以绘制门扇为例。将绘制的一扇门制作为组件，单击【移动／复制】按钮，配合键盘的【Ctrl】键，启用复制功能，复制另一扇门，如图 4.31 所示。

（2）单击【缩放】按钮，在水平方向上缩放上一步骤复制的组件，输入"–1"（"–"为负号），然后按下【Enter】键，如图 4.32 所示。这样就可以达到镜像的效果。

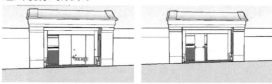

图 4.31 组件复制　　　图 4.32 缩放组件

（3）单击【移动／复制】按钮，将上一步骤缩放的组件移动到合适的位置，如图 4.33 所示。如果有必要的话，将两扇门前后错开一段距离，将表现得更为真实。

（4）在【选择】状态下，双击其中的一扇门进入可编辑状态。绘制一个扁的半球体作为大门的门钉。单击【移动／复制】按钮，将门钉做图中示意的排布，操作中可以观察两扇门被同时对称编辑，如图 4.34 所示。

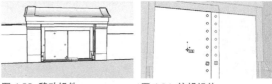

图 4.33 移动组件　　　图 4.34 编辑组件

绘制完成的门扇如图 4.35 所示。通过上面的技巧，可以实现对称编辑的目的。

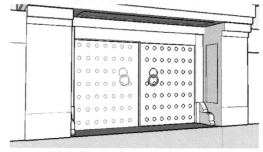

图 4.35 绘制完成的门扇

4.3　3D 文字

SketchUp 的【3D 文字】功能比较强大。就建筑方面来说，它的功能已经够用。所谓 "3D 文字" 就是将文字信息制作为三维的文字体块。在这一小节中首先介绍【3D 文字】控制面板，而后通过制作一个门牌来说明它的应用。

4.3.1　3D 文字功能详解

学习【3D 文字】使用之前，先了解一下【3D 文字】控制面板。一种方法是单击【3D 文字】按钮，调用【3D 文字】控制面板；另一种是选择【窗口】→【3D 文字】选项，也可以调用【3D 文字】控制面板。当然设定快捷键就更为方便。打开【3D 文字】控制面板后，在输入框输入 "人人的 3D 世界"，也可以输入其他内容试验，如图 4.36 所示。

图 4.36　【3D 文字】控制面板

在【3D 文字】控制面板中的【排列】下拉菜单中选择【Center】选项，输入框中的文字以居中的方式显示，如图 4.37 所示。单击【确定】按钮，在操作区内观察模型的显示效果，如图 4.38 所示。

图 4.37 选择【Center】选项　　图 4.38　3D 文字效果 1

在【3D 文字】控制面板中【挤出】项后面，输入数字 "80"，如图 4.39 所示。单击【确定】按钮，在操作区内观察模型与原来 "25" 高的显示效果对比，如图 4.40 所示。

在【3D 文字】控制面板中【高】选项后面，输入数字 "1000"，如图 4.41 所示。单击【确定】按钮，在操作区内观察模型与原来 "500" 高的显示效果对比，如图 4.42 所示。

图 4.39【挤出】选项　　　　图 4.40　3D 文字效果 2

图 4.41【高】选项　　　　　图 4.42　3D 文字效果 3

在【3D 文字】控制面板中去掉【形状】项后面的复选符号，如图 4.43 所示。单击【确定】按钮，在操作区内观察模型与原来勾选时的显示效果对比，如图 4.44 所示。

图 4.43【形状】复选框　　　图 4.44　3D 文字效果 4

在【3D 文字】控制面板中去掉【挤出】项前面的复选符号，如图 4.45 所示。单击【确定】按钮，在操作区内观察模型与原来勾选时的显示效果对比，如图 4.46 所示。

图 4.45【挤出】复选框　　　图 4.46　3D 文字效果 5

通过【3D 文字】控制面板切换不同的字体，可以使文字内容显示不同的形式，笔者只列举其中几种以供参考，如图 4.47 所示。

图 4.47　不同字体的 3D 文字效果

4.3.2 3D 文字功能应用

通过前面的学习，读者已经对【3D 文字】功能有了初步的了解。下面通过制作一个门牌来说明它的应用。打开"农村小院"的模型，在门的右侧墙面上绘制一个长方形，并使其成为群组（制作成组件也可以），如图 4.48 所示。

图 4.48 制作门牌

单击【3D 文字】按钮，调用【3D 文字】控制面板，在【字体】下拉菜单中选择【Webdings】字体，这是一个输入符号的字体形式，如图 4.49 所示。

图 4.49 选择字体

在【3D 文字】控制面板中输入"H"，注意"H"是大写的英文字母，如图 4.50 所示。通过它可以调用小房子的符号，单击【确定】按钮，将图标放在门牌上，缩放调整，如图 4.51 所示。

图 4.50 输入内容 1　　　图 4.51 调整符号 1

参照上一步骤，在【3D 文字】控制面板中输入"m"，注意是小写的英文子母 m，如图 4.52 所示。单击【确定】按钮，效果如图 4.53 所示。

图 4.52 输入内容 2　　　图 4.53 调整符号 2

同样是参照上面的方法，制作门牌上的内容，最后填充相应的贴图，如图 4.54 所示。希望通过上面的演示能够给读者一定的启发，起到抛砖引玉的作用。

图 4.54 最后的效果

4.4 材质与贴图

实际上，SketchUp 中的材质并不能称为"材质"，而只能谓之"贴图"。材质并不是孤立存在的，必须与灯光配合使用，在灯光的照射下，物体表面形成了明、灰和暗三大部分，明部、暗部、环境光共同组成了完整的材质表现效果。而 SketchUp 只有简单的天光表现，没有真实光照的模拟。但正是由于 SketchUp 的材质是模拟效果，故而显示操作异常简单，显示速度也快。

4.4.1 材质编辑器与浏览器

在 SketchUp 中使用【材质浏览器】与【材质编辑器】两个工具来调整或赋予材质。【材质浏览器的功能主要是查找与选择材质，【材质编辑器】的功能是调整材质。

（1）单击【材质】按钮，启动【材质浏览器】如图 4.55 所示。靠下方的是材质预览窗口，这里显示的是材质的样式，通过下拉菜单切换其他类别的材质，如图 4.56 所示。

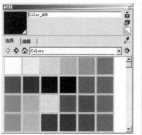
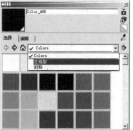

图 4.55【材质浏览器】示意图　图 4.56 材质预览切换

（2）单击【材质浏览器】中的【编辑】标签，调用【材质编辑】对话框，各个部分的功能如图 4.57 所示。

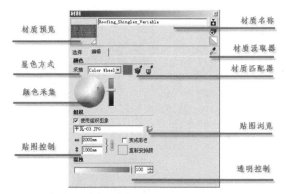

图 4.57 【材质编辑】对话框

◇【材质名称】显示材质的指代名称，中文、英文、阿拉伯数字都可以，原则为方便辨认。如果要将模型导入到 Artlantis，则不允许使用中文的材质名称。

◇【材质预览】窗口可以显示调整的材质效果，这是一个动态的窗口，对于材质每一步的调整都可以实时显示。

◇【材质汲取器】可以汲取场景中的材质，达到快速选择的目的。

◇【显色方式】用于切换不同的颜色调节方式。

◇【材质匹配器】用于汲取场景或是屏幕中的颜色，添加到当前编辑的颜色或是贴图。

◇【颜色采集】的作用就是调整颜色的色相和明度。

◇【贴图浏览】就是选择外部的贴图，单击 🖿 按钮会弹出【选择图像】对话框，如图 4.58 所示，在这个对话框中可以选择图片类的文件作为外部贴图。

图 4.58 选择图像

◇【贴图控制】用于控制贴图的大小。

◇【透明控制】主要用于制作透明材质，最常见的就是玻璃。此数值为"100"时，材质不透明；此数值为"0"时，材质完全透明。

（3）对物体赋予材质的具体操作方法如下。打开【材质浏览器】，在其中选择需要的基本材质。此时光标变成了油漆桶，表示此时准备赋予材质。在所需要的物体表面上单击鼠标左键，材质即赋予上去，如图 4.59 所示。

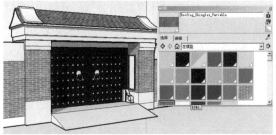

图 4.59 赋予材质

注意：材质的调整是一个总体过程，需要对场景中所有物体材质进行对比才能得出最终的材质效果。调整材质时一定不能只看局部的效果，而忽略整体的状况。

（4）通过对材质的比较，得到最终效果，如图 4.60 所示。通过 SketchUp 的【材质编辑】功能可以很好地推敲建筑物的材质，为设计精品建筑提供更大的空间。

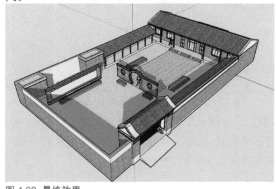

图 4.60 最终效果

4.4.2 调整贴图坐标

材质中只要一贴图，就必须要调整贴图坐标。与 3ds Max 的 u、v、w 三向贴图坐标的调整相比，SketchUp 调整贴图坐标要容易一些。本小节通过一本杂志的设计来具体说明 SketchUp 调整贴图坐标的方式。

（1）绘制一个长为 297 mm、宽为 210 mm、高为 10 mm 的长方体，如图 4.61 所示。这个"长方体"就是杂志的"白模"。

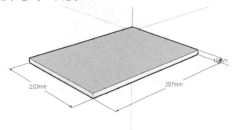

图 4.61 杂志白模

（2）设置材质。按下键盘的【B】键，在弹出的【材质】面板中新建"图书""封面"两种材质，并赋予相应的对象，如图 4.62 所示。

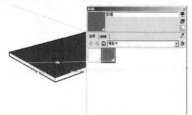

图 4.62 赋予材质

（3）给"封面"材质增加一个"封面 .jpg"的贴图（贴图文件见配套下载资源），如图 4.63 所示。可以观察到场景中相应的变化，此时贴图坐标不对，需要调整。

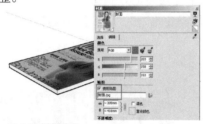

图 4.63 增加贴图

（4）右击图书封面，选择【贴图】→【位置】命令，可以观察到带有贴图的图书封面上出现了红、绿、蓝、黄四根指针，如图 4.64 所示。设计师就是通过移动、旋转这四根指针来调整贴图坐标的。

图 4.64 四根指针

（5）选择蓝色的指针，并且进行移动，这时可以缩小贴图的尺寸，如图 4.65 所示。

图 4.65 缩小贴图

（6）选择红色的指针，并且进行移动，可以移动贴图的位置，如图 4.66 所示。

调整贴图坐标完成后，杂志的效果如图 4.67 所示。

图 4.66 移动贴图

图 4.67 完成效果

4.5 小实例制作

SketchUp 的操作既简单也不简单。简单是因为软件的常用命令就那么十几个，不简单是由于用这十几个命令来建模要颇费一番周折。本节中的几个小实例看似容易，其实不然，特别是在制作思路上要仔细推敲。

4.5.1 窗帘的制作

在 3ds Max 中，学完放样后的练习就是制作窗帘。在 SketchUp 中，窗帘的制作主要也是用【路径跟随】命令，只不过在细节的表达上有一些变化，具体操作如下。

（1）绘制连续圆弧。按下键盘的【A】键，使用【圆弧】工具绘制出总长约为 1500 mm 的连续弧形，如图 4.68 所示。

图 4.68 绘制圆弧

（2）三击圆弧，按下键盘上的【F】键，对圆弧偏移出另一系列的轮廓线，如图 4.69 所示。

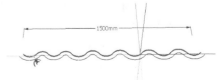

图 4.69 偏移

（3）按下键盘的【L】键，使用【直线】工具将圆弧封闭成面，如图 4.70 所示。这个封闭面就是路径跟随的截面图形。

图 4.70 封闭面

（4）按下键盘的【L】键，使用【直线】工具绘制出一条长约为 2400 mm、并与蓝色的 z 轴向平行的直线，如图 4.71 所示。这根直线就是路径跟随的路径。

（5）使用【路径跟随】命令，将截面图形沿路径放样，得到需要的窗帘，如图 4.72 所示。

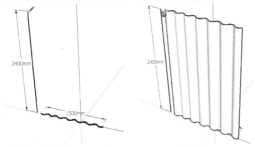

图 4.71 绘制直线　　　图 4.72 路径跟随

（6）选择最底部的边界线，配合键盘的【Ctrl】键，使用【移动 / 复制】工具，对边线进行复制，如图 4.73 所示。

（7）选择不同的分割区域，按下键盘的【S】键，使用【缩放】工具为窗帘增加细节，如图 4.74、图 4.75、图 4.76 所示。

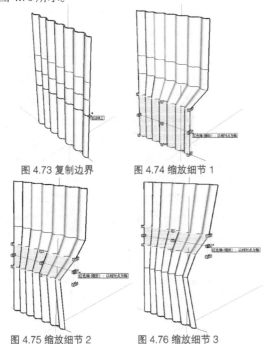

图 4.73 复制边界　　　图 4.74 缩放细节 1

图 4.75 缩放细节 2　　　图 4.76 缩放细节 3

注意：缩放完成后，还需要对窗帘进行局部的移动调整，以达到真实的效果。

（8）将窗帘复制并镜像，赋予材质后效果如图 4.77 所示。

图 4.77 赋予材质

窗帘的主体已经完成，接下来绘制窗幔。

（9）绘制一个矩形，旋转到与绿、蓝轴平行的平面上，如图 4.78 所示。这个平面是为了绘制一系列共面的曲线而作的辅助平面。

（10）按下键盘的【A】键，使用【圆弧】工具绘制出如图 4.79 所示的连续圆弧。

图 4.78 绘制矩形　　　图 4.79 连续圆弧

（11）三击圆弧，按下键盘上的【F】键，对圆弧偏移出另一系列的轮廓线，如图 4.80 所示。按下键盘的【L】键，使用【直线】工具将圆弧封闭成面，如图 4.81 所示。这个封闭的面就是路径跟随的截面。

（12）转动视图，绘制出路径跟随的路径，如图 4.82 所示。

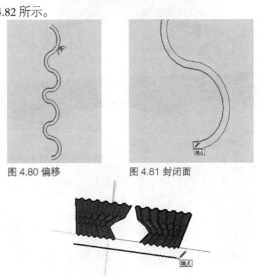

图 4.80 偏移　　　图 4.81 封闭面

图 4.82 绘制路径

（13）使用【路径跟随】命令，将截面图形沿路径放样，如图 4.83 所示。完成后得到需要的窗幔，如图 4.84 所示。

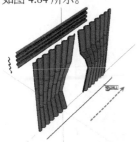
图 4.83 路径跟随

图 4.84 完成窗幔

（14）选择一侧的边界线，配合键盘的【Ctrl】键，使用【移动 / 复制】工具，对边界线进行复制，如图 4.85、图 4.86 所示。

图 4.85 复制边界线

图 4.86 边界线分割

（15）选择不同的分割区域，按下键盘的【S】键，使用【缩放】工具为窗帘增加细节，如图 4.87、图 4.88 所示。窗幔完成后，如图 4.89 所示。

将窗帘的整体插入到已经完成的室内场景中，如图 4.90 所示。

图 4.87 缩放

图 4.88 缩放完成

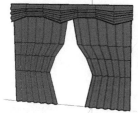
图 4.89 完成窗幔

图 4.90 整体效果

4.5.2 旋转楼梯

旋转楼梯是复式住宅室内设计的首选，这是由于复式住宅用于垂直交通的空间很小，不可能布置很平缓的双跑与多跑楼梯。另外，由于旋转楼梯可以依照实际的空间进行定制，然后组装到房间内，施工非常方便。具体的建模如下。

（1）在坐标原点处绘制一个高度为 3000 mm、半径为 50 mm 的圆柱体，如图 4.91 所示，这就是旋转楼梯的不锈钢固定支撑柱。

图 4.91 绘制圆柱体

（2）单击【顶视图】按钮，并单击【相机】→【平行投影显示】命令，以不带消失关系的顶视图作图。绘制一个长为 1200 mm、宽为 300 mm 的矩形，如图 4.92 所示。

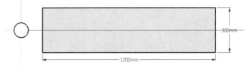
图 4.92 绘制矩形

（3）按下键盘的【T】键，使用【测量 / 辅助线】工具将两条长边向内侧偏移 40 mm，如图 4.93 所示。按下键盘的【L】键，用【直线】工具连接新生成的辅助点，并删除多余的线、面，如图 4.94 所示。此时，楼梯踏步的截面图就完成了。

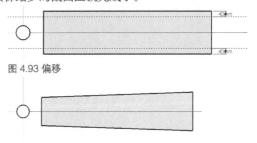
图 4.93 偏移

图 4.94 连线

（4）按下键盘的【P】键，使用【推拉】工具将截面图形向上拉出 30 mm 的厚度，如图 4.95 所示，这样就形成了一级踏步。

图 4.95 一级踏步

（5）单击【前视图】按钮，并单击【相机】→【平行投影显示】命令，以不带消失关系的前视图作图。选择生成的踏步，配合键盘的【Ctrl】键，使用【移动 / 复制】工具，向上复制出新的一级踏步，垂直距离为 300 mm，如图 4.96 所示。然后输入"×9"，按下【Enter】键，再复制出 8 级踏步，如图 4.97 所示。

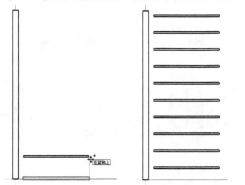

图 4.96 向上复制　　图 4.97 再复制 8 级踏步

（6）选择上面的 9 级踏步，如图 4.98 所示。单击【顶视图】按钮，进入顶视图作图。单击【X 光模式】按钮，按下键盘的【Q】键，用【旋转】工具将这 9 级踏步沿逆时针方向旋转 36°，旋转中心是坐标原点，如图 4.99 所示。

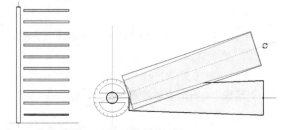

图 4.98 选择踏步　图 4.99 旋转

（7）在前视图中选择上部的 8 级台阶，如图 4.100 所示。在顶视图中用【旋转】工具将这 8 级踏步以坐标原点为中心沿逆时针方向旋转 36°，如图 4.101 所示。

使用相同的方法，依次将上面的台阶沿逆时针方向旋转 36°，最后得到如图 4.102 所示的效果。

（8）单击【绘图】→【螺旋线】命令，在弹出

的【Helix Dimensions】对话框中设置螺旋线的参数如图 4.103 所示。单击【确定】按钮，完成操作。

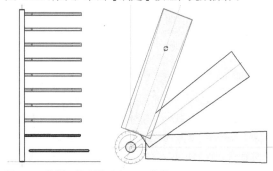

图 4.100 选择 8 级台阶　图 4.101 旋转

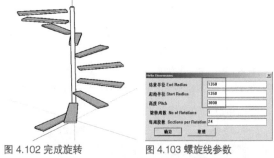

图 4.102 完成旋转　　图 4.103 螺旋线参数

（9）在前视图中将螺旋线向上移动，对齐到踏步扶手处，如图 4.104 所示。

（10）选择螺旋线，单击【Plugins】→【单线生筒】命令，在弹出的【Parameters】对话框中设置相应的参数，如图 4.105 所示。单击【确定】按钮后，将螺旋线变成筒式的扶手，如图 4.106 所示。

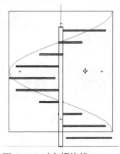

图 4.104 对齐螺旋线

图 4.105 单线生筒的参数　图 4.106 筒式扶手

注意：楼梯的扶手也可以用【路径跟随】命令来制作。螺旋线就是路径，只需要再绘制一个扶手的截面就可以了。

4.5.3 弧墙开窗

SketchUp 有一个弱点：无法对弧线面进行推拉。而现代建筑设计中，经常需要在弧线墙面上开窗。【推拉】工具不能用，那么只能使用另一利器——【路径跟随】命令了。打开配套下载资源"别墅 .skp"文件，可以观察到在模型背立面处有一半圆柱形的弧墙，如图 4.107 所示。本小节就以此为例，说明在弧墙上开窗的一般方法，具体操作如下。

（1）选择底部的边界线，配合键盘的【Ctrl】键，使用【移动 / 复制】工具，将边界线向上复制两条，如图 4.108 所示。

（2）按下键盘的【L】键，使用【直线】工具，绘制出窗洞的轮廓线，如图 4.109 所示。

（3）选择窗洞所在的面，按下键盘的【Delete】键，将其删除，如图 4.110 所示。

图 4.107 别墅　　　　图 4.108 向上复制边界线

图 4.109 窗洞轮廓线　　　　图 4.110 删除窗洞

（4）按下键盘的【L】键，使用【直线】工具，绘制出窗内侧的边线，如图 4.111、图 4.112 所示。这样就形成了窗的侧面。然后绘制出侧面的中线，如图 4.113 所示。

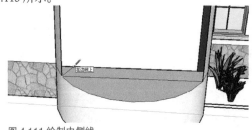

图 4.111 绘制内侧线

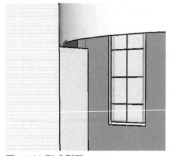 

图 4.112 形成侧面　　　　图 4.113 绘制中线

（5）使用【路径跟随】命令，将截面图形沿路径放样，如图 4.114 所示。

（6）使用【直线】工具，对没有封闭面的区域补线生成面，然后赋予相应的材质，完成后如图 4.115 所示。

 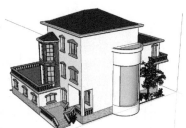

图 4.114 路径跟随　　　　图 4.115 弧墙开窗

4.5.4 走马灯——弧面贴图的应用

在 SketchUp 中可以直接为弧面贴图，但是贴图之后无法正确地显示贴图坐标，也无法调整贴图坐标。本例中以一个走马灯的建立为例，介绍如何在 SketchUp 中进行弧面贴图、调整贴图坐标，具体操作如下。

（1）启动 SketchUp 软件，打开配套下载资源中相应的"走马灯 .skp"文件，如图 4.116 所示。

（2）单击【文件】→【导入】命令，在弹出的【打开】对话框中打开配套下载资源中的"国画 .jpg"文件，如图 4.117 所示。

图 4.116 打开场景文件　　　　图 4.117 导入图片

（3）图片导入之后的效果如图 4.118 所示。选择图片文件，可以发现这是一个群组，按下键盘的【Q】

键，用【旋转】工具将其转动 90°，如图 4.119 所示。单击【相机】→【平行投影显示】命令，单击【前视图】按钮，这样方便操作。按下键盘的【M】键，将图片移动到如图 4.120 所示的区域。

图 4.118 导入之后　图 4.119 旋转　图 4.120 移动

（4）按下【X 光模式】按钮，再按下键盘的【S】键，对图片放大，要一直放大到比走马灯略大为止，如图 4.121 所示。

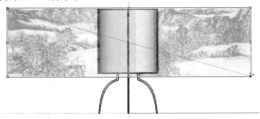

图 4.121 放大图片

（5）右击图片，选择【分解】命令，将图片的群组解散，按下【X 光模式】按钮，取消 X 光模式的显示。按下键盘的【B】键，在弹出的【材质】面板中单击【材质汲取器】按钮，将图片文件的材质吸入，如图 4.122 所示。

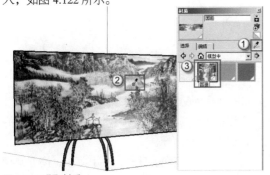

图 4.122 吸取材质

（6）双击走马灯，进入群组编辑模式，如图 4.123 所示。在【材质】面板中选择刚吸取的"国画"材质，并将其赋予走马灯，如图 4.124 所示。

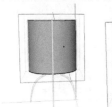  

图 4.123 群组编辑模式　图 4.124 赋予材质

在屏幕任意空白处单击鼠标左键，退出群组编辑模式，完成操作。走马灯贴好材质后的效果如图 4.125 所示。

图 4.125 最终效果

4.5.5 凉亭——自由曲面建模的运用

在 SketchUp 中无法直接建立自由曲面，前面已经介绍过使用【路径跟随】命令建模，在本例中将使用地形工具的【用等高线生成】来建模。这个工具在建模时可能会出现一次不能成功的情况，请读者朋友耐心地多做两次就行了，具体操作如下。

（1）单击【多边形】按钮，绘制一个 R=2000 mm 的正六边形，如图 4.126 所示。选择这个已经建立的多边形，按下键盘的【M】键，并配合键盘的【Ctrl】键，沿着蓝色的 z 轴向上复制出一个，距离为 3500 mm，如图 4.127 所示。

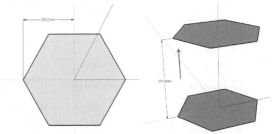

图 4.126 绘制正多边形　图 4.127 向上复制

（2）选择新复制的面，按下键盘的【P】键，向上拉出 1200 mm 的高度，如图 4.128 所示。选择上面的一个面，按下键盘的【F】键，向内侧偏移 1500 mm 的距离，如图 4.129 所示。

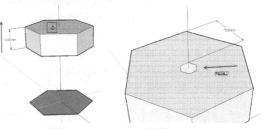

图 4.128 向上推拉　图 4.129 偏移

（3）删除多余的线段，完成后如图 4.130 所示。按下键盘的【L】键，绘制出如图 4.131 所示的辅助平面。有了这个辅助平面后，就可以绘制曲线了。

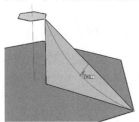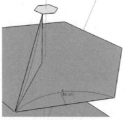

图 4.130 删除多余直线　　图 4.131 绘制辅助平面

（4）按下键盘的【A】键，在辅助平面中绘制出如图 4.132 所示的圆弧。转动视图，用同样的方法在另一个平面上绘制出如图 4.133 所示的圆弧。

图 4.132 绘制圆弧 1　　图 4.133 绘制圆弧 2

（5）删除多余的直线，只保留如图 4.134 所示的线段。选择一根曲线，按下键盘的【Q】键，并配合键盘的【Ctrl】键，旋转复制出另一根曲线，如图 4.135 所示。

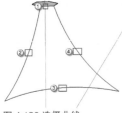

图 4.134 删除线段　　图 4.135 旋转复制

（6）选择如图 4.136 所示的四根线段，单击【绘图】→【地形工具】→【用等高线生成】命令，将这四根空间曲线生成为自由曲面，如图 4.137 所示。

图 4.136 选择曲线　　图 4.137 生成曲面

注意：在使用【用等高线生成】命令时，有时会出现一次生成不成功的现象。如果出现这样的问题，可以将生成的破面全部删除，再执行一次，这个问题是由于系统计算不精确造成的。

（7）单击【文件】→【导入】命令，导入配套下载资源中的"截面 .dwg"文件，注意要选择"毫米"

为单位，如图 4.138 所示。

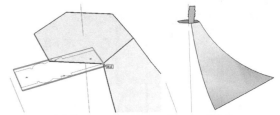

图 4.138 导入截面

（8）选择导入的截面，按下键盘的【M】键，将其移动到如图 4.139 所示的位置。再按下键盘的【Q】键，用【旋转】工具将其旋转到如图 4.140 所示的位置。

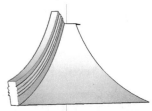

图 4.139 移动截面　　图 4.140 旋转截面

（9）按下【路径跟随】按钮，以导入的"截面"为截面，以如图 4.141 所示的曲线为路径，放样生成亭子的垂脊，如图 4.142 所示。

图 4.141 路径跟随　　图 4.142 生成垂脊

（10）导入配套下载资源中的"亭角 .skp"组件，使用【移动 / 复制】与【旋转】命令，放置到相应的位置，如图 4.143 所示。

（11）选择亭角、垂脊、自由曲面，按下键盘的【Q】键，并配合键盘的【Ctrl】键，以几何中心为中心点，旋转 60° 复制出新的一组，如图 4.144 所示。在屏幕右下角的数值输入框中输入"×5"，并按下【Enter】键，再复制出 4 组，如图 4.145 所示。

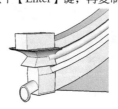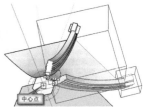

图 4.143 导入亭角　　图 4.144 复制一组

（12）导入配套下载资源中的"亭顶 .skp"组件，使用【移动 / 复制】与【旋转】命令，放置到相应的位置，如图 4.146 所示。

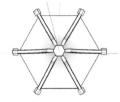 

图 4.145 再复制 4 组　　　图 4.146 导入亭顶

（13）按下键盘的【P】键，将底座向上拉出 200 mm 的高度，如图 4.147 所示。

图 4.147 拉出底座

（14）按下键盘的【C】键，在底座上绘制出一个 R=120 mm 的圆，如图 4.148 所示。按下键盘的【P】键，将这个圆向上拉出一定的高度，一直到达亭顶，如图 4.149 所示。

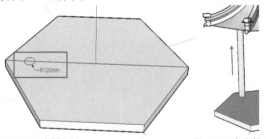

图 4.148 绘制圆形　　　图 4.149 向上拉出

（15）选择新生成的圆柱体，按下键盘的【Q】键，并配合键盘的【Ctrl】键，以几何中心为中心点，旋转 60° 复制出新的一组，如图 4.150 所示。然后在屏幕右下角的数值输入框中输入"×5"，并按下【Enter】键，再复制出 4 组，如图 4.151 所示。

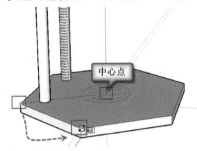

图 4.150 复制亭柱

图 4.151 完成的效果

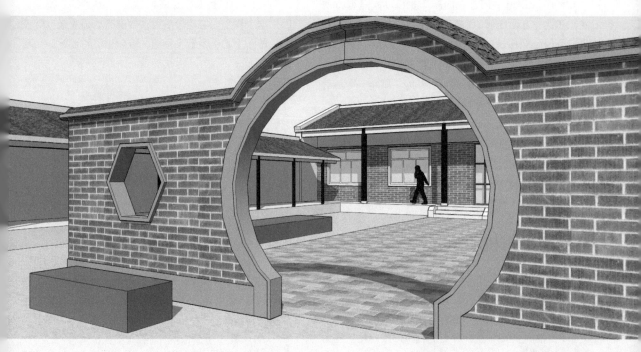

第 5 章 动画

利用 SketchUp 通过页面制作相机动画是很方便的，在这一方面任何 3D 软件都不能比拟。现在国外也有公司为 SketchUp 开发动画插件，就其现状来看，效果不令人满意，不是生成的文件特别大，就是操作很复杂，有时甚至用到编程。单单为了制作一个小动画就要学编程很不经济。

抛开一切复杂插件，充分挖掘利用 SketchUp 本身的功能，也能制作精彩动画，主要通过相机、图层、坐标轴、剖面和风格设定等功能实现。现在网络上流行的免费使用的动画插件，有的很有特色，但是不能导出视频动画，因此不再讨论。

5.1　简单相机动画

三维软件中设置的相机实际上是一种虚拟的"相机"，就是指人的观测点。通过相机的设置来模拟人的观测点、视角、视线目标。要注意相机高度应该为人眼距地面的距离，这样设置的相机形成的相机视图才与真实的效果相一致，如图 5.1 所示。

在学习设置相机前先了解几个和相机有关的概念，因为在下面的讲解中会用到，并且任何软件只要涉及相机的使用，都会用到这些知识。

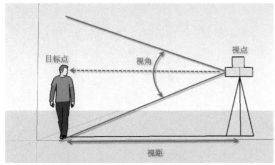

图 5.1 相机原理

目标点：顾名思义就是所观察的对象。

视角：在视距一定时，控制观察的范围。视角越大，所观察到的视野越大，反之亦然。

视点：就是相机所在的位置点。

视距：就是相机到观察点的距离。同样，在视角一定时，视距越大，观察到的范围越大。

5.1.1　相机绕轴动画

这一小节演示一个比较简单的相机动画，模拟人原地不动，然后环视四周，称之为相机环绕。也是从这一小节开始 SketchUp 的动画探索之旅。

（1）打开配套下载资源中的"农村小院"模型，因为这个模型内容比较细致，做出的动画效果也就较好。单击【相机位置】按钮，设定相机的位置，如图 5.2 所示。

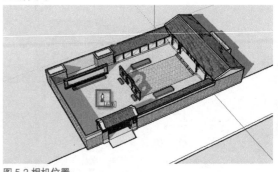

图 5.2 相机位置

（2）单击鼠标左键以确定位置，视图会自动切换到如图 5.3 示意的方式。此时相机的默认高度为 1680mm，正好是普通人的眼睛高度，所以形成的视图也比较自然。

图 5.3 新视图

（3）选择【窗口】→【现场】选项，调用页面管理器。单击图中示意的【＋】按钮，会弹出一个警示对话框，选择三个单选框中的最后一个，单击【创造现场】按钮，增加一个新的页面，如图 5.4 所示。

（4）单击图 5.5 中示意的【更新】按钮，会弹出一个【现场更新】对话框，全部选择其中的复选框，单击【更新】按钮，如图 5.6 所示。更新后，此时激活的页面就会记录当前的视图信息。

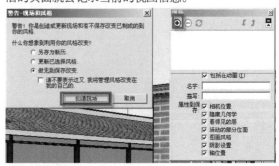

图 5.4 增加页面

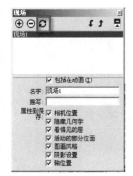

图 5.5 更新视图　　　　图 5.6 更新视图选项

（5）单击【环视】按钮，移动光标向右旋转视图，旋转的角度不要太大，否则生成的页面滑动很快，从而造成生成的视频模糊。参照上面的步骤再增加一个页面，并且更新视图，如图 5.7 所示。

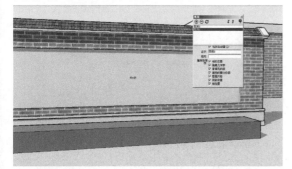

图 5.7 制作新视图

（6）本动画一共制作了 7 个视图页面，最后一个视图如图 5.8 所示。每个视图设定完成都要及时更新，记录视图设置信息。选择【查看】→【动画】→【播放】选项，即可观看完整的动画，不过每个页面都有一秒钟的间歇。

（7）选择【窗口】→【模型信息】选项，在【动画】对话框中将【页面延迟】设定为"0"即可消除上一步骤中的延迟问题，如图 5.9 所示。通过调整【页面切换】下面的时间可以控制相邻两个页面切换的时间间隔。

图 5.8 更新视图选项

图 5.9 动画控制面板

5.1.2 漫游动画

SketchUp 中的【漫游】功能适合制作建筑动画，在做设计时也可以用其模拟真实空间感受。漫游动画就是随着观测者的移动，相机视图相应产生连续的变化而形成的建筑游历动画。虽然【漫游】功能的操作很简洁，但是制作出的动画符合人们的正常视野，显得很逼真。

（1）单击【漫游】按钮，光标转变为人形，将光标放在图中示意位置，制作一个从入口到内院的漫游动画，如图 5.10 所示。

（2）选择【窗口】→【现场】选项，调用页面管理器。创建一个新的页面并更新这个页面，记录场景信息，如图 5.11 所示。

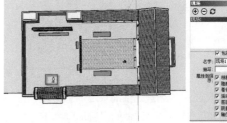

图 5.10 选择开始位置　　　图 5.11 制作页面 1

（3）单击【步行】按钮，将光标放在图中示意位置，按下左键向右上方拖动光标，场景相机向右上方移动，好像人在院子里漫步一样，如图 5.12 所示。移动一段距离之后，需要制作一个新的页面，记录场景信息。

（4）继续上一步的操作，制作新的页面并更新之后，继续移动光标，将场景定格到如图 5.13 所示的形式。因为这个漫游涉及转弯，所以需要多设置几个页面，过渡效果就更平滑。

（5）继续上一步的操作，制作新的页面并更新之，继续移动光标，将场景定格到如图 5.14 所示的形式。通过这个转弯的漫游动画的制作，读者自然就会制作直行的漫游动画。

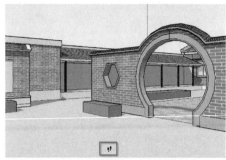

图 5.12 制作页面 2

图 5.13 制作页面 3

图 5.14 制作页面 4

在漫游动画中，场景完整细致是很重要的，否则制作的动画画面就很空。转弯的漫游动画并不是很难控制，请读者朋友依据教程勤加练习。

5.1.3 阴影与图层动画

阴影与图层动画因为比较简单，故而只是在此简要介绍。阴影动画主要是记录一天或是一年某一天地球某地太阳阴影的变化情况。图层动画因为生成的文件比较大，并且动画过渡不平滑，主要用在简单展示方面。下面就二者进行介绍。

阴影动画是在相机不动的情况下，通过阴影工具栏调节时间和日期。例如选择任意日期，将时间设定在早上 7 点左右，经纬度定位在一个目的区域，增加一个页面并更新该页面，记录阴影信息，如图 5.15 所示。

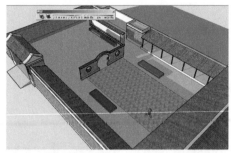

图 5.15 设定时间

在相机位置不变的情况下，调节时间到下午 7 点左右，可以观察到阴影的明显变化，如图 5.16 所示。制作一个新的页面并更新，那么两个页面就记录了一天的太阳阴影变化情况。通过调节两个页面之间持续的时间，可以延长或缩短动画的时间，如图 5.17 所示。

图 5.16 观察阴影变化

图 5.17 页面切换时间

图层动画很好理解，就是在每个页面设置图层的可见性，而后通过页面的切换，形成闪烁的动画。但是它不仅仅只有这个功能，具体功能要看如何运用。例如在漫游动画中，隐藏漫游中不必要的模型，这样可以减小文件，加快实现速度。

同样使用"农村小院"这个场景文件，以人物模型为例，制作三个页面来说明页面动画的制作。调出【层】对话框、【实体信息】对话框和【现场】（页面管理）对话框，如图 5.18 所示。

继续上一步骤的操作，更新"现场 1"后，新建立一个图层，将人物模型归属在新建图层"层 1"下。选中"现场 2"，在【层】对话框中取消勾选"层 1"后的可见复选框，更新"现场 2"，如图 5.19 所示。

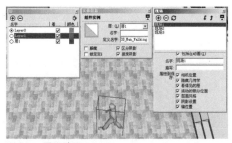

图 5.18 页面动画 1

图 5.19 页面动画 2

选中"现场 3",在【层】对话框中勾选"层 1"后的可见复选框,更新"现场 3",如图 5.20 所示。单击【查看】→【动画】→【播放】选项,在屏幕上就可以观察到人物模型的闪烁动画了。

图 5.20 页面动画

5.2 复杂动画

在这一节中讲解复杂动画的制作。之所以称其"复杂",是因为其操作步骤比较多,不如简单动画容易理解。这一节包括风格动画、坐标轴动画和剖切动画的制作。

制作动画就要用到镜头画面的切换,这个能力对于非影视专业的人来说确实要求高了点。不过通过观看电影,认真体会各个镜头之间的切换方式和延续时间,掌握基本的技巧就足够了。

5.2.1 风格动画

所谓风格动画就是将不同的显示风格制作成动画。举一个例子说明,你可以使用 SketchUp 表现一个设计从最简单的铅笔构思到完成的全部过程。如果用渲染器渲染出动画或是效果图,用后期的视频合成软件将其连接,加上特效,那么一个比较完整的动画作品就诞生了。

下面就风格动画的制作方法进行讲解。

(1)调用【层】对话框和【风格】对话框,打开"农村小院"的模型,将其调整为顶视图的显示模式并新建一个页面,如图 5.21 所示。

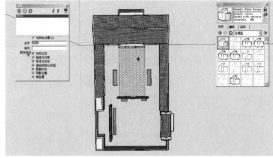

图 5.21 风格动画

(2)在【风格】对话框中选择图 5.22 中示意的风格,原来有材质的模型将转变为铅笔线稿,这个风格是软件中预设的。

(3)在【风格】对话框中,单击【编辑】标签,切换到【编辑】面板,做图 5.23 中示意的设置。将边线的颜色调整为接近白色,以模拟白纸效果。

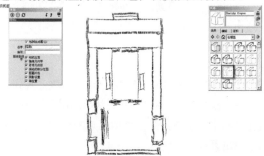

图 5.22 预设风格

图 5.23 风格设置

(4)在【现场】对话框中,单击【更新】按钮,弹出警示对话框,选择警示对话框中单选框的第一个选项,以创造一个新的风格,如图 5.24 所示。

图 5.24 创造风格 1

（5）在【现场】对话框中，单击【添加】按钮新建一个页面。将【风格】对话框做图 5.25 中示意的设定，将边线的颜色加深。

（6）在【现场】对话框中，单击【更新】按钮，弹出警示对话框，选择警示对话框中第一个选项，以创造一个新的风格，如图 5.26 所示。这里之所以要强调这一步，是因为在制作风格动画过程中，只要风格改变，就需要保存一个新的风格样式。

图 5.25 风格设定 1

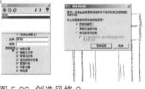

图 5.26 创造风格 2

（7）在【现场】对话框中，单击【添加】按钮，添加一个新的页面。为了使轮廓线显示得更加清晰，在【风格】面板中做图 5.27 中示意的设置。设定完成后单击更新。

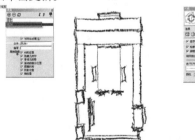

图 5.27 风格设定 2

（8）在【现场】对话框中，单击【添加】按钮，添加一个新的页面。在【风格】面板中做图中示意的设置，将视图旋转一个角度，如图 5.28 所示。设定完成后单击【更新】。

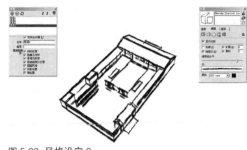

图 5.28 风格设定 3

（9）在【风格】面板中，单击【边线设置】按钮，做图中示意的设置，使视图显示更接近铅笔草图效果，如图 5.29 所示。设定完成后单击【更新】。

图 5.29 风格设定 4

（10）在【现场】对话框中，单击【添加】按钮，添加一个新的页面。在【风格】面板中做图中示意的设置，如图 5.30 和图 5.31 所示。设定完成后单击【更新】。

图 5.30 参数设置 1　　　　图 5.31 参数设置 2

（11）在【现场】对话框中，单击【添加】按钮，添加一个新的页面。在【风格】面板中做图中示意的设置；在【阴影设置】中取消勾选【在地面】复选框，如图 5.32 所示。设定完成后单击【更新】。至此，一个作为片头的比较完整的风格动画制作完成。

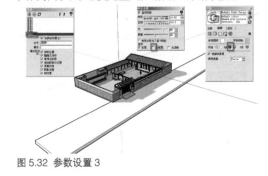

图 5.32 参数设置 3

5.2.2 坐标轴动画原理

坐标轴动画是利用了组件面向相机的特性而衍生出来的动画制作思路。此处不同于相机动画，坐标轴动画真正实现了物体的运动。下面就其运动的原理进行深入讲解，而后制作一段坐标轴动画。由于这种动画需要更改坐标轴，所以实现大范围运动就显得有些困难。

（1）运行 SketchUp 后，操作区内有一个人物的组件，如图 5.33 所示。它周围的几何体是为了观察它是否面向相机而设的参照物。

（2）单击【旋转】按钮，旋转上面的场景，观察到人物模型总是面向相机，参照它周围的几何体可以看得更清楚，如图 5.34 所示。

图 5.33 初始场景　　　　图 5.34 旋转场景

（3）组件都有坐标轴，右击这个组件，选择【更改轴】选项，场景显示了原始的坐标轴位置，如图 5.35 所示。

（4）重新制作组件，观察组件所具有的特性。首先炸开组件，然后右击炸开的组件，选择【制作组件】选项，弹出【创建组件】对话框，勾选【总是面向相机】选项，如图 5.36 所示。

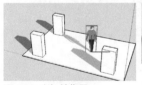 

图 5.35 坐标轴位置　　　　图 5.36 制作组件

（5）绘制一个图中示意的圆形，将坐标轴移动到圆心，如图 5.37 所示。

（6）单击【旋转】按钮，旋转视图，会发现组件沿着圆形运动，这就是组件面向相机的特性，如图 5.38 所示。

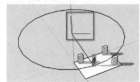 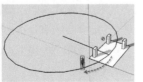

图 5.37 改变坐标轴　　　　图 5.38 沿轴旋转 1

（7）为了清楚认识面向相机的特性，将视点调高，继续旋转视图，观察到组件继续沿圆形旋转，如

图 5.39 所示。

（8）根据上面观察到的现象，可以设想，如果将圆形扩大到足够大，也就是说组件的坐标轴移动到足够远，那么，在一定距离内组件的运动路径可以视为直线，如图 5.40 所示。

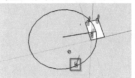 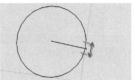

图 5.39 沿轴旋转 2　　　　图 5.40 思路扩展

5.2.3 坐标轴动画制作

并不是明白了坐标轴动画的原理后，就可以制作出满意的动画。这也正是在 SketchUp 中让物体运动起来举步维艰的真正原因。通过下面的演示为读者提供解决问题的方法。即使有这些方法，也需要反复调整才能够得到满意的效果。

（1）打开"农村小院"的场景文件，在大门前建立一条路的模型，而后将一个车的组件放在路的一端，如图 5.41 所示。

（2）单击【圆形】按钮，绘制一个足够大的圆形，使汽车运动的路径接近直线。图中可以看到小院相对于圆在视图中几乎可以忽略，如图 5.42 所示。

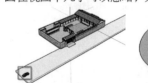 

图 5.41 放置模型　　　　图 5.42 绘制圆形

（3）右击汽车组件，选择【炸开】命令，将组件炸开。而后单击【直线】按钮，沿组件的三条坐标轴绘制三条线段，如图 5.43 所示。

（4）右击上一步绘制的三条线段与炸开的汽车，选择【制作组件】选项，勾选【总是面向相机】前面的复选框，而后单击【创造】按钮，如图 5.44 所示。

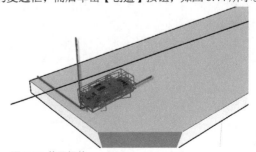

图 5.43 炸开组件

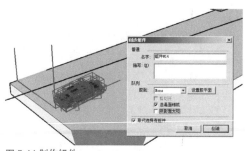

图 5.44 制作组件

（5）继续上一步，制作的组件发生旋转，如图 5.45
所示。这是因为组件的默认坐标轴与场景坐标轴平行，
而相机视线与场景坐标轴有一定的角度。

（6）右击组件，选择【更改轴】选项，将坐标
轴逆时针旋转，如图 5.46 所示。旋转角度要通过多
次调整选择最优。

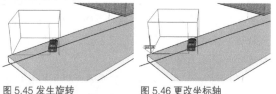

图 5.45 发生旋转　　　图 5.46 更改坐标轴

（7）在组件可编辑状态下，单击【直线】按钮，
沿坐标轴绘制线段，如图 5.47 所示。这些线段是为
坐标轴平移而绘制的。

（8）单击【测量 / 辅助线】按钮，沿上一步骤
绘制的线段作辅助线，如图 5.48 所示。辅助线的交
点就是坐标轴的原点。

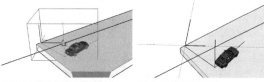

图 5.47 沿坐标轴绘制线段　　图 5.48 绘制辅助线

（9）单击【移动 / 复制】按钮，将辅助线的交
点放在所绘制圆形的圆心，如图 5.49 所示。然后，
参照上面的步骤，将组件的坐标轴移动到圆心。

（10）调用【现场】对话框，新建一个页面，调
整视图位置，如图 5.50 所示。单击【更新】按钮，
更新视图。

图 5.49 移动坐标轴

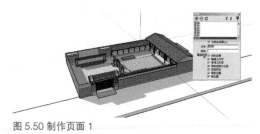

图 5.50 制作页面 1

（11）在【现场】对话框中，再新建一个页面，
调整视图位置如图 5.51 所示。如果感觉阴影面积比
较大，可以调整阴影。单击【更新】按钮，记录场景
信息。

（12）重复上一步骤，在【现场】对话框中，再
新建一个页面，调整视图并更新，如图 5.52 所示。
如果上一步骤对阴影做了调整，那么这一步也要对阴
影做调整，否则动画就会比较乱。到此一个比较完整
的坐标轴动画就制作完成了。

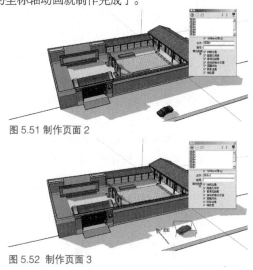

图 5.51 制作页面 2

图 5.52 制作页面 3

5.2.4 剖切动画制作

剖切动画就是使剖切面运动，从而形成动态剖面
效果的动画，常被应用于观察建筑物内部构造和竖向
的设计情况。网络上所说的"生长动画"也是剖切动
画。下面讲解一下它的制作原理。

（1）制作剖切动画的模型一定要很细致，否则
做剖切动画就没有什么必要。打开配套下载资源中的
"萨伏伊别墅"的模型，调用【现场】对话框，如图
5.53 所示。

（2）新建一个页面，单击【剖面】按钮，将剖
面放在图中示意的位置，如图 5.54 所示。放置完剖面
后，更新页面。如果水平放置就可以制作生长动画了。

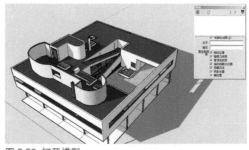

图 5.53 打开模型

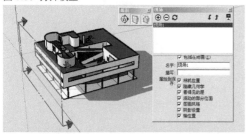

图 5.54 添加剖面

（3）再新建一个页面，单击【移动/复制】按钮，单击【剖面】图标，使其转化为空心的三角，如图 5.55 所示，更新页面。这是制作动画的状态。

（4）通过【现场】对话框中的页面切换按钮，将两个页面的顺序切换，如图 5.56 所示。切换页面顺序是制作剖切动画的一个特点。

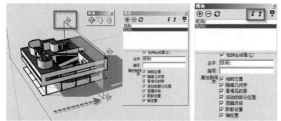

图 5.55 移动剖面　　　　图 5.56 切换页面

（5）分别双击两个页面，选择【剖面】图标，将其隐藏，而后更新页面，如图 5.57 所示。这样就可以制作出没有剖切面显示的动画了。

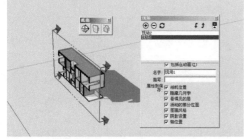

图 5.57 隐藏剖切面

SketchUp 的文件格式是 SKP，尽管这个格式的文件可以播放动画，但是在安装了 SketchUp 的计算机上才能播放，并且它无法增加一些特效修饰。所以

在 SketchUp 中制作完成动画后，还要将动画导出，最常用的动画文件格式就是 AVI。输出步骤如下。

（1）选择【文件】→【导出】→【动画】选项，弹出【输出动画】对话框，在【文件名】后输入相应的文件名称，如图 5.58 所示。

图 5.58 动画导出

（2）单击【输出动画】对话框下的【选项】按钮，弹出【动画输出选项】对话框，在此对话框中设置导出动画画面的高宽尺寸，进行如图 5.59 示意的设置。单击图 5.59 中红色框框选的按钮，会弹出【视频压缩】对话框，在下拉菜单中选择【XviD MPEG-4 Codec】格式，如图 5.60 所示。

图 5.59 图像窗口设置　图 5.60 压缩格式

视频压缩就是指将视频文件进行处理，使其所占磁盘空间减少，以利保存，同时又能够及时还原为动态图像。压缩视频文件时使用的压缩编码方法不同，生成的视频文件结构也就不同，这种压缩视频的编码方法就称为视频压缩格式。这里如果没有特殊要求建议使用 XviD MPEG-4 Codec 格式。

MPEG-4 于 2000 年经国际标准组织 ITU 和 ISO 审核后，成为国际视频压缩标准之一。MPEG-4 压缩采用了 MPEG-4 的视频压缩方式，配上 MPEG-1 的音频压缩方式（MP3），生成的图像质量接近 DVD，声音质量接近 CD，却有着更高的压缩比，最高可达 200 ：1。更重要的是，MPEG-4 在提供高压缩比的同时对数据的损失很小。MPEG-4 是 MPEG 提出的最新的图像压缩技术标准。

采用 MPEG-4 压缩的视频文件一般后缀名为".avi"，很容易与微软的 AVI 格式混淆，不容易直接从后缀名辨认，只能通过解码器来识别。

第 6 章　插件

插件一般来说是发挥特定作用而额外增加的小程序。SketchUp 的插件由 Ruby 语言编写，Ruby 语言是由日本的 Matsumoto Yukihiro 在 1993 年发明。近一两年，它被越来越多的人关注。SketchUp 就是由 Ruby 语言开发的。如果有兴趣，也可以开发自己的插件。运用插件前必须对 Ruby 语言有所了解。Ruby 是一种应用迅速和简便的面向对象编程的解释性脚本语言，其特点如下。

◇有直接呼叫系统调用的能力。

◇强大的字符操作和正则表达式，开发中可以快速回馈。

◇迅速和简便，无须变量声明，变量无类型。

◇语法简单而稳定，自动内存管理。

◇面向对象编程，任何事物都是一个对象类、继承、方法等。

◇多精度整数和动态装载线程等。

Ruby 的箴言是"迅速和简便"。要学习好 SketchUp，懂一些 Ruby 的知识必不可少。学习 Ruby 用于 SketchUp 的编程并不需要安装任何新的程序，就利用 SketchUp 本身带的【Ruby 控制台】即可，如图 6.1 所示。

图 6.1 Ruby 控制台

6.1 一般性插件的制作与使用

本节中将介绍 Ruby 语言的类型结构，常用插件的使用方法，以及使用 Ruby 语言开发 SketchUp 插件的一般性流程。

6.1.1 软件组成结构

要给 SketchUp 制作插件，必须对 SketchUp 的软件结构有很好的了解，否则就谈不上优化软件。了解软件的结构，首先，能方便使用软件，至少知道组件放在哪个位置；其次，有助于改造软件，很好地利用 Ruby 语言编写的插件。

编程的学习是很有趣的，学好编程最重要的条件是使用者的自信心和工作乐趣，而不是从事的行业。当你对一件事情做到游刃有余的时候，即使是工作，也能找到乐趣。

SketchUp 的安装位置是可以任意确定的。在默认情况下，安装路径为"C:\Program Files\SketchUp2018"。笔者建议可以安装在别的盘，如 D 盘。这样可以保证在系统瘫痪时软件不受危害。如果是重新安装的系统，用 SketchUp 的安装文件重新覆盖原来的软件，即装在原来的路径下，可以保全软件的设置完好如初。如图 6.2 所示为文件夹"SketchUp2018"下的文件及文件夹。

图 6.2 软件的文件结构

◇ components 为 SketchUp 组件所在的文件夹，可以对里面的文件夹和文件重命名，可以在里面任意添加和删除组件，支持中文。

◇ exporters 为 SketchUp 导出插件位置，导出插件的文件必须放在此处。

◇ tools 是放地形工具插件的地方，SketchUp 将帮助中心的文件也放在这里。

◇ materials 为放贴图的文件夹，设置新贴图可在此处查找。

◇ 为 SketchUp 的 exe 可执行文件，双击它启动 SketchUp。

SketchUp 插件并没有设计在这个文件夹中，存放插件的路径在默认情况下是"C:\Users\Administrator\AppData\Roaming\SketchUp\SketchUp2018\SketchUp\ Plugins"，打开该文件夹，如图 6.3 所示。如果将插件放在其他文件夹下，SketchUp 运行后，不会自动加载，需要手动加载。

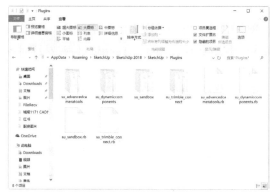

图 6.3 Plugins 文件夹

6.1.2 调用插件

学习插件知识首先要会调用插件。调用插件最方便的方法是将插件直接复制到"Plugins"文件夹中。而后运行软件就可以自动调用可用插件。此外还有两种方法：一种是通过【Ruby 控制台】输入相应的命令调用；另一种是通过插件调用插件的方法。在此，着重介绍第一种方法。

（1）将配套下载资源中"计算机成果插件"文件夹下的所有内容复制到"Plugins"文件夹中。这些插件是比较常用的插件。

（2）运行 SketchUp，软件页面增加了两样内容。一个是插件的下拉菜单，另一个是新增加的工具栏。如图 6.4 所示。

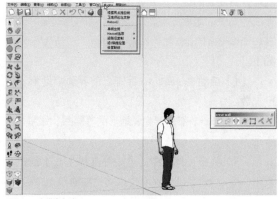

图 6.4 新增内容

（3）新增加的工具栏是笔者制作的，原安装文件不具备。这几个工具栏包括六个功能，即【单线生墙】、【墙上开洞】、【找线头】、【生成面】、【延伸】和【打断】。其中【找线头】的插件经过优化，其余均为直接调用网友分享的源文件。下面就【找线头】和【生成面】的特性进行介绍。导入一个 DWG 格式的文件，如图 6.5 所示。

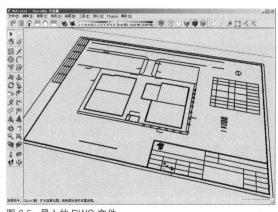

图 6.5 导入的 DWG 文件

（4）单击 【找线头】按钮，弹出一个询问对话框，单击【是】按钮可以新建一个图层，生成的线头标记就放在这个新建的图层内。这就是增加的特性，原来的【找线头】源文件不具备该功能，因而在删除这些线头时就很麻烦。单击【否】生成的线头将放在默认的图层里。

（5）单击【是】按钮后，弹出图层命名对话框，在输入框可以命名新图层，如图 6.6、图 6.7 所示。

图 6.6 新建图层   图 6.7 图层命名

（6）标记的线头如图 6.8 所示。标记线头主要是为封闭面提供方便。如果不知道哪里有线头的话，封闭面的工作将变得异常艰难。

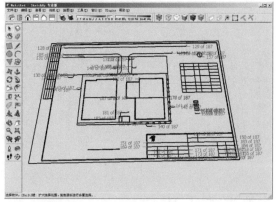

图 6.8 找线头

（7）封闭面的操作只需两步。先是选择要封闭的对象，如图 6.9 所示。要封闭的对象如果有未闭合的线头，操作将不会完全成功。

（8）单击【生成面】按钮，选择的闭合线段会生成平面，如图 6.10 所示。由于是导入的图形，有时候即使没有线头，也会出现个别部位不能封闭的情况。

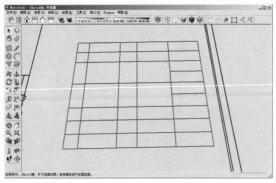

图 6.9 选择线

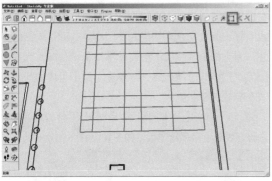

图 6.10 闭合面

（9）使用【直线】工具，沿未封闭的区域描线，使其封闭，如图 6.11 所示。将没有融合到面的线段也通过描线的方法使之融合。

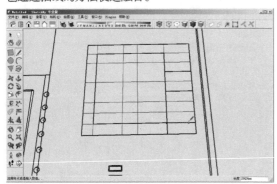

图 6.11 补线

6.2 地形工具

地形工具是一个用 Ruby 语言开发的插件，只不过这个插件是 SketchUp 自带的。主要功能是制作室外的三维地形，常用于城市设计、景观设计、建筑设计等。

因为地形工具在 SketchUp 默认的情况下并没有加载，所以要使用此工具，必须手动加载。单击【窗口】→【参数设置】命令，在弹出的【参数设置】对话框中选择【扩展栏】选项，并勾选【SU 地形工具栏】选项，如图 6.12 所示。

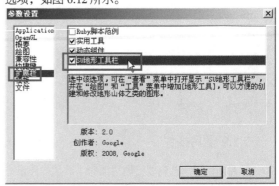

图 6.12 【参数设置】对话框

可以观察到，地形工具条一共由 7 个按钮所组成，从左到右依次是【用等高线生成】、【用栅格生成】、【挤压】、【贴印】、【悬置】、【栅格细分】、【边线凹凸】。前面 2 个是绘制命令，后面 5 个是对用前 2 个命令绘制好的图形进行修改的编辑命令。

6.2.1 用等高线生成

【用等高线生成】命令的功能是封闭相邻的等高线以形成三角面。等高线可以是直线、圆弧、圆、曲线等，自动封闭这个闭合或不闭合的线形成面，从而形成有高差的地形坡地。发出此命令的方式是单击工具栏中的　【用等高线生成】按钮。具体操作方法如下。

（1）启动 SketchUp，保证当前界面中地形工具已加载。

（2）选择全部需要生成地形的等高线，如图 6.13 所示。

（3）单击工具栏中的【用等高线生成】按钮，发出命令。经过系统运算后会自动生成地形，如图 6.14 所示。

图 6.13 选择等高线　　　图 6.14 生成地形

注意：作为等高线的线型物体必须是空间曲线，也就是每条曲线之间有高差。如果所有的曲线在一个平面中是无法生成地形的。获得等高线有两种方法：一是导入 AutoCAD 的地形文件；二是直接在 SketchUp 中绘制出来。

（4）生成的地形是一个群组。隐藏此群组，删除已经不需要的等高线，再次显示群组，可以观察到一个完整的地形物体，如图 6.15 所示。

图 6.15 删除等高线后的地形物体

6.2.2 用栅格生成

【用栅格生成】命令的功能就是绘制如图 6.16 所示的平面的栅格网。这样的平面栅格网并不是最终的成果，设计者可以继续使用地形工具的其他工具配合生成所需要的地形。发出此命令的方式是单击工具栏中的 ▦【用栅格生成】按钮。具体操作方法如下。

图 6.16 生成的栅格网

（1）启动 SketchUp，保证当前界面中地形工具已加载。

（2）单击工具栏中的【用栅格生成】按钮，发出命令。

（3）在屏幕右下角的数值输入框中输入【Grid Spacing】（栅格网间距）的值，如图 6.17 所示。

Grid Spacing 500mm

图 6.17 栅格网间距

（4）单击栅格网起始点处，然后移动光标，到栅格网的一条边终止点处再次单击，如图 6.18 所示。这条边的长度设置也可以通过在屏幕右下角的数值输入框中输入长度的值来完成。

（5）继续移动光标，在到栅格网的另一条边终止点处单击，如图 6.19 所示。这条边的长度设置也可以通过在屏幕右下角的数值输入框中输入长度的值

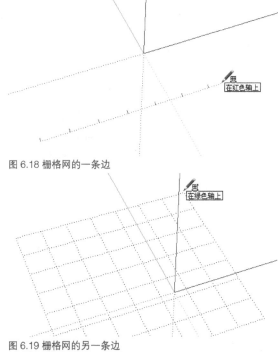

图 6.18 栅格网的一条边

图 6.19 栅格网的另一条边

来完成。

（6）这样就完成了栅格网的绘制，可以观察到绘制后的栅格网是一个群组。

注意：栅格网要使用三个参数来定位，即栅格网间距、长宽两条边的长度。在绘制栅格网之前，应该先对这个几何图形进行计算，得到参数后再开始作图。

6.2.3 挤压

【挤压】命令的功能就是修改地形物体蓝轴（z 轴）纵向的起伏程度。这个命令不能对群组进行直接操作，所以首先要进入群组编辑状态。发出此命令的方式是单击工具栏中的 ▨【挤压】按钮。具体操作方法如下。

（1）双击需要编辑的地形物体，使之进入群组编辑状态，如图 6.20 所示。

（2）单击工具栏中的【挤压】按钮发出命令，并在屏幕右下角的数值输入框中输入半径的值，这个值是指拉伸点的影响辐射范围，即图 6.21 中圆的半径。

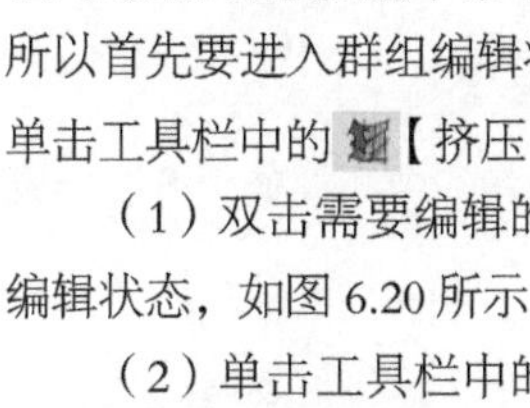

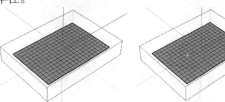

图 6.20 群组编辑状态 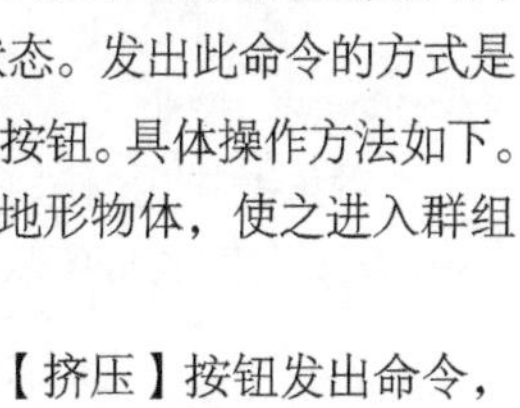　　图 6.21 拉伸点辐射范围

（3）单击需要向上拉伸的中心点处，然后向上移动光标，如图 6.22 所示。

（4）在需要的高度处单击，完成操作，退出群组编辑状态，如图 6.23 所示。指定拉伸的高度时，也可以在屏幕右下角的数值输入框中输入高度值。

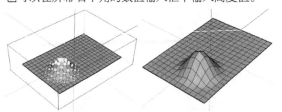

图 6.22 向上拉伸　　　　图 6.23 完成操作

拉伸中心的位置有三种选择：点中心、边线中心、对角线中心。下面依次介绍这三种拉伸中心的区别。

◇点中心拉伸。点中心拉伸的地形可以形成一个尖坡顶，如图 6.24 所示。

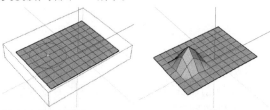

图 6.24 点中心拉伸

◇边线中心拉伸。边线中心拉伸可以形成一个山脊，如图 6.25 所示。

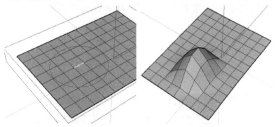

图 6.25 边线中心拉伸

◇对角线中心拉伸。对角线中心拉伸也可以形成一个山脊，如图 6.26 所示。

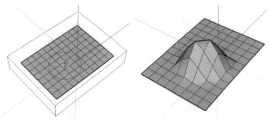

图 6.26 对角线中心拉伸

注意：要制作出需要的地形，往往使用 1 次【挤压】命令是不够的，制作如图 6.27 所示的地形一共使用了 5 次【挤压】命令。

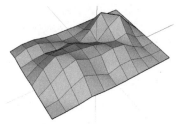

图 6.27 使用 5 次【挤压】命令形成的地形

6.2.4 贴印

【贴印】命令的功能就是以建筑物底面为基准面，对地形物体进行平整。发出此命令的方式是单击工具栏中的【贴印】按钮。具体操作方法如下。

（1）在视图中将建筑物与地形放置到正确的位置，如图 6.28 所示。

（2）选择建筑物，然后单击工具栏中的【贴印】按钮，发出命令，可以观察到建筑物底面多了一个红色的矩形框，如图 6.29 所示，并且此时屏幕右下角的数值输入框中【Offset】的值是 1000 mm。

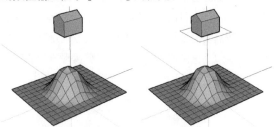

图 6.28 放置到正确的位置　　图 6.29 发出命令

注意：【Offset】的值就是指建筑物底部的红色矩形框的相对大小，默认情况下是 1000 mm，如图 6.30 所示的【Offset】的值是 2000 mm。

（3）移动光标到地形物体处，此时会发现光标变成一个建筑物的形状，并且地形物体处于被选择的激活状态，如图 6.31 所示。

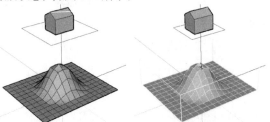

图 6.30 增大的 Offset 值　　图 6.31 选择地形

（4）在地形表面处单击，会自动出现一个平台，光标也变成了上下箭头形，上下移动光标，可以调整地形的高度，如图 6.32 所示。

（5）当地形的高度调整完成后，再次单击，如图 6.33 所示。

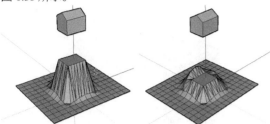

图 6.32 调整地形高度　　图 6.33 完成地形

（6）使用【移动 / 复制】工具将建筑物移动到刚刚平整的地形表面上，如图 6.34 所示。

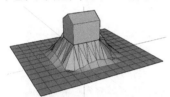

图 6.34 移动建筑物

注意：【贴印】命令就像建筑施工的第一步"平整场地"一样。这个命令常用在制作山地建筑、有一定复杂地形的建筑、景观建筑。此命令可以很快地对地形进行平整，生成一个平台，使建筑物"站立"在上面。

6.2.5 悬置

【悬置】命令的功能就是将平面的路网映射到崎岖不平的地形物体上，在地形上开辟出路网。发出此命令的方式是单击工具栏中的 ▣【悬置】按钮。具体操作方法如下。

（1）在视图中将道路的平面图与地形放置到正确的位置，如图 6.35 所示。

（2）选择道路平面图，然后单击工具栏中的【悬置】按钮，发出命令，移动光标到地形物体处，会发现光标变成一个道路的形状，并且地形物体处于被选择的激活状态，如图 6.36 所示。

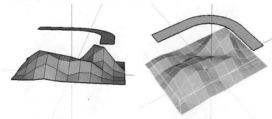

图 6.35 摆放到正确的位置　　图 6.36 发出命令

注意：为了便于操作，最好将道路平面图创建成一个群组。

（3）单击地形物体表面，可以看到此时出现了道路的轮廓线，如图 6.37 所示。

（4）隐藏道路的平面图，选择地形，单击【窗口】→【边线柔化】命令，弹出【边线柔化】对话框，在对话框中做如图 6.38 所示的操作。

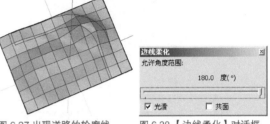

图 6.37 出现道路的轮廓线　　图 6.38【边线柔化】对话框

（5）在进行边线柔化操作之后，会发现地形中的边线减少了，如图 6.39 所示。双击地形物体，进入群组编辑模式，将多余的边线删除，如图 6.40 所示。

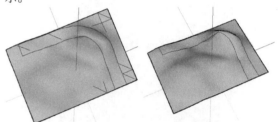

图 6.39 减少边线　　图 6.40 删除多余的边线

（6）炸开群组。右击地形，选择【炸开】命令，将此群组分解成一个一个的单独物体，完成操作。

6.2.6 栅格细分

【栅格细分】命令的功能是将已经绘制好的网格物体进行进一步细分。细分的原因是原来的网格物体部分或全部的网格密度不够，需要重新调整。发出此命令的方式是单击工具栏中的 ▦【栅格细分】按钮。具体操作方法如下。

（1）双击需要进一步细分的网格，进入群组编辑模式，如图 6.41 所示。

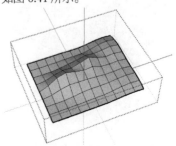

图 6.41 进入群组编辑模式

（2）选择需要进一步细分的网格（当然根据需要可以选择全部的网格），本例选择 6 个相邻网格用以说明操作方法，如图 6.42 所示。

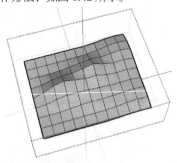

图 6.42 选择需要细分的网格

（3）单击工具栏中的【栅格细分】按钮发出命令，可以看到此时所选择的网格已经重新划分，划分的原则是一个网格分成四块，共 8 个三角面，并且对相邻的未选择网格也进行了三角面的划分，如图 6.43 所示。

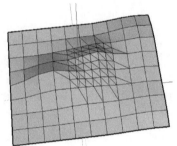

图 6.43 重新划分的网格

6.2.7　边线凹凸

【边线凹凸】命令的功能是将四边形的对角线进行变换。发出此命令的方式是单击工具栏中的 █【边线凹凸】按钮。具体操作方法如下。

（1）打开一个网格地形文件，如图 6.44 所示。

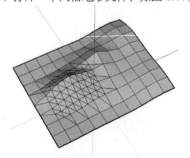

图 6.44 原地形文件

（2）单击【查看】→【虚显隐藏物体】命令，将隐藏的对角线显示出来，如图 6.45 所示。

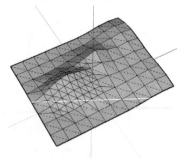

图 6.45 显示对角线的地形文件

注意：三角形是最稳定的结构形式，所以在三维软件中，最小的面单位就是三角面。

（3）双击地形，进入群组编辑模式。单击工具栏中的【边线凹凸】按钮发出命令。单击需要转换的对角线后，对角线自动转换过来。通过与图 6.46 左侧的地形比较，可以观察到右侧地形中一部分对角线进行了转换。

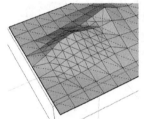

图 6.46 转换对角线

第7章 动态组件

组件是一种预先建立的模型，可以用于 SketchUp 的场景之中。组件可以在 SketchUp 的【组件】浏览器中方便地查找与管理，任何模型都可以制作成组件。

动态组件是 SketchUp 的高级功能。动态组件是一种参数化的组件，比如一个楼梯组件在扩大时会自动增加踏步，一个房间组件可以自动开门与关门。

组件变动态的方式就是将"属性"附加到组件上。属性是一些条目，如组件的名称、组件的描述、组件的尺寸、组件的位置、准备复制的数量等等。属性有两种：一种是预定义，即建立动态组件就会得到；另一种是自定义，即由软件的操作者来设定。

7.1 动态组件基本操作

动态组件是一种参数化的组件，是 SketchUp 运用于行业的一种新尝试。特别是在建筑设计、室内设计、景观设计、城市规划方面运用时，设计师们根据具体的要求，对预先制作的动态组件微调参数后就可以直接使用了。

7.1.1 启动时的组件

SketchUp 在启动时就有一个"小人"，如图 7.1 所示。这个"小人"的名字叫做 Steve，这个 Steve 其实是一个组件，而且是一个动态组件。本小节利用这个简单的组件来了解动态组件的一般功能与操作方法。

（1）查看组件属性。选择这个动态组件，单击【窗口】→【组件属性】命令，会弹出【组件属性】面板，如图 7.2 所示。

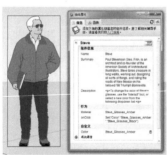

图 7.1 Steve　　　　　图 7.2 组件属性面板

（2）调整组件属性的单位。在默认情况下，组件属性中的单位为"英寸"，如图 7.3 所示。单击面板中的【inch】按钮，可以将单位变为"cm"，如图 7.4 所示。

注意：这里所说的单位是指在定义组件属性时用

图 7.3 英寸单位　　　　　图 7.4 厘米单位

到的，而并不是 SketchUp 的系统单位。如果读者对"英寸"单位不陌生，可以不用更改。另外要说明的是，一般情况下设计师会将 SketchUp 的系统单位设置为"毫米"，而组件属性的单位却是"厘米"，换算时一定要注意，否则动态组件会出错。

（3）组件信息。在【组件属性】面板中的【组件信息】栏中有两项：一项是"Name"（名称），这就是动态组件的名称；另一项是"Description"（描述），这是对这个动态组件的详细解释，包括版权信息、使用方法、注意事项等。

（4）行为。在【组件属性】面板中的【行为】栏中有两项：一项是"Material"（材质），这是此动态组件变化的部位——材质上的变化；另一项是"OnClick"（点击），这是此动态组件变化的方式。本例行为就是为 Steve 变换墨镜的颜料。

（5）动态变化。右击这个动态组件，单击【动态组件】→【组件选项】命令，弹出【组件选项】面板，如图 7.5 所示。可以观察到面板中【Steve's Glasses】（史蒂夫墨镜的颜色）的值是"Amber"（琥珀色）。将【Steve's Glasses】的值改为"Black"（黑色），此时 Steve 的墨镜会随之变色，如图 7.6 所示。

图 7.5 琥珀色墨镜　　　　　图 7.6 黑色墨镜

（6）与动态组件互动。单击工具栏中的 【与动态组件互动】按钮，将光标移动到 Steve 的墨镜上，光标立即变为带亮灯显示样式,并出现"点击可激活。"字样,如图 7.7 所示。此时直接单击 Steve,其墨镜的颜色会随着每一次单击而进行变化,如图 7.8 所示。

图 7.7 改变颜色 1　　　　　图 7.8 改变颜色 2

在 SketchUp 默认安装目录中的 "C:\Program Files\SketchUp2018\Components\Dynamic Components Training" 子目录里面,还有一些软件自带的动态组件,读者可以打开自行学习,如图 7.9 所示。

图 7.9 其他动态组件

7.1.2 动态组件的基本特征

每一个动态组件的组件属性都有一个值,这个值可以是一个文本字符串、一个数值、一个结果或者是一个函数公式。就是因为动态组件可以使用函数公式,设计师们可以利用动态组件制作出千变万化的模型。

以下是动态组件属性的几个特征,每一个动态组件在制作的过程中,都必须设置一个或者多个特征。具体操作如下。

(1)重复。一个动态组件可以包含多个子组件。在动态组件被放大时,子组件的个数可以自动增加。比如说栅栏,纵向的杆件是重复的子组件,如图 7.10 所示。选择这个动态组件,按下键盘上的【S】键,对其红轴的方向进行放大,如图 7.11、图 7.12 所示。完成以后可以观察到作为子组件的纵向杆件已经按照实际尺寸进行复制了,如图 7.13 所示。

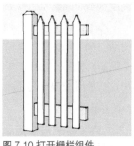
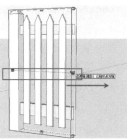

图 7.10 打开栅栏组件　　　图 7.11 放大组件 1

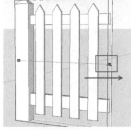
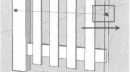

图 7.12 放大组件 2　　　　图 7.13 完成重复效果

(2)参数化。一个动态组件包含一系列的预定义值,通过这些值可以控制这个动态组件,如形状、颜色、尺寸、个数等等。打开"咖啡桌"动态组件,选择组件,单击【窗口】→【组件设置】命令,如图 7.14 所示。可以观察到【组件设置】面板中有底座颜色、底座样式、桌面颜色、桌面样式的参数。更改参数如图 7.15 所示,可以发现组件也相应发生了变化。

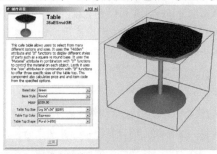

图 7.14 咖啡桌组件

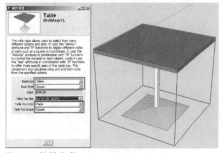

图 7.15 组件变化

(3)限制。动态组件中有一些值,比如尺寸,是可以被限制的。在对这样的动态组件进行缩放时,其中被限制的子组件的尺寸是不变的。如一个宽为

765 mm 的室内门，其门锁的高度为 166 mm，如图 7.16 所示。在对其进行放大之后，门宽变为 918 mm，但是被限制尺寸的门锁的高度还是 166 mm，如图 7.17 所示。设计师们可以利用这个限制功能制作出标准的构件，然后在任意场景中运用，缩放时被限制的子组件的尺寸是不变的，这样就不会产生缩放变形。

注意：所有的 SketchUp 用户都可以使用动态组件功能，但是只有 SketchUp Pro 用户才能编辑动态组件。

图 7.16 室内门原始尺寸　　图 7.17 缩放后的尺寸

7.2 动态组件实例

SketchUp Pro 用户可以定义动态组件，这些动态组件可以被任意 SketchUp 用户使用。含有参数化的动态组件相比传统组件更加智能、便捷，适用面更为广泛。尤其应注意其在行业中的运用，常用的操作方法如下。

先定义一个组件，这个组件由若干个子组件组成。注意将每一个子组件用容易识别的称谓来命名，然后对这个组件设置组件属性，最后检查组件。本节中通过几个典型的小实例来说明动态组件的使用，以达到触类旁通的效果。

7.2.1 自动伸缩门

自动伸缩门门体采用优质不锈钢等材料制作，采用平行四边形原理交接，伸缩灵活。驱动器采用特种电机驱动，蜗杆蜗轮减速，并设有手动离合器，停电时可手动启闭。伸缩门为伸缩栅格型，具有启闭平稳、透视门体、开启后占用空间小等特点。常用于住宅小区、大型单位、学校等的入口处，具体建模方法如下。

（1）打开配套下载资源中的"自动伸缩门 .skp"场

景文件，如图 7.18 所示。注意模型中小构件的两处主要尺寸，这两个尺寸将在后面组件属性的函数中用到。

（2）右击左侧的模型，选择【制作组件】命令。在弹出的【创建组件】面板中输入"Steady"名称，如图 7.19 所示。

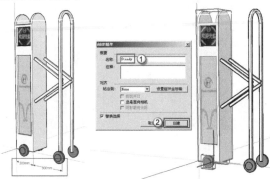

图 7.18 打开模型　　图 7.19 创建 Steady 组件

（3）右击右侧的模型，选择【制作组件】命令。在弹出的【创建组件】面板中输入"Moving"名称，如图 7.20 所示。

注意：左侧的模型是固定不动的，因而取名为"Steady"。而右侧的模型是要不断复制的，因而取名为"Moving"。组件名称绝对不允许出现中文，否则无法使用动态组件功能。

（4）右击所有的模型，选择【制作组件】命令。在弹出的【创建组件】面板中输入"Door"名称，如图 7.21 所示。

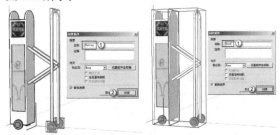

图 7.20 创建 Moving 组件　　图 7.21 建立 Door 组件

注意：这个 Door 组件由两个子组件组成，分别是 Steady 组件与 Moving 组件。这个组件层级关系在后面的组件属性中要使用到。

（5）选择刚建立的 Door 组件，单击【窗口】→【组件属性】命令，弹出【组件属性】面板，如图 7.22 所示。动态组件的操作将全部在这个面板中完成。

（6）定义"Door"级别的参数。在【Door】卷展栏下单击【添加属性】→【大小（新增所有）】按钮，如图 7.23 所示，以增加控制"Door"级别的大小参数。单击【添加属性】→【Scale Tool】按钮，在弹出的【信息】选项卡中只保留【沿绿轴缩放】选项勾选，如图7.24、图7.25 所示，这样对于整个自动伸缩门的动态组件，设计师只能沿着 y 轴向即绿轴向缩放。

注意：在【组件属性】面板下，按下【添加属性】按钮后，此按钮会自动变为"输入名称"字样，在图7.23 与图7.24 中均有显示。

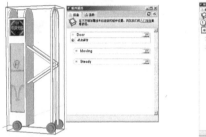

图7.22 组件属性

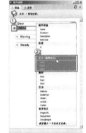

图7.23 新增大小参数

图7.24 增加 Scale Tool　　图7.25 沿绿轴缩放

（7）定义"Steady"级别的参数。在【Steady】卷展栏下单击【添加属性】→【大小（新增所有）】按钮，如图7.26 所示，以增加控制"Steady"级别的大小参数。单击【大小】栏中的【LenY】按钮，输入"=20"，并按下键盘上的【Tab】键以确定，如图7.27所示。由于左侧的固定子组件是大小不变的，所以将其在 y 轴向即绿轴向的长度固定在 20 cm。

注意：等号后面的数值是不加单位的。由于【组件属性】面板的单位是厘米，所以长度为 200 mm 的数值在此处一定要输入"20"。因为系统单位与【组件属性】面板不一致，要经常换算，这一块容易出错，请读者朋友一定要细心。另外，不论是输入数值还是后面介绍的函数表达式，一定要按下键盘的【Tab】键以确定，而不是常用的【Enter】键。

图7.26 新增大小参数　　图7.27 输入参数

（8）定义"Moving"级别的参数。在【Moving】卷展栏下，单击【添加属性】→【位置（新增所有）】按钮，如图7.28 所示，以增加控制"Moving"级别的位置参数。单击【添加属性】→【大小（新增所有）】按钮，如图7.29 所示，以增加控制"Moving"级别的大小参数。单击【添加属性】→【Copies】按钮，如图7.30 所示，以增加控制"Moving"级别的重复的个数。

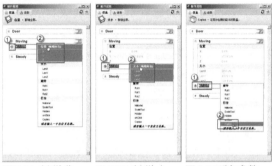

图7.28 新增位置参数　　图7.29 新增大小参数　　图7.30 重复参数

（9）定义"Moving"级别中的函数表达式。单击【大小】栏中的【LenY】按钮，输入"=33.719805"，并按下键盘上的【Tab】键以确定，如图7.31 所示。由于右侧的固定子组件大小不变，只是个数有重复，所以将其在 y 轴向即绿轴向的长度固定在 33.719805 cm。单击【大小】栏中的【Copies】按钮，输入"=floor((door!leny-20)/30)-1"这个函数，以确定复制的个数，输入后按下键盘上的【Tab】键以确定，如图7.32 所示。单击【位置】栏中的【Y】按钮，输入"=20.180195+copy * 30"这个函数表达式，并按下键盘上的【Tab】键以确定，如图7.33 所示。

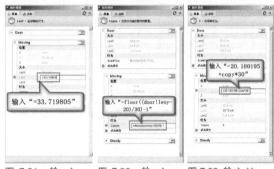

图7.31 输入 LenY 的值　　图7.32 输入 Copies 的表达式　　图7.33 输入 Y 的表达式

注意：这一步骤有两个函数表达式，其实并不复杂，只要了解表达式的意义之后，就可以方便地设计自己希望的动态组件了。

① Copies=floor((door!leny-20)/30)-1。"Copies"

的意义是重复的个数。函数中"floor"的意义是取整，如 floor（4.2）=4。"door!leny"的意义是 Door 的 LenY 的值，即门在 y 轴向上的总长度。那么函数表达式"Copies=floor((door!leny-20)/30)-1"的总意义就是：重复的个数 =[（门在 y 轴的总长 -20 cm）/30 cm] 取整后 -1。其中"20 cm"与"30 cm"的意义如前面的图 7.18 所示。

2.Y=20.180195+copy ＊ 30。"copy"的意义是上一步骤中的重复个数。函数表达式"Y=20.180195+copy ＊ 30"的意义是：y 轴的坐标位置 = 20.180195 cm+ 重复的个数 ×30 cm。其中"30 cm"的意义如前面的图 7.18 所示。

（10）测试动态组件。动态组件实际上带有一定的编程内容，所以制作完成后必须经过一定的测试，来判断组件的正确性。选择建立后的动态组件，按下键盘上的【S】键，对其绿色轴进行放大，如图 7.34 所示。拖动光标到一定距离，如图 7.35 所示，释放光标，观察组件的变化，如图 7.36 所示。

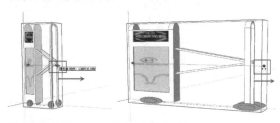

图 7.34 缩放组件　　图 7.35 拖动光标

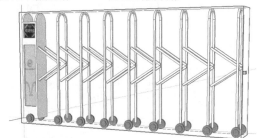

图 7.36 完成操作

注意：SketchUp 的组件在很多情况下都需要对子组件进行重复，这样就可以利用本例中介绍的方法来制作动态组件。

7.2.2 会前进的小汽车

本例中将介绍使用动态组件的函数功能来制作一个小汽车的前进动画。在原来的 SketchUp 中是无法制作前进动画的，但是自从有了动态组件后，设计师可以随心所欲地设计前进、后退、转弯、旋转等运动型动画。具体操作方法如下。

（1）打开配套下载资源中的"小汽车 .skp"文件，可以观察到一辆橘红色的越野车将从"开发区一中"开往"开发区宁康园"，如图 7.37 所示。

图 7.37 打开场景文件

（2）右击小汽车模型，选择【制作组件】命令。在弹出的【创建组件】面板中输入"Car"名称，如图 7.38 所示。注意模型的名称绝对不允许出现中文。

图 7.38 创建组件

（3）选择刚建立的 Car 组件，单击【窗口】→【组件属性】命令，将弹出【组件属性】面板，如图 7.39 所示。动态组件的操作将全部在这个面板中完成。

图 7.39 【组件属性】面板图

（4）在【Car】卷展栏下单击【添加属性】→【位置】→【Y】按钮，如图 7.40 所示，以增加控制汽车前进方向 y 轴（绿轴）向上的位置参数。

（5）单击【添加属性】→【Scale Tool】按钮，在弹出的【信息】选项卡中去掉所有选项的勾选，如图 7.41 所示。这样在操作这个动态组件时，设计师无法进行缩放。

图 7.40 增加位置参数

图 7.41 限制组件的缩放功能

（6）单击【添加属性】→【onClick】按钮，如图 7.42 所示。在【onClick】栏中输入函数表达式"ANIMATE("Y",0,4000,14000)"，如图 7.43 所示。这一步操作的意义是，当光标点击作为动态组件的小汽车对象时，小汽车会自动向前运行。

图 7.42 新增 onClick 参数　　图 7.43 写入函数表达式

注意：此处有一个函数表达式"onClick=ANIMATE("Y",0,4000,14000)"。其中"ANIMATE"是动画或者运动的意思。"Y"表达沿着 y 轴（绿轴）向移动。"0,4000,14000"表示移动时小汽车的坐标值。所以这个表达式的含义就是：单击一次小汽车会从 0 点移动到 4000 cm 的点位，再单击一次小汽车会从 4000 cm 的点位移到 14000 cm 的点位，小汽车只沿 y 轴向移动。

（7）测试动态组件。动态组件中的函数表达式含有一定的逻辑关系，所以制作完成后必须经过一定的测试，来判断组件的正确性。单击工具栏中的 【与

动态组件互动】按钮，将光标移动到作为动态组件的小汽车上，光标立即变为带亮灯显示样式，如图 7.44 所示。此时直接单击小汽车，将自动向前开进一段距离，如图 7.45 所示。再次单击小汽车，将会开到目的地——开发区宁康园，如图 7.46 所示。如果再次单击小汽车，将会回到起始位置。

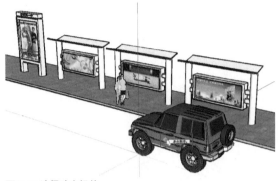

图 7.44 选择动态组件

图 7.45 向前开动

图 7.46 到达目的地

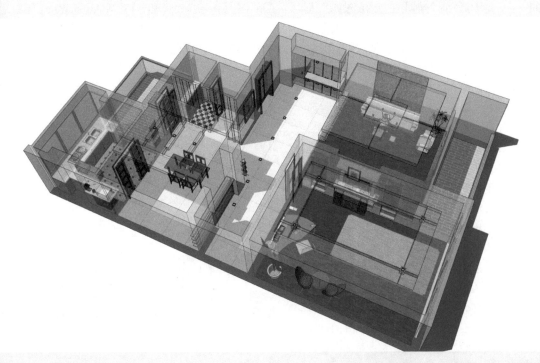

第 8 章 室内设计

　　人的一生，绝大部分时间都是在室内度过的。人们营造的室内空间，必定会直接关系到人们的安全、健康、舒适、生活质量等诸多因素。室内环境的创建，应把保障安全与有利于人类身心健康放到第一位，在这个思想的指导下开展方案的设计。人们对于室内设计不仅有功能使用、采暖、采光等物质上的要求，而且还伴有环境氛围、风格文脉、历史传承等精神需求。

　　室内设计是包括设计、施工、验收、交付使用等在内的综合性生产系列活动，需要有多工种的协同作业，并且有一定的周期性。室内设计是根据建筑物的使用性质、所处环境相应标准，运用物质技术原理与设计美学原则，建出功能合理、舒适健康、满足人们的物质与精神生活需要的空间环境。随着技术的进步，室内设计也正悄然发生着变化：从图板、墨线笔绘图到计算机制图，从人工施工到机械化作业，从单一的建材到多种节能、环保、绿色的建材，室内设计的各个层面都在不断地发展着。近几年来，国内外的设计业开始使用一个新兴的建筑类软件，那就是面向设计流程的软件——SketchUp（草图大师）。

8.1 建立基本空间模型

　　无论使用什么样的软件建立室内模型，最开始都是建立一个封闭的空间环境，而 SketchUp 的"单面"建模法就更适合建立室内场景。

　　SketchUp 可以与 AutoCAD、Revit、3ds Max、Piranesi 等多种软件结合使用，可以快速地导入和导出 DWG、DXF、JPG、3DS 格式文件。在建立房间模型时，读者也可以直接在 SketchUp 中画出平面图，这种方法适合平面图较简单的案例。本例中平面图比较复杂，根据具体情况，可以选择在 AutoCAD 中优化平面图，再导入 SketchUp 中的方法。

8.1.1 分析方案

　　在配套下载资源中找到本小节需要使用的 AutoCAD 图纸并打开，通过观察平面布置图，发现这是一个跃层套房的其中一层，场景比较复杂，进入房间映入眼帘的是一个门厅，和门厅紧挨着的是一个宽敞的客厅连着一个观景台。室内还设计有餐厅、书房、厨房、卫生间等功能空间。

　　（1）优化 AutoCAD 图纸。打开 AutoCAD 文件，如图 8.1 所示，然后单击【图层特性管理器】按钮，

在弹出的【图层特性管理器】对话框中新建一个图层，更改图层的颜色并将其设置为当前图层，将其他图层锁定，如图 8.2 所示。

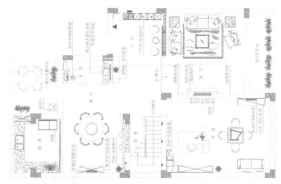

图 8.1 平面布置图

图 8.2 图层特性管理器

　　（2）绘制轮廓。如图 8.3 所示，在 AutoCAD 中，使用【直线】工具在平面布置图上沿墙线绘制需要的轮廓线，并将其他图层隐藏。这样就可以在 SketchUp 中使用【推拉】工具绘制房间的基本墙体模型了。

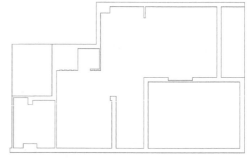

图 8.3 优化平面布置图

　　注意：在 SketchUp 中建立模型时需要平面图纸的配合。在制作前需要优化平面图纸后再进行导入，保证图纸导入后符合 SketchUp 的建模要求。如果没有优化平面图纸，那么在 SketchUp 建模时会出现许多多余的面。

　　（3）保存导出文件。输入"Wblock"（写块）命令，在弹出的【写块】对话框中单击【选择对象】按钮，

选择要导出的轮廓线，并更改文件的保存路径，【插入单位】选择"毫米"，将这个轮廓线的文件单独保存为一个"导入 .dwg"文件，如图 8.4 所示。

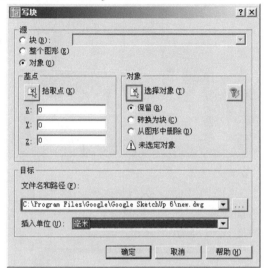

图 8.4 写块文件

8.1.2　建立室内空间

将优化好的 AutoCAD 图纸导入 SketchUp 中，运用【推拉】工具就可以很轻松地建立房型的基本模型，以便对室内空间进行设计。在将 AutoCAD 图导入 SketchUp 中之前，还需要对 SketchUp 的场景进行设置，以方便制图，避免出现不必要的麻烦。

（1）设置 SketchUp 场景。启动 SketchUp，单击【窗口】→【风格】命令，在弹出的【风格】对话框中单击【编辑】→【面设置】按钮，然后单击【正面色】对应的颜色按钮，弹出【选择颜色】对话框。移动颜色滑块，调整颜色为黄色，单击【确定】按钮。这样就完成了对模型"面"的设置，如图 8.5 所示。

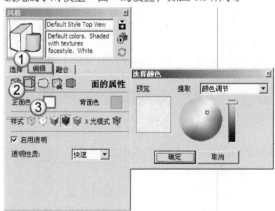

图 8.5 场景设置

注意：SketchUp 的默认设置中，正面的颜色为白色，这与背景色相近，不适合于作图。所以必须将正面进行调整。

（2）如图 8.6 所示，单击【文件】→【导入】命令，弹出【打开】对话框。选择保存的 AutoCAD 图块，单击【选项】按钮，确定【单位】为"毫米"，然后单击【打开】按钮。导入后的平面图如图 8.7 所示。

（3）封闭面。使用【直线】工具，在导入的平面图中任意位置绘制一条直线，形成如图 8.8 所示的封闭面，然后将绘制的直线删除。

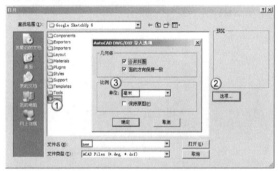

图 8.6 导入 AutoCAD 图块

图 8.7 导入平面图　　　　图 8.8 封闭面

注意：在 SketchUp 中建模，必须是封闭的面才可以使用【推拉】工具拉伸出三维的立体模型。没有形成面域的图形不能进行拉伸。

（4）拉伸模型。使用【推拉】工具，沿着 z 轴方向向上拉伸出 2800 mm 的距离，这就是房间的净高，如图 8.9 所示。

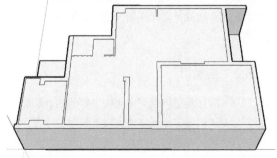

图 8.9 拉伸模型

（5）翻转面。右击模型的任意一个面，选择【将面翻转】命令，将黄色的正向转到内侧，如图 8.10 所示。然后再次右击这个面，选择【统一面的方向】命令，将所有的黄色正面翻转到内侧，而蓝色的反面转到外侧，如图 8.11 所示。

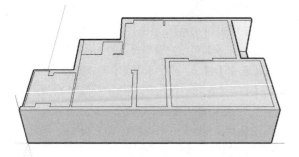

图 8.10 将面翻转

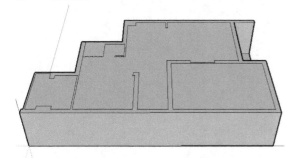

图 8.11 统一面的方向

注意：在 SketchUp 中使用黄色表示正面（也就是显示的面），蓝色表示反面（也就是不显示的面）。在绘制室内效果图时，黄色的正面一定要向内。而绘制室外效果图时，黄色的正面则要向外。如果正、反面搞错了，则会出现无法显示的问题。

8.2 主体空间

建立好房间的基本墙体后，接着要对具体房间进行设计。设计和建模的关键是对房间的立面进行不同的装饰设计。本例中采用的是各个击破的方法，从最主要的起居室也就是客厅开始，然后依次建立其他功能空间。

8.2.1 绘制门

门厅和客厅是室内空间中比较重要的两个功能空间。门厅是人们一进主入口首先映入眼帘的地方。客厅是家人休闲、亲朋好友相聚的场所，而目前大众家庭娱乐的手段主要是看电视、看 VCD、唱卡拉 OK 等，于是，客厅的电视背景墙成了最吸引人们眼球的地方。在家装设计中，电视背景墙已成了设计的焦点，也是体现主人个性的一个特殊空间。

（1）隐藏面。右击选择模型的顶面，选择【隐藏】命令，将阻挡视线的面进行隐藏，以利于观察模型的内部空间，如图 8.12 所示。

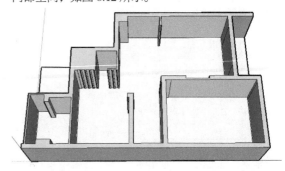

图 8.12 隐藏顶面

（2）旋转视图。按住鼠标中键不放进行拖动，将视图旋转到门厅主入口的位置，如图 8.13 所示。这样便于下一步的作图操作。

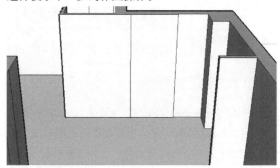

图 8.13 旋转视图

（3）绘制辅助线。主入口的子母门高 2100 mm，宽分别是 850 mm 和 250 mm，使用【测量辅助线】工具，如图 8.14 所示，绘制两根辅助线，确定门高及子母门分割线的位置。

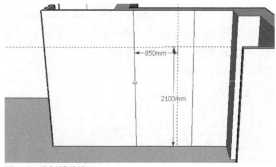

图 8.14 绘制辅助线

（4）绘制分割线。使用【直线】工具，沿着辅助线的位置绘制子母门的分割线，并把多余的线条删除，如图 8.15 所示。

（5）绘制门套。本例中门套的宽度为 60 mm。选择门的外轮廓线，使用【偏移复制】工具将其向内偏移 60 mm 的距离，如图 8.16 所示，绘制出门套的宽度。

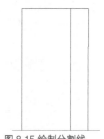
图 8.15 绘制分割线

图 8.16 绘制门套

（6）门的材质。使用【材质】工具，在弹出的【材质】面板中，单击【创建材质】按钮，弹出【创建材质】对话框，给其命名，再设定材质的颜色为 R=140，G=0，B=0，然后将材质赋予门及门套，如图 8.17 所示。

（7）拉伸门套。选择门套的面域，使用【推拉】工具，将其向外拉伸出 20 mm 的距离，然后选择门面，将其向内推进 140 mm 的距离，如图 8.18 所示，制作出门套和门的凹凸关系，使之有立体感。

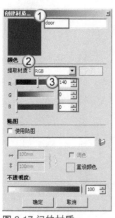
图 8.17 门的材质

图 8.18 拉伸门套

注意：在设计效果图建模时，应该养成边建模型边附材质的习惯，这样就不会出现有的模型忘记附材质的情况。与建完模型再附材质的方法比，这种方法更加科学。

（8）绘制门缝。选择上面绘制的门的分割线，配合【Ctrl】键，使用【移动 / 复制】工具，将其向左右两边各偏移 10 mm 的距离，删除中间多余的线，并使用【推拉】工具将其向内推进 40 mm 的距离，如图 8.19 所示，形成宽 20 mm 的门缝。

（9）金属材质。按下键盘上的【B】键，在弹出的【材质】面板中，单击【创建材质】按钮，弹出【创建材质】对话框，给其命名，再设定材质的颜色为 R=100，G=150，B=200，如图 8.20 所示。

图 8.19 绘制门缝

图 8.20 金属材质

（10）绘制把手底座。在门表面的适当位置，使用【矩形】工具，绘制一个长方形，并使用【圆弧】工具在矩形的四个角和顶端绘制圆弧，如图 8.21 所示，绘制出底座的基本形状，并将制作好的金属材质赋予底座，删除多余的线条。

（11）拉伸底座。按下键盘上的【P】键，将绘制的底座向上拉伸 50 mm 的距离，如图 8.22 所示，制作出底座的厚度。

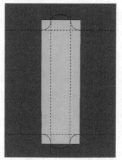
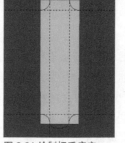
图 8.21 绘制把手底座

图 8.22 拉伸底座

（12）绘制矩形。按下键盘上的【R】键，在制作的底座上绘制一个适当的矩形，按下键盘上的【P】键，将矩形向外拉伸 10 mm 的距离，如图 8.23 所示。

（13）绘制半圆。使用【直线】工具和【圆弧】工具，在制作的矩形上绘制一个半圆形，按下键盘上的【P】键，将半圆向外拉伸 20 mm 的距离，如图 8.24 所示。

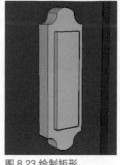
图 8.23 绘制矩形

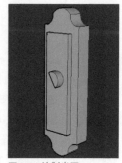
图 8.24 绘制半圆

（14）绘制把手。选择半圆的方形侧面，按下键盘上的【F】键，将方形向内偏移 2 mm 的距离。按下键盘上的【P】键，将绘制的矩形向外拉伸出 80 mm 的距离，如图 8.25 所示。

（15）群组。先将绘制的把手全部选择，右击选择把手，选择【创建群组】命令，将把手群组，然后将绘制的门及门把手全部选择，使用同样的方法将其群组，如图 8.26 所示。

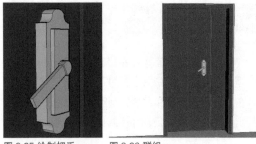

图 8.25 绘制把手　　　图 8.26 群组

注意：在建模时，创建群组是很关键的，模型中的门、窗、家具等构件，只要是同一类型的物体，就需要放在同一个组中。这将会为以后的建模操作提供很大的方便。

8.2.2 装饰画

本例中，在子母门的右侧墙壁上面设置有一幅装饰画。绘制装饰画的方法也是从大体轮廓开始，再逐步绘制画框、贴贴图。这里贴贴图会用到 SketchUp 材质中的一种贴图材质类型，下面会具体介绍。

（1）绘制画框。按下键盘上的【R】键，在子母门右侧的墙上绘制一个 900 mm × 1100 mm 的矩形，如图 8.27 所示，绘制出画框的外形轮廓。

图 8.27 绘制画框

（2）拉伸画框。按下键盘上的【F】键，将绘制的画框轮廓向内偏移 50 mm 的距离，形成画框的宽度，然后按下键盘上的【P】键，将其向外拉伸 30 mm，形成画框的厚度，如图 8.28 所示。

（3）贴图材质。按下键盘上的【B】键，在弹出的【材质】面板中，单击【创建材质】按钮，弹出【创建材质】对话框，给其命名，勾选【使用贴图】选项，从文档中选择一张需要的贴图，然后将材质赋予画框中的矩形，如图 8.29 所示。

图 8.28 拉伸画框　　　　图 8.29 贴图材质

（4）调整贴图。将贴图赋予对象后，发现贴图的坐标位置并不是很理想，这时要调整贴图的位置。右击选择贴图，选择【贴图】→【位置】命令，如图 8.30 所示，拖动贴图的四个指针，调整贴图到适当的位置，调整好后，再次右击选择贴图，选择【完成】命令，即完成了调整贴图的任务。

图 8.30 调整贴图

注意：在对面进行贴图赋予时，往往需要调整贴图位置、大小、角度。一般情况下都要使用上述方法。但如果只调整贴图的大小，则可以在【材质浏览器】对话框中直接设置贴图的大小。

8.2.3 装饰柜

在 SketchUp 中建立室内模型时，有些简单的家具可以直接在 SketchUp 中建立，有些复杂的家具则需要导入。本例中，门厅东面设置有一个装饰柜，也作鞋柜之用，比较简单，可以直接建立。建立时应该注意细节，比如柜门与柜门之间会有一定宽度的门缝，本例中一律绘制门缝宽为 20 mm。

（1）绘制辅助线。配合鼠标中键，旋转视图到门厅东面墙壁绘制装饰柜的位置。装饰柜高 1800 mm，距离地面 300 mm。按下键盘上的【T】键，沿蓝轴方向绘制两条辅助线，如图 8.31 所示。

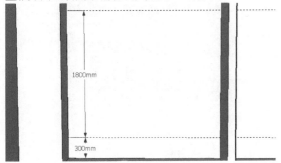

图 8.31 绘制辅助线

（2）绘制柜体轮廓。按下键盘上的【L】键，沿着辅助线的位置，绘制两条直线，如图 8.32 所示，确定柜体的总体轮廓。

（3）拉伸柜体。按下键盘上的【P】键，将柜体向外拉伸 400 mm 的距离，如图 8.33 所示，形成柜体的厚度。

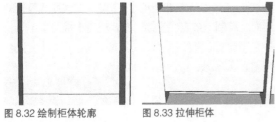

图 8.32 绘制柜体轮廓　　　图 8.33 拉伸柜体

（4）绘制柜门分割线。装饰柜由一个 600 mm×800 mm 的长柜和八个 405 mm×800 mm 的小柜组成。中间是一个宽 370 mm 的凹槽。按下键盘上的【L】键，如图 8.34 所示，绘制柜间的分割线。

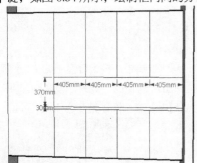

图 8.34 绘制柜门分割线

（5）制作凹槽及台面。按下键盘上的【P】键，将绘制的凹槽面向内推进 350 mm 的距离，并将宽 30 mm 的台面向外拉伸 30 mm 的距离，如图 8.35 所示，形成向外凸出的台面。

（6）制作门缝。选择上面绘制的柜门的分割线，

配合【Ctrl】键，使用【移动 / 复制】工具，将其向左右两边偏移 20 mm 的距离，删除中间多余的线，并使用【推拉】工具将其向内推进 40 mm 的距离，如图 8.36 所示，形成宽 20 mm 的门缝。

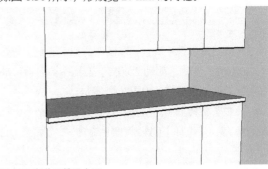

图 8.35 制作凹槽及台面

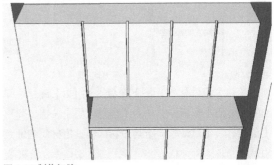

图 8.36 制作门缝

（7）绘制柜门把手。按下键盘上的【R】键，在柜门上适当的位置，绘制一个 20 mm×150 mm 的矩形。按下键盘上的【P】键，将绘制的矩形向外拉伸 35 mm 的距离，如图 8.37 所示。

（8）绘制把手轮廓。按下键盘上的【L】键，在绘制的矩形上方的面上，绘制如图 8.38 所示的轮廓线，即把手的形状。

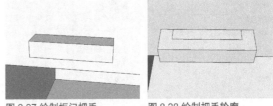

图 8.37 绘制柜门把手　　　图 8.38 绘制把手轮廓

（9）制作把手。按下键盘上的【P】键，将把手中间的矩形向下推拉，如图 8.39 所示，使其中间镂空，形成把手。

（10）群组把手。先选择把手的所有面，赋予其前面制作的金属材质，然后将把手全部选中，右击把手，选择【创建群组】命令，将把手群组，如图 8.40 所示。

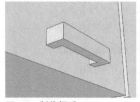

图 8.39 制作把手　　　图 8.40 群组

（11）复制把手。选择刚制作的把手群组，配合【Ctrl】键，使用【移动／复制】工具，将把手移动复制给其他几个柜门，如图 8.41 所示。

（12）旋转把手。将把手复制到左侧长柜上，选择把手，使用【选择】工具，将把手旋转90°，如图 8.42 所示。

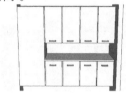

图 8.41 复制把手　　　图 8.42 选择把手

（13）柜体材质。按下键盘上的【B】键，在弹出的【材质】面板中，单击【创建材质】按钮，弹出【创建材质】对话框，给其命名，再设定材质的颜色为 R = 255，G = 110，B = 0，如图 8.43 所示，并将其赋予柜体的各个面。

（14）台面材质。按下键盘上的【B】键，在弹出的【材质】面板中，单击【创建材质】按钮，弹出【创建材质】对话框，给其命名，再设定材质的颜色为 R = 255，G = 255，B = 220，如图 8.44 所示。

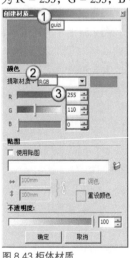
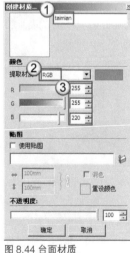

图 8.43 柜体材质　　　图 8.44 台面材质

（15）群组。将绘制的柜体和把手全部选择，右击装饰柜，选择【创建群组】命令，将柜子群组，如图 8.45 所示。

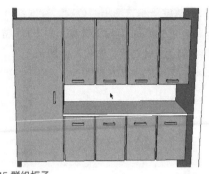

图 8.45 群组柜子

8.2.4 玻璃隔断

本例中，在门厅和客厅之间设有一个半封闭的玄关，用以遮挡视线。玄关造型是一个长方形的玻璃柜，玻璃柜里放置石块，玻璃柜内插有干花进行装饰。这里又会用到 SketchUp 材质中的玻璃材质类型，下面会为大家具体介绍。

（1）绘制辅助线。客厅的地面需要比其他位置高 150 mm，按下键盘上的【L】键，在客厅入口处的地面上绘制一条直线连接两墙，使用【推拉】工具，将客厅地面向上拉伸 150 mm。按下键盘上的【T】键，如图 8.46 所示，绘制两条辅助线。

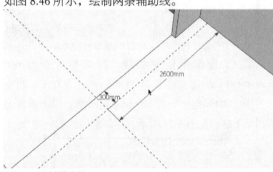

图 8.46 绘制辅助线

（2）制作玻璃柜。按下键盘上的【L】键，沿着辅助线绘制出玻璃柜的外轮廓，如图 8.47 所示，按下键盘上的【P】键，将其向上拉伸 300 mm。

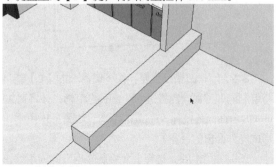

图 8.47 制作玻璃柜

（3）玻璃材质。按下键盘上的【B】键，在弹出的【材质】面板中，单击【创建材质】按钮，弹出【创建材质】对话框，给其命名，再设定材质的颜色为 R = 176，G = 224，B = 167，将【不透明度】设置为"60"，如图 8.48 所示。

（4）石材材质。按下键盘上的【B】键，在弹出的【材质】面板中，单击【创建材质】按钮，弹出【创建材质】对话框，给其命名，勾选【使用贴图】选项，在文档中选择一张鹅卵石的贴图，如图 8.49 所示。

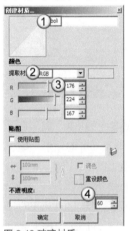
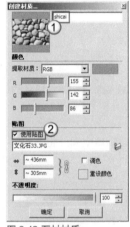

图 8.48 玻璃材质　　　　图 8.49 石材材质

注意：创建玻璃材质时可以将【材质编辑】对话框中的不透明度进行调整，数值越大，越不透明，反之则越透明，这是 SketchUp 中透明材质的表现方法。

（5）赋予材质。按下键盘上的【B】键，选择玻璃材质将其赋予玻璃柜的四个面，然后隐藏玻璃柜上面的面，选择石材材质，将其赋予玻璃柜的底面，如图 8.50 所示。

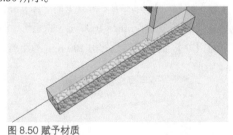

图 8.50 赋予材质

8.2.5 背景墙

本例的客厅中设计了两面背景墙。一面是东侧的沙发背景墙，一面是西侧的电视背景墙。沙发背景墙造型简单，整体轮廓为矩形，在上面贴有装饰墙纸。电视背景墙的设计相对复杂些，中间放置电视及电视柜的墙壁向里凹进 180 mm 的距离，两侧墙壁上面各

开一矩形方洞，中间镶嵌玻璃，制成两面小的矩形玻璃墙，有很好的装饰效果。

（1）绘制背景墙。在距离玻璃 1060 mm 的位置有一个宽 2100 mm 的装饰背景墙，墙面贴墙纸。按下键盘上的【L】键，在墙面上绘制如图 8.51 所示的两条直线，绘制出背景墙的轮廓，然后按下键盘上的【P】键，将其向外拉伸出 50 mm 的距离。

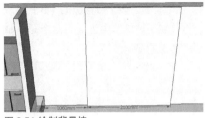

图 8.51 绘制背景墙

（2）墙纸材质。按下键盘上的【B】键，在弹出的【材质】面板中，单击【创建材质】按钮，弹出【创建材质】对话框，给其命名，勾选【使用贴图】选项，在文档中选择一张墙纸的贴图，如图 8.52 所示，将其赋予背景墙。

（3）调整贴图位置。右击选择贴图，选择【贴图】→【位置】命令，如图 8.53 所示，拖动贴图的四个指针，调整贴图到适当的位置，调整好后，再次右击选择贴图，选择【完成】命令，即完成了调整贴图的任务。

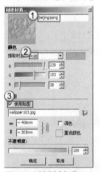
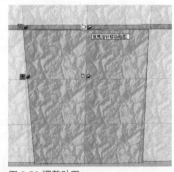

图 8.52 墙纸材质　　　　图 8.53 调整贴图

（4）绘制电视背景墙。电视背景墙的左右两侧，设计了两个 600 mm × 2100 mm 的矩形玻璃装饰墙。按下键盘上的【L】键，绘制出玻璃装饰墙的外轮廓，如图 8.54 所示。

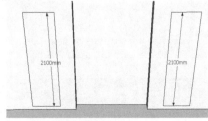

图 8.54 绘制玻璃墙轮廓

（5）拉伸墙面。按下键盘上的【P】键，将绘制的两个矩形面向内推进 130 mm 的距离，如图 8.55 所示，制作出玻璃墙的立体模型。

（6）制作玻璃墙。选择视图到书房的位置，使用上述方法，在书房的墙面上绘制两个同样大小的矩形，位置在与客厅墙面绘制的玻璃墙相应的地方，并将矩形推拉成型。

（7）赋予材质。按下键盘上的【B】键，选择玻璃材质，将其赋予玻璃墙中正反的四个面，如图 8.56 所示，形成通透的视觉效果。

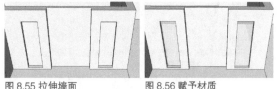

图 8.55 拉伸墙面　　　　图 8.56 赋予材质

（8）绘制电视柜轮廓。电视柜镶嵌在距离地面 150 mm 的墙壁上，高 210 mm。按下键盘上的【L】键，如图 8.57 所示，绘制两条直线作为电视柜的外轮廓线。

（9）拉伸电视柜。按下键盘上的【P】键，将电视柜向外拉伸 430 mm，如图 8.58 所示。

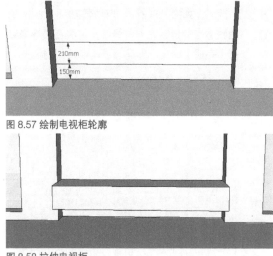

图 8.57 绘制电视柜轮廓

图 8.58 拉伸电视柜

（10）制作造型。按下键盘上的【P】键，将电视柜两侧凸出墙面的面分别向两侧拉伸 100 mm 的距离，如图 8.59 所示，形成柜子镶嵌在墙体中的视觉效果。

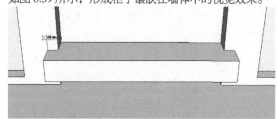

图 8.59 制作造型

（11）制作台面。按下键盘上的【P】键，并配合【Ctrl】键，选择电视柜的顶面，将其向上拉伸出 50 mm 的距离，然后选择台面前方的侧面，将其向前拉伸出 50 mm 的距离，如图 8.60 所示，成为向前凸出 50 mm 的台面，删除多余的线。

（12）制作凹槽。选择台面内侧的一根轮廓线，配合【Ctrl】键，使用【移动／复制】工具，向下偏移 20 mm 的距离，形成一个矩形，然后按下键盘上的【P】键，将其向内推进 20 mm 的距离，如图 8.61 所示，形成凹槽。

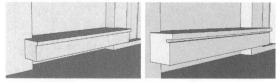

图 8.60 制作台面　　　　图 8.61 制作凹槽

（13）制作柜门。按下键盘上的【R】键，在下面柜体中间的位置绘制一个宽 20 mm 的矩形，即柜门之间的门缝，然后按下键盘上的【P】键，将其向内推进 20 mm 的距离，如图 8.62 所示。

（14）绘制隔板。在电视柜上方 1400 mm 的位置有一个长方形的隔板，如图 8.63 所示。按下键盘上的【R】键，绘制一个宽 50 mm 的矩形并使用【拉伸】工具将其拉伸出 400 mm 的距离。

图 8.62 制作柜门　　　　图 8.63 制作隔板

（15）绘制电视机。按下键盘上的【R】键，在电视墙上绘制一个 700 mm×1000 mm 的矩形，按下键盘上的【P】键，将其拉伸出 100 mm 的距离，如图 8.64 所示。

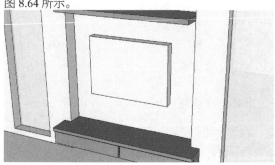

图 8.64 绘制电视机

（16）绘制细节。电视机两侧是音响，中间是显示器。选择电视机右边的轮廓线，配合【Ctrl】键，使用【移动 / 复制】工具，将其向左依次偏移 100 mm、500 mm、100 mm 的距离，将电视机上面的面分成三个矩形，即音响和显示器的分割线，然后按下键盘上的【F】键，分别选择三个矩形的面域，将其向内偏移 5 mm 的距离，形成边框，如图 8.65 所示。

（17）拉伸细节。按下键盘上的【P】键，将音响的边框向内推进 5 mm 的距离，并将显示器向内推进 5 mm 的距离，形成音响凸出、显示器凹进的立体关系，如图 8.66 所示。

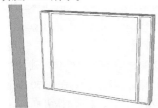

图 8.65 绘制细节

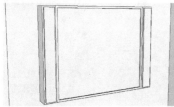

图 8.66 拉伸细节

（18）音响材质。按下键盘上的【B】键，在弹出的【材质】面板中，单击【创建材质】按钮，弹出【创建材质】对话框，给其命名，勾选【使用贴图】选项，从文档中选择一张合适的贴图，如图 8.67 所示。

（19）电视机材质。按下键盘上的【B】键，在弹出的【材质】面板中，单击【创建材质】按钮，弹出【创建材质】对话框，给其命名，再设定材质的颜色为 R = 0，G = 0，B = 0，如图 8.68 所示。

（20）显示器材质。按下键盘上的【B】键，在弹出的【材质】面板中，单击【创建材质】按钮，弹出【创建材质】对话框，给其命名，勾选【使用贴图】选项，从文档中选择一张电视贴图，如图 8.69 所示。

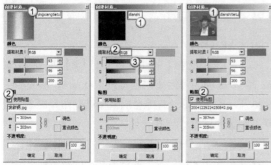

图 8.67 音响材质　图 8.68 电视机材质　图 8.69 显示器材质

（21）赋予材质。将制作的音响材质赋予音响，电视机材质赋予电视机外壳及边框，将电视贴图赋予显示器，如图 8.70 所示，并将电视机群组。

图 8.70 赋予材质

8.2.6 推拉门

本例中客厅的南面墙壁上设计有一组玻璃推拉门，可以让足够的阳光进入室内，使客厅显得宽敞明亮。门洞尺寸为 2300 mm×2900 mm，推拉门由四扇 725 mm×2300 mm 的玻璃门组成。绘制推拉门时，也要先确定具体位置，绘制大体轮廓，然后绘制四扇门的分割线，将四扇门的位置区分开，再绘制门框。对门进行拉伸时，要注意推拉门之间的前后关系。

（1）绘制推拉门。如图 8.71 所示，按下键盘上的【R】键，在墙面上绘制一个 2900 mm×2300 mm 的矩形，即推拉门门洞的位置。

（2）绘制门框。首先按下键盘上的【L】键，在门洞的中间绘制一条分割线，配合【Ctrl】键，使用【移动 / 复制】工具，将绘制的分割线向左右两边各偏移 10 mm 的距离，删除中间多余的线，形成一个宽 20 mm 的门缝，然后按下键盘上的【F】键，分别选择左右两边的矩形面，将其向内偏移 50 mm 的距离，再分别在两个矩形面中间的位置绘制两条中线，配合【Ctrl】键，使用【移动 / 复制】工具，将两条中线向左右两边偏移 25 mm 的距离，删除多余的线，形成 50 mm 宽的门框，如图 8.72 所示。

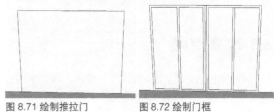

图 8.71 绘制推拉门　图 8.72 绘制门框

（3）制作推拉门。按下键盘上的【P】键，将推拉门所有的面向内推进 200 mm 的距离，形成门洞，然后将绘制的左侧门框向外拉伸 20 mm 的距离，再将右侧的两个门面向内推进 20 mm 的距离，最后将绘制的门缝向内推进 50 mm 的距离，如图 8.73 所示。

（4）赋予材质。按下键盘上的【B】键，选择金属材质赋予推拉门的门框，然后选择玻璃材质赋予推拉门的四个门面，如图 8.74 所示。

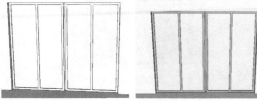

图 8.73 制作推拉门　　　图 8.74 赋予材质

（5）地板材质。按下键盘上的【B】键，在弹出的【材质】面板中，单击【创建材质】按钮，弹出【创建材质】对话框，给其命名，勾选【使用贴图】选项，在文档中选择一张木地板的贴图，如图 8.75 所示，将其赋予客厅地面。

（6）制作踢脚线。双击客厅地面，将地面全部选择，配合【Shift】键减选面，只留下地面的轮廓线在选中状态，配合【Ctrl】键，使用【移动/复制】工具，将其向上偏移 80 mm 的距离，观察视图将没有踢脚线位置的线删除，然后按下键盘上的【P】键，将踢脚线的面向外拉伸 30 mm 的距离，如图 8.76 所示，并赋予其地板的材质。

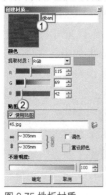

图 8.75 地板材质　　　图 8.74 制作踢脚线

8.3 次要空间

8.2 节中完成了主要空间客厅的建模，本节中将介绍半开放空间、半私密空间的建模，主要有餐厅、书房、卧室、卫生间等。建模与做装修设计一样，也有主要与次要之分，主要空间要精、次要空间要协调。

8.3.1 绘制餐厅

现代家居中，餐厅日益成为重要的活动场所，布置好餐厅，既能创造一个舒适的就餐环境，还会使居室增色不少。由于目前的家居户型不同，餐厅的形式也有几种不同情况。本例设计采用的是厨房与餐厅合并的形式。餐厅内设计有一小吧台，一面装饰墙。在厨房门和观景台门之间的墙壁上设计有三幅装饰画。

（1）绘制吧台。按下键盘上的【L】键，绘制两根直线，连接墙与柱子之间的距离，即吧台的轮廓，然后按下键盘上的【P】键，将其向上拉伸 1100 mm 的距离，如图 8.77 所示。

（2）制作台面。按下键盘上的【P】键，配合【Ctrl】键，选择吧台的顶面，将其向上拉伸出 50 mm 的距离，然后选择台面的侧面，将其向前拉伸出 50 mm 的距离，如图 8.78 所示，成为向外凸出 50 mm 的台面，删除多余的线。

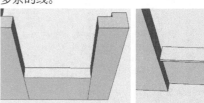

图 8.77 绘制吧台　　　图 8.78 制作台面

（3）绘制造型线。旋转视图到吧台的内侧。选择台面内侧下方的一条轮廓线，配合【Ctrl】键，使用【移动/复制】工具，将其向下偏移 200 mm 的距离，再向下偏移 50 mm 的距离。采用同样的方法绘制造型线，如图 8.79 所示。

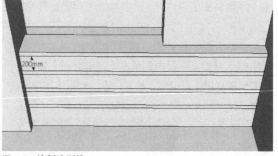

图 8.79 绘制造型线

（4）制作造型。按下键盘上的【P】键，将绘制的 200 mm 的间隔距离向内推进 190 mm，形成如图 8.80 所示的造型。这样吧台的模型就制作完成了，赋予其柜体的材质。

（5）制作门洞。餐厅东面装饰墙的位置设计了一个洗手间的入口门洞，要将顶部空的位置补上，以形成如图 8.81 所示的门洞。按下键盘上的【L】键，连接两墙的端点，形成一个矩形面，然后按下键盘上的【P】键，将其向下拉伸 700 mm 的距离，形成门洞。

（6）绘制门头装饰。补全的门头位置造型应与周围墙壁的造型一样。按下键盘上的【R】键，根据周围墙壁的造型，每隔 200 mm 的距离绘制一个 100 mm×700 mm 的矩形，然后按下键盘上的【P】键，将绘制的两个矩形向外拉伸 30 mm 的距离，如图 8.82 所示。

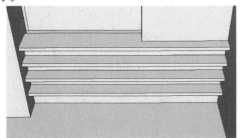

图 8.80 制作造型

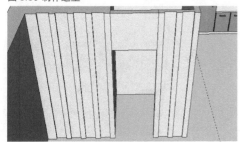

图 8.81 制作门洞

图 8.82 绘制门头装饰

（7）绘制观景台入口处的门。首先按下键盘上的【L】键，在两门间距离地面 2100 mm 的位置绘制一条直线，如图 8.83 所示。

（8）绘制门面。按下键盘上的【F】键，将门的轮廓线向内偏移 60 mm 的距离，并使用【推拉】工具将门套向外拉伸 20 mm 的距离，将门面向内推进 140 mm 的距离，然后按下键盘上的【R】键，在门面上绘制一个适当的矩形，如图 8.84 所示，然后按下键盘上的【A】键，在矩形上面两角的位置绘制两个圆弧。

图 8.83 绘制门　　　　　　图 8.84 绘制门面

（9）绘制门面造型。按下键盘上的【L】键，在门面的矩形中绘制一条中线，配合【Ctrl】键，使用【移动 / 复制】工具，将其向左右两边各偏移 10 mm 的距离，然后右击选择中间的一条线，选择【等分】命令，输入数值 "4"，将线等分成四份。使用【直线】工具连接各个等分点，即绘制等分线。也将等分线分别向上下偏移复制 10 mm 的距离，删除中间多余的线，形成宽 20 mm 的宽缝，如图 8.85 所示。

（10）制作门面造型。按下键盘上的【P】键，将绘制的门面造型向外拉伸 30 mm 的距离，如图 8.86 所示。

图 8.85 绘制门面造型

图 8.86 拉伸门面造型

（11）复制把手。选择前面制作的门把手的群组，使用键盘组合键【Ctrl】+【C】键，将其复制在剪切板上。然后再使用键盘组合键【Ctrl】+【V】键将把手粘贴在门面上，并赋予其门的材质，如图 8.87 所示。

（12）绘制厨房推拉门。厨房推拉门在距离内墙 800 mm 的位置，门的尺寸为 1430 mm×2100 mm。按下键盘上的【T】键，绘制三条辅助线，以确定门的具体位置，如图 8.88 所示。

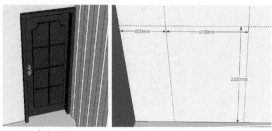

图 8.77 复制把手　　　　图 8.78 绘制厨房门

（13）绘制门套。按下键盘上的【R】键，沿辅助线的位置绘制一个矩形，然后按下键盘上的【F】键，将矩形向内偏移 60 mm 的距离，并使用【推拉】工具将其向外拉伸 60 mm 的距离，如图 8.89 所示。

（14）绘制门扇。按下键盘上的【L】键，在门的两侧距离门套 430 mm 的位置分别绘制两条直线，即门扇的分割线，然后按下键盘上的【P】键，将两门扇中间的面向内推进，如图 8.90 所示，形成中间透空的模型。

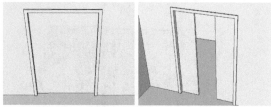

图 8.89 绘制门套　　　　图 8.90 绘制门扇

（15）绘制门扇造型。按下键盘上的【R】键，在左右两侧的门扇上分别绘制五个 350 mm × 330 mm 的矩形，矩形之间的间隔为 20 mm，如图 8.91 所示。

（16）拉伸门面造型。按下键盘上的【P】键，将绘制的矩形向内推进 20 mm 的距离，如图 8.92 所示。

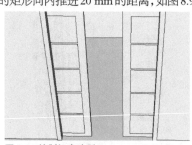

图 8.91 绘制门扇造型

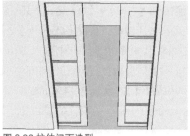

图 8.92 拉伸门面造型

（17）绘制矩形。在制作的矩形凹槽内再使用【矩形】工具绘制 290 mm × 310 mm 的矩形，并使用【推拉】工具，将其向外拉伸 20 mm 的距离，如图 8.93 所示。

（18）复制把手。将前面制作的门把手复制粘贴到门扇上，会发现右侧把手的方向不对，这时改变把手的方向。右键选择右侧的把手，在弹出的右键菜单中选择【沿轴镜像】→【组的红轴】命令，调整把手的方向，如图 8.94 所示。

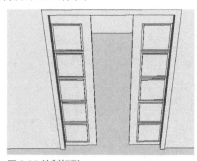

图 8.93 绘制矩形

图 8.94 复制把手

（19）赋予材质并群组。选择门的所有面，赋予其门材质，右击门的所有面，选择【创建群组】命令，如图 8.95 所示。

（20）绘制装饰物。按下键盘上的【R】键，在厨房门及观景台门之间的墙壁上，绘制一个 400 mm × 220 mm 的矩形，并使用【推拉】工具将其向外拉伸 30 mm 的距离，如图 8.96 所示，赋予其柜体材质，并将其群组。

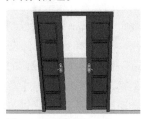

图 8.95 赋予材质　　　　图 8.96 绘制装饰物

（21）复制装饰物。选择制作的装饰组件，配合【Ctrl】键，使用【移动 / 复制】工具，将其向下偏移复制两个，如图 8.97 所示。

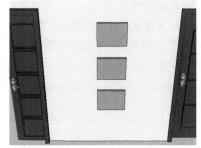

图 8.97 复制装饰物

8.3.2 绘制书房

现代书房的作用不仅仅是阅读、写作，也是一个与外面世界沟通交流的地方，现代书房已经兼具了工作室、娱乐室，甚至客厅的作用。本例中的书房除了具有办公、学习功能，还兼有棋牌室等娱乐的功能。

（1）绘制书房门。按下键盘上的【L】键，在距离地面 2100 mm 的位置绘制一条直线，如图 8.98 所示。

（2）绘制门套。按下键盘上的【F】键，将门面向内偏移 60 mm 的距离，即门套的宽度，然后按下键盘上的【P】键，将门套向外拉伸 20 mm 的距离，再将门面向内推进 40 mm 的距离，如图 8.99 所示。

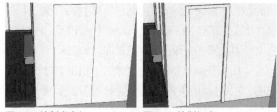

图 8.98 绘制书房门　　图 8.99 绘制门套

（3）绘制门面。按下键盘上的【F】键，将门面向内偏移 130 mm 的距离，然后按下键盘上的【R】键，在绘制的矩形中绘制三个宽 20 mm 的矩形，间距为 50 mm，如图 8.100 所示。

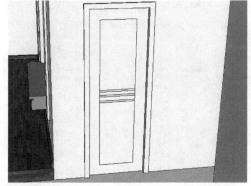

图 8.100 绘制门面

（4）拉伸门面。按下键盘上的【P】键，将矩形门面和三个矩形间的间距都向内推进 20 mm 的距离，如图 8.101 所示。

图 8.101 拉伸门面

（5）复制门把手及赋予材质。将绘制好的门把手复制粘贴在门面适当的位置，然后选择绘制的三个矩形赋予其金属材质，选择中间凹进的矩形门面赋予其玻璃材质，再选择门的其他面赋予门材质，并将门群组，如图 8.102 所示。

图 8.102 赋予材质

（6）绘制窗洞。按下键盘上的【R】键，在墙面上绘制窗洞，尺寸为 3850 mm×2220 mm，然后按下键盘上的【P】键，将其向内推进 120 mm 的距离，如图 8.103 所示，形成窗洞。

图 8.103 绘制窗洞

（7）绘制窗户造型。按下键盘上的【F】键，将窗洞的面向内偏移 60 mm 的距离，然后按下键盘上的【L】键，在矩形的中间位置绘制一条中线，配合【Ctrl】键，使用【移动 / 复制】工具，将中线向左右两侧各偏移 10 mm 的距离，删除中线，再将分割的两个矩形分割成四个等大的小矩形，如图 8.104 所示，窗户的边框宽 50 mm。

（8）拉伸窗户。按下键盘上的【P】键，将窗户的窗框向外拉伸 30 mm 的距离，并将两窗户之间的窗缝向内推进 50 mm 的距离，如图 8.105 所示。

图 8.104 绘制窗户造型

图 8.105 拉伸窗户

（9）赋予材质并群组。按下键盘上的【B】键，选择金属材质赋予窗框，再选择玻璃材质赋予给窗玻璃，如图 8.106 所示，并选择窗户所有的面，将其群组。

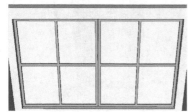

图 8.106 赋予材质

（10）绘制壁炉轮廓。观察平面图，按下键盘上的【L】键，在书房内壁炉所在位置的墙壁上，绘制一个 1300 mm×1240 mm 的矩形，如图 8.107 所示。

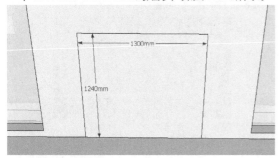

图 8.107 绘制壁炉轮廓

（11）绘制壁炉台面。按下键盘上的【P】键，将绘制的矩形向外拉伸 250 mm 的距离，然后选择矩形的顶面，配合【Ctrl】键，将其向上拉伸 50 mm 的

距离，如图 8.108 所示。

（12）拉伸台面。按下键盘上的【P】键，将台面的侧面向外拉伸 50 mm 的距离，形成向外凸出的立体效果，如图 8.109 所示。

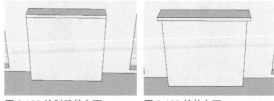

图 8.108 绘制壁炉台面　　图 8.109 拉伸台面

（13）绘制壁炉凹槽。按下键盘上的【R】键，在壁炉面上绘制一个 700 mm×600 mm 的矩形，按下键盘上的【P】键，将其向内推进 200 mm 的距离，如图 8.110 所示。

图 8.110 绘制凹槽

（14）壁炉材质。按下键盘上的【B】键，在弹出的【材质】面板中，单击【创建材质】按钮，弹出【创建材质】对话框，给其命名，勾选【使用贴图】选项，在文档中选择一张深色大理石贴图，如图 8.111 所示。

（15）台面材质。按下键盘上的【B】键，在弹出的【材质】面板中，单击【创建材质】按钮，弹出【创建材质】对话框，给其命名，勾选【使用贴图】选项，在文档中选择一张浅色大理石贴图，如图 8.112 所示。

（16）砖墙材质。按下键盘上的【B】键，在弹出的【材质】面板中，单击【创建材质】按钮，弹出【创建材质】对话框，给其命名，勾选【使用贴图】选项，在文档中选择一张砖墙纹理的贴图，如图 8.113 所示。

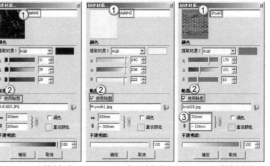

图 8.111 壁炉材质　　图 8.112 台面材质　　图 8.113 砖墙材质

（17）赋予材质。按下键盘上的【B】键，选择壁炉材质赋予壁炉面，然后选择台面材质赋予台面的所有面，再选择砖墙材质赋予凹槽内的墙面，如图8.114所示。

图 8.114 赋予材质

（18）绘制画框。按下键盘上的【R】键，在壁炉的上方墙壁上的适当位置绘制一个 500 mm × 700 mm 的矩形，如图 8.115 所示。

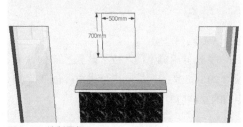

图 8.115 绘制画框

（19）制作画框。按下键盘上的【F】键，将矩形向内偏移50 mm 的距离，然后按下键盘上的【P】键，将画框向外拉伸 30 mm 的距离，如图 8.116 所示。

（20）贴画材质。按下键盘上的【B】键，在弹出的【材质】面板中，单击【创建材质】按钮，弹出【创建材质】对话框，给其命名，勾选【使用贴图】选项，在文档中选择一张贴图，如图 8.117 所示。

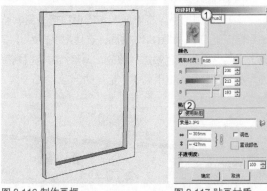

图 8.116 制作画框　　　　图 8.117 贴画材质

（21）赋予材质。按下键盘上的【B】键，选择门材质赋予画框，再选择贴画材质赋予画框中间的面，调整贴图位置，如图 8.118 所示，将画框群组。

图 8.118 赋予材质

8.3.3 绘制厨房

厨房的基本功能是烹调、洗涤和储藏。在现代室内设计中，厨房是十分讲究的，最突出的是开放式和封闭式的差异。今天多数人认为，开放与封闭，主要是由于中西方饮食方式的差异。中国人重炒菜，油烟大、气味重，所以要封闭，而西方重蒸烤、凉拌，所以开放。本例中的厨房是封闭式的。

（1）绘制橱柜。按下键盘上的【L】键，如图8.119所示，绘制三条直线，形成橱柜的轮廓线。

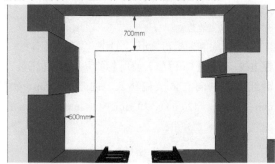

图 8.119 绘制橱柜

（2）拉伸橱柜。按下键盘上的【P】键，将绘制的橱柜轮廓向上拉伸750 mm 的距离，如图 8.120 所示。

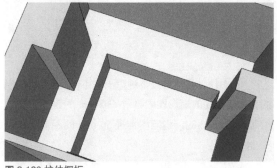

图 8.120 拉伸橱柜

（3）制作台面。按下键盘上的【P】键，选择橱柜顶面，配合【Ctrl】键，将其向上拉伸50 mm 的距离，如图 8.121 所示，并将台面的侧面向外拉伸出 30 mm 的距离，形成向外凸出的立体造型。

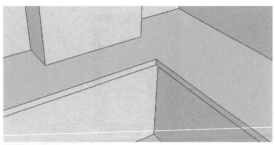

图 8.121 制作台面

（4）绘制橱柜底座。选择橱柜的底边轮廓线，配合【Ctrl】键，使用【移动／复制】工具，将其向上偏移 100 mm 的距离，如图 8.122 所示，再使用【推拉】工具，将形成的底座面域向外拉伸 20 mm 的距离。

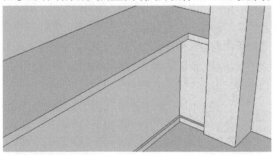

图 8.122 绘制橱柜底座

（5）绘制橱柜东侧柜门分割线。选择柜体的一根边线，配合【Ctrl】键，使用【移动／复制】工具，沿红轴将其向右依次偏移 200 mm、680 mm、200 mm、20 mm、420 mm、20 mm、420 mm、50 mm 的距离，如图 8.123 所示。

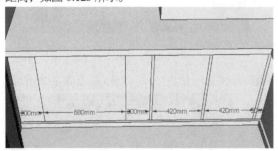

图 8.123 东侧柜门分割线

（6）拉伸柜体。按下键盘上的【P】键，将绘制的宽 680 mm 的矩形向内推进 650 mm 的距离，再将绘制的 20 mm 的门缝向内推进 50 mm 的距离，如图 8.124 所示。

（7）绘制南侧柜门分割线。选择柜体的一根边线，配合【Ctrl】键，使用【移动／复制】工具，沿红轴将其向右依次偏移 580 mm、20 mm、580 mm、20 mm、580 mm、20 mm、450 mm、50 mm、220 mm 的距离，如图 8.125 所示。

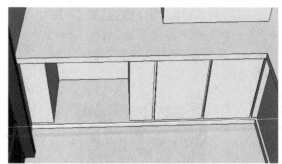

图 8.124 拉伸东侧柜体

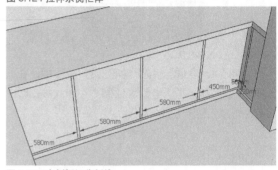

图 8.125 南侧柜门分割线

（8）拉伸南侧柜门。按下键盘上的【P】键，将绘制的 20 mm 宽的门缝向内推进 50 mm 的距离，形成柜门的立体造型，如图 8.126 所示。

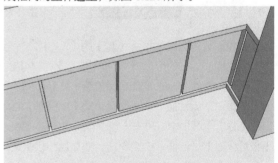

图 8.126 拉伸南侧柜门

（9）复制把手。将前面制作的柜门把手复制粘贴到橱柜柜门上。如图 8.127 所示，选择把手，使用【缩放】工具，沿着红色轴进行缩放，调整到与柜门相符的大小，然后复制把手到各个柜门的上方。

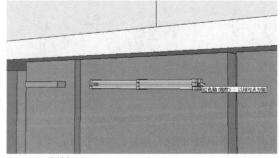

图 8.127 缩放把手

（10）绘制窗户。厨房的南面墙壁和西面墙壁上设置有窗户。窗户距离橱柜台面 200 mm，窗户高 1400 mm，如图 8.128 所示，按下键盘上的【L】键，绘制四条直线，即窗户的轮廓线。

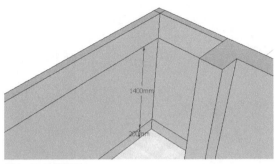

图 8.128 绘制窗户

（11）制作窗框。按下键盘上的【F】键，将矩形向内偏移 50 mm 的距离。将南面墙壁上的矩形等分为三个小矩形，之间间隔为 20 mm，然后绘制三个窗户宽 50 mm 的窗框，再使用【推拉】工具，将窗框向外拉伸出 50 mm 的距离，如图 8.129 所示。

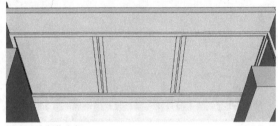

图 8.129 制作窗框

（12）赋予材质。按下键盘上的【B】键，选择金属材质赋予窗框，再选择玻璃材质赋予玻璃的面域，如图 8.130 所示，最后选择窗户的所有面，将其群组。

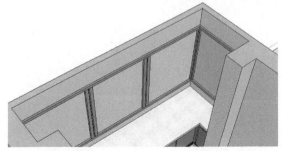

图 8.130 赋予材质

8.3.4 绘制卫生间

卫生间发展至今，已不再只是一个洗浴的地方，或是单纯的"五谷轮回之所"，而是人们生活享受的一种延伸。未来的卫生间，将会更舒适、更多样、更养眼，成为房间里一处点燃生活情趣的特殊场所。本例中，卫生间和洗手间是分开的，中间隔着一道非承重墙，连接两空间的是一扇门。

（1）绘制卫生间门。按下键盘上的【R】键，在洗手间与卫生间之间的墙壁上绘制一个 700 mm×2100 mm 的矩形，然后按下键盘上的【F】键，将其向内偏移 60 mm 的距离，如图 8.131 所示。

图 8.131 绘制卫生间门

（2）拉伸门套。按下键盘上的【P】键，将绘制的门套向外拉伸出 20 mm 的距离，将门面向内推进 40 mm 的距离，如图 8.132 所示。

（3）绘制门面。按下键盘上的【R】键，在门面上绘制四个 315 mm×4250 mm 的矩形，如图 8.133 所示，然后按下键盘上的【P】键，将矩形向内推进 20 mm 的距离，形成四个矩形凹槽。

图 8.132 拉伸门套　　　　图 8.133 绘制门面

（4）绘制卫生间台案。按下键盘上的【R】键，在卫生间南侧墙壁上绘制一个高 1100 mm 的矩形，然后按下键盘上的【P】键，将其向外拉伸 270 mm 的距离，如图 8.134 所示。

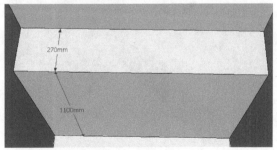

图 8.134 绘制卫生间台案

（5）绘制台面。按下键盘上的【P】键，配合【Ctrl】键，将台案的顶面向上拉伸 65 mm 的距离。在西侧墙壁上与台案等高的位置绘制一个矩形，与台面同宽，如图 8.135 所示，再按下键盘上的【P】键，将台面向外拉伸 50 mm 的距离，将西面墙壁上的矩形向外拉伸 5 mm 的距离。

（6）墙砖材质。按下键盘上的【B】键，在弹出的【材质】面板中，单击【创建材质】按钮，弹出【创建材质】对话框，给其命名，勾选【使用贴图】选项，在文档中选择一张墙砖贴图，如图 8.136 所示，将其赋予背景墙。

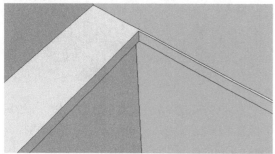

图 8.135 绘制台面

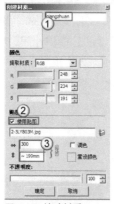

图 8.136 墙砖材质

（7）赋予材质。按下键盘上的【B】键，选择台面材质赋予台面，选择壁炉材质赋予台案，选择墙砖材质赋予西侧墙壁，如图 8.137 所示。

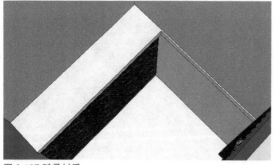

图 8.137 赋予材质

（8）绘制洗手台。按下键盘上的【R】键，在洗手间北侧墙壁上，距离底面 900 mm 的位置，绘制一个宽 150 mm 的矩形，然后按下键盘上的【P】键，将其向外拉伸 450 mm 的距离，如图 8.138 所示。

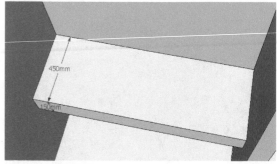

图 8.138 绘制洗手台

（9）绘制镜子。按下键盘上的【R】键，在距离洗手台 150 mm 的位置，绘制一个宽 950 mm 的矩形，然后按下键盘上的【P】键，将其向外拉伸 30 mm 的距离，如图 8.139 所示。

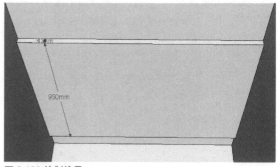

图 8.139 绘制镜子

（10）绘制镜框。按下键盘上的【F】键，将镜面向内偏移 50 mm 的距离形成镜框，然后按下键盘上的【P】键，将镜框向外拉伸 30 mm 的距离，如图 8.140 所示。

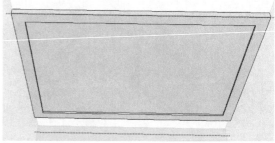

图 8.140 绘制镜框

（11）镜子材质。按下键盘上的【B】键，在弹出的【材质】面板中，单击【创建材质】按钮，弹出【创建材质】对话框，给其命名，再设定材质的颜色为 R = 139，G = 186，B = 200，如图 8.141 所示。

（12）赋予材质。按下键盘上的【B】键，选择门材质赋予镜框，选择镜子材质赋予镜面，如图8.142所示。

图 8.141 镜子材质　图 8.142 赋予材质

（13）餐厅地面材质。按下键盘上的【B】键，在弹出的【材质】面板中，单击【创建材质】按钮，弹出【创建材质】对话框，给其命名，勾选【使用贴图】选项，在文档中选择地砖贴图，如图8.143所示，将其赋予餐厅及走道的地面。

（14）厨房地面材质。按下键盘上的【B】键，在弹出的【材质】面板中，单击【创建材质】按钮，弹出【创建材质】对话框，给其命名，勾选【使用贴图】选项，在文档中选择一张地砖贴图，如图8.144所示，将其赋予厨房地面。

（15）卫生间地面材质。按下键盘上的【B】键，在弹出的【材质】面板中，单击【创建材质】按钮，弹出【创建材质】对话框，给其命名，勾选【使用贴图】选项，在文档中选择一张地砖贴图，如图8.145所示，将其赋予卫生间地面。

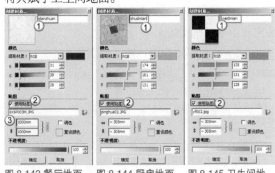

图 8.143 餐厅地面材质　图 8.144 厨房地面材质　图 8.145 卫生间地面材质

8.3.5 绘制景观台

本例中有两个景观台，一个在北侧与客厅相连，一个位于南侧在主入口旁边。观景台周围设有护栏，护栏的材质是玻璃。

（1）绘制南侧观景台。按下键盘上的【F】键，选择观景台外侧的两条边线，将其向内偏移100 mm的距离，然后按下键盘上的【P】键，将其向上拉伸50 mm的高度，如图8.146所示。

（2）绘制玻璃护栏的宽度。选择制作的护栏底座的顶面，按下键盘上的【F】键，将其向内偏移20 mm的距离，如图8.147所示。

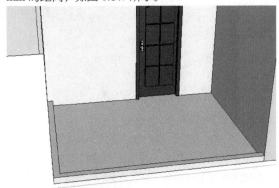

图 8.146 制作护栏台面

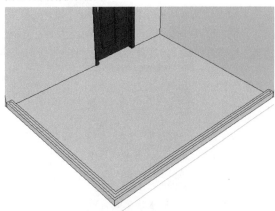

图 8.147 偏移

（3）拉伸玻璃护栏。按下键盘上的【P】键，将偏移复制出的护栏轮廓向上拉伸出900 mm的距离，如图8.148所示。

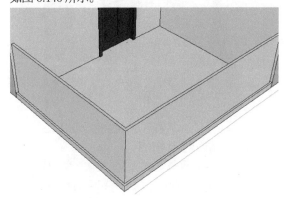

图 8.148 拉伸玻璃护栏

（4）绘制护栏扶手。按下键盘上的【P】键，配合【Ctrl】键，将护栏的顶面向上拉伸 50 mm 的距离，并将侧面向外拉伸出 50 mm 的距离，如图 8.149 所示。

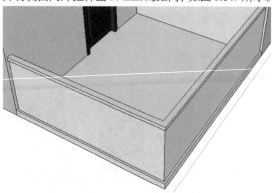

图 8.149 绘制护栏扶手

（5）室外地面材质。按下键盘上的【B】键，在弹出的【材质】面板中，单击【创建材质】按钮，弹出【创建材质】对话框，给其命名，勾选【使用贴图】选项，在文档中选择一张地砖贴图，如图 8.150 所示。

（6）赋予材质。按下键盘上的【B】键，选择玻璃材质赋予玻璃护栏，选择金属材质赋予扶手，再选择室外地面材质赋予给观景台地面，如图 8.151 所示。

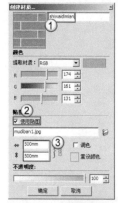

图 8.150 室外地面材质

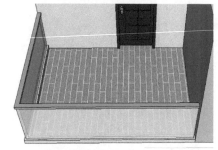

图 8.151 赋予室外地面材质

（7）制作北侧观景台。如上所述，使用相同的方法绘制北侧的观景台，赋予其相同的材质，如图 8.152 所示。

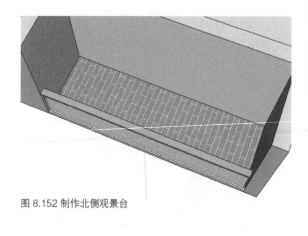

图 8.152 制作北侧观景台

8.4 绘制吊顶

在室内设计中可以通过吊顶来调整屋顶不呈水平的问题。吊顶的造型还可以变化空间，实现艺术创作，也能隐藏灯光，让灯具的反射光柔和自然。因为吊顶的诸多或实用或装饰的功能，使得吊顶在室内设计中大量应用。

本例中，绘制吊顶采用在外绘制的方法。为了绘制的方便，直接在室外即吊顶的反面进行绘制，这时应注意，在拉伸造型时，外面的造型和屋内是相反的，屋外向外凸出，屋内便向里凹进。

8.4.1 绘制餐厅吊顶

本例中餐厅的吊顶造型设计得很美观，也相对复杂。整体形状呈矩形，两侧各有两个矩形凹槽，中间用线条连接了三个小矩形凹槽，凹槽内设置筒灯，线条形成 20 mm 的宽缝。

（1）确定吊顶位置。按下键盘上的【T】键，如图 8.153 所示，在顶面上绘制五根辅助线，形成吊顶的大体轮廓，确定其具体位置。

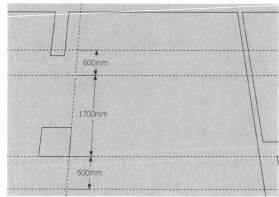

图 8.153 绘制辅助线

（2）拉伸吊顶。按下键盘上的【L】键，沿着辅助线绘制直线，如图 8.154 所示，然后按下键盘上的【P】键，将两侧宽 600 mm 的矩形向上拉伸 150 mm 的距离。

（3）绘制吊顶细节。吊顶中间有三个大小、间距相等的矩形凹槽。按下键盘上的【T】键，在吊顶中间的矩形上绘制辅助线，矩形的宽度为 150 mm，如图 8.155 所示。

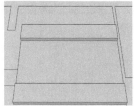 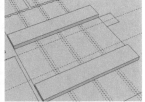

图 8.154 拉伸吊顶　　　　　图 8.155 绘制吊顶细节

（4）绘制造型轮廓。按下键盘上的【L】键，沿着辅助线绘制直线，如图 8.156 所示。

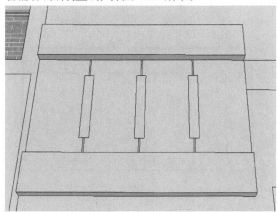

图 8.156 绘制造型轮廓

（5）拉伸造型。按下键盘上的【P】键，将绘制的造型轮廓向上拉伸 150 mm 的距离，如图 8.157 所示。

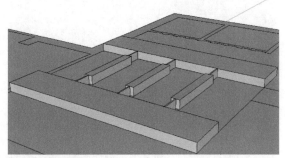

图 8.157 拉伸造型

（6）绘制筒灯。按下键盘上的【R】键，在绘制的矩形造型上绘制一个 100 mm×100 mm 的矩形，如图 8.158 所示。

（7）拉伸筒灯。按下键盘上的【P】键，将上一步中绘制的矩形向内推进 10 mm 的距离，然后按下键盘上的【R】键，在矩形凹槽内绘制一个小矩形，如图 8.159 所示，按下键盘上的【P】键，将小矩形向外拉伸 10 mm 的距离。

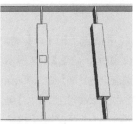 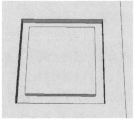

图 8.158 绘制筒灯　　　　　图 8.159 拉伸筒灯

（8）绘制灯。按下键盘上的【C】键，在拉伸的小矩形面上绘制一个圆，然后按下键盘上的【P】键，将圆向内推进 10 mm 的距离，然后将筒灯群组，如图 8.160 所示。

（9）复制筒灯。选择绘制的筒灯群组，配合【Ctrl】键，使用【移动 / 复制】工具，将其移动复制两个到其他两个矩形造型上，如图 8.161 所示。

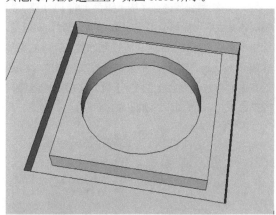

图 8.160 绘制灯

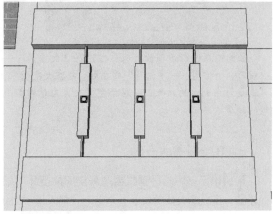

图 8.161 复制筒灯

8.4.2 绘制客厅吊顶

本例中，客厅的吊顶相对比较简单，根据客厅顶面的大体形状，设计客厅吊顶的大体轮廓，其接近一个矩形的形状。一个大的矩形凹槽内嵌套了一个小的矩形的吊顶，然后用线条将大矩形分成四个等份，达到形式上的美感。

（1）绘制吊顶轮廓。按下键盘上的【R】键，在客厅的顶面绘制一个适当的矩形，如图 8.162 所示。

（2）拉伸轮廓。按下键盘上的【P】键，将矩形向外拉伸 150 mm 的距离，然后按下键盘上的【R】键，在其上绘制一个小矩形，如图 8.163 所示，使用【推拉】工具，将小矩形向内推进 150 mm 的距离。

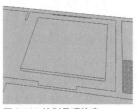 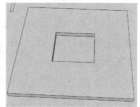

图 8.162 绘制吊顶轮廓　　图 8.163 拉伸轮廓

（3）绘制细节造型。按下键盘上的【L】键，绘制四条直线将大矩形分割成四份，然后配合【Ctrl】键，使用【移动 / 复制】工具，将绘制的直线向左右两侧各偏移 10 mm 的距离，删除中间的线，形成 20 mm 的宽度，再按下键盘上的【P】键，将绘制的缝隙向内推进 150 mm 的距离，如图 8.164 所示。

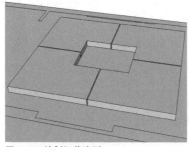

图 8.164 绘制细节造型

注意：在进行吊顶设计时，应遵循"大空间——少细节，小空间——多细节"的原则。即在大空间中，只需要做出大体的效果；而在小空间中，应该增加吊顶的细节。

8.4.3 绘制书房吊顶

本例中，书房的吊顶根据书房空间的整体形状而设计，吊顶的大体轮廓是一个矩形，向下吊了 150 mm 的距离，然后在矩形轮廓上做了细节上的处理。

用点、线、面结合的方式，达到视觉上的美感。

（1）绘制吊顶大体轮廓。按下键盘上的【R】键，在书房的顶面绘制一个适当的矩形，如图 8.165 所示，然后按下键盘上的【P】键，将其向下推进 150 mm 的距离，形成矩形吊顶。

（2）绘制吊顶细节。按下键盘上的【L】键，在矩形的四边向内绘制四条直线，如图 8.166 所示，然后按下键盘上的【R】键，在四条直线的交点位置绘制四个大小相等的矩形，再分别将绘制的四条直线偏移出 20 mm 的距离，形成宽缝。

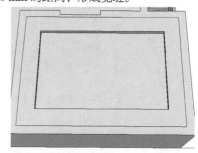

图 8.165 吊顶大体轮廓

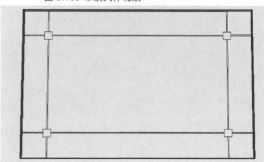

图 8.166 绘制吊顶细节

（3）拉伸吊顶。按下键盘上的【P】键，将绘制的吊顶造型向上拉伸 150 mm 的距离，如图 8.167 所示，制作出吊顶造型。

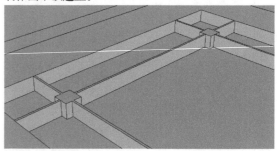

图 8.167 拉伸吊顶

（4）复制筒灯。选择前面制作的筒灯组件，使用键盘组合键【Ctrl】+【C】键，将筒灯复制到剪贴板上，然后再使用键盘组合键【Ctrl】+【V】键，将筒灯粘贴到如图 8.168 所示的四个角的方形造型上。

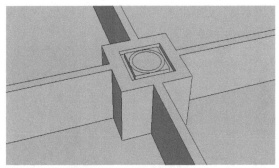

图 8.168 复制筒灯

8.5 加入家具与导出效果图

家具在室内设计中占有十分重要的地位，它在很大程度上能够实现室内空间的再创造。通过家具的不同组合和设计创造出全新的室内空间感受，而对于一些形态欠佳的室内空间，依靠家具的设计和放置可以在一定程度上予以弥补。家具也是陈设设计的主体，一个空间，可以首先由家具定下主调，然后再辅之以其他的陈设品，以此构成一个具有艺术效果的室内环境。

8.5.1 插入组件

室内大体空间建立完成后，就该往室内摆放家具了。有些简单的家具可以在建立室内空间时自己建出来。但 SketchUp 不容易建立曲面，所以复杂的家具模型就需要导入组件了。

本例中的室内家具已经制作成组件，请读者朋友们从配套下载资源中复制进来。当然也可以根据自己的需要，使用 SketchUp 制作家具。

（1）添加组件。单击【窗口】→【组件】命令，将配套下载资源中的组件复制到 SketchUp 安装目录下的组件目录"Components"子路径中。

（2）单击【窗口】→【组件】命令，会弹出【组件】浏览器。单击浏览器左上角的【详细信息】按钮，在菜单中选择【添加库】命令，如图 8.169 所示，系统会弹出【浏览文件夹】对话框。

（3）选择 SketchUp 的组件目录"Components"，单击【确定】按钮，加入组件。

（4）双击【家具】目录，进入组件选择窗口，可以观察到可供选择的本例所需要的组件，如图 8.170 所示。

图 8.169 添加库

图 8.170 组件

注意：SketchUp 的默认安装路径是"C:\Program Files\SketchUp2018"，对计算机操作不太熟练的朋友请不要更改安装目录。另外要说明的是，SketchUp 安装路径绝对不允许出现中文文件名称。平常建好的模型，可以制作成组件保留下来，以备日后使用。组件应当分门别类复制到"C:\Program Files\SketchUp2018\Components"目录中，如图 8.171 所示。

图 8.171 安装目录

（5）依次将"沙发""植物""音响""餐桌""吊顶""书房组件""厨房组件"等组件加入到当前场景中，并且移动到相应的位置，如图 8.172 所示。

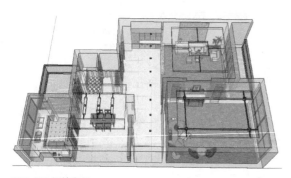

图 8.172 摆放家具

8.5.2 导出效果图

SketchUp 的三维效果直观、操作方便，设计师可以轻松地使用软件与客户进行沟通。如果客户的计算机上没有安装软件，则需要直接导出三维立体效果图，具体操作如下。

（1）导出方法。调整相机角度，单击【文件】→【导出】→【图像】命令，在弹出的【二维消隐图像】对话框中设置文件类型为"JPEG Image（＊.jpg）"格式，然后单击【选项】按钮，在弹出的【JPG 导出选项】对话框中设置相应的图像尺寸，最后单击【导出】按钮，将图像导出到相应的路径，如图 8.173 所示。

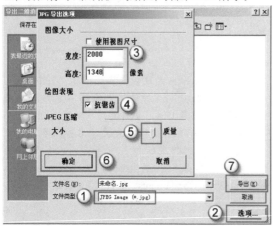

图 8.173 导出选项

（2）导出客厅效果图。配合鼠标中键选择视图到客厅空间，然后调整视图到最佳角度，使相机尽可能多地拍摄到更多的场景信息。将阻挡视线的墙壁及物体隐藏，如图 8.174 所示，采用如上所述的方法将当前视图即客厅视图导出。

（3）导出书房效果图。配合鼠标中键选择视图到书房空间，然后调整视图到最佳角度，使相机尽可能多地拍摄到更多的场景信息。将阻挡视线的墙壁及

物体隐藏，如图 8.175 所示，采用如上所述的方法将当前视图即书房视图导出。

图 8.174 客厅效果图

图 8.175 书房效果图

（4）导出餐厅效果图。配合鼠标中键选择视图到餐厅空间，然后调整视图到最佳角度，使相机尽可能多地拍摄到更多的场景信息。将阻挡视线的墙壁及物体隐藏，如图 8.176 所示，采用如上所述的方法将当前视图即餐厅视图导出。

图 8.176 餐厅效果图

（5）导出厨房效果图。配合鼠标中键选择视图到厨房空间，然后调整视图到最佳角度，使相机尽可能多地拍摄到更多的场景信息。将阻挡视线的墙壁及物体隐藏，如图 8.177 所示，采用如上所述的方法将当前视图即厨房视图导出。

图 8.177 厨房效果图

图 8.180 平面投影

8.5.3 导出平面彩图

在室内设计中，并不一定都需要立体效果图，有时平面彩图也是与业主交流的方式之一。本小节中将介绍生成室内平面带阴影彩图的全过程。具体操作如下。

（1）单击【添加剖面】按钮，将光标移动到房体的上部并与房体相接触，如图 8.178 所示。选择剖切符号，按下键盘的【M】键，将剖切平面沿着蓝色的 z 轴向下移动，如图 8.179 所示。

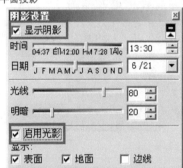

图 8.181 阴影设置

（4）单击【文件】→【导出】→【图像】命令，在弹出的【导出二维消隐线】对话框中设置文件类型为"JPEG Image（＊.jpg）"格式，然后单击【选项】按钮，在弹出的【JPG 导出选项】对话框中设置相应的图像尺寸，最后单击【导出】按钮，将图像导出到相应的路径，如图 8.182 所示。导出后的效果如图 8.183 所示。

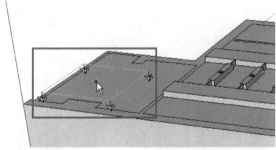

图 8.178 增加剖切

图 8.179 移动剖切线

（2）右击剖切符号，选择【隐藏】命令，将剖切符号隐藏起来。单击【相机】→【平行投影显示】命令，并单击【顶视图】按钮，将房体显示成平行投影形式，如图 8.180 所示。

（3）单击【窗口】→【阴影】命令，在弹出的【阴影设置】对话框中勾选【显示阴影】与【启用阴影】两项，如图 8.181 所示。

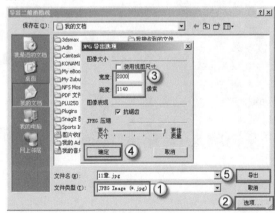

图 8.182 导出

（5）还可以利用 Photoshop 等后期处理软件，给导出的几张效果图增加背景效果、文字、花案等等，如图 8.184 所示。这样的平面设计图可以用作房地产的宣传广告册。

图 8.183 最后效果

图 8.184 平面设计效果

第9章 建筑设计

在 SketchUp 应用中，建筑设计也是一个重要方面。SketchUp 的界面独特简洁，方便的推拉功能可以让设计者无须进行复杂的三维建模就可以生成 3D 几何体，可以应用在建筑、规划、园林景观、室内设计以及工业设计等多个领域。SketchUp 的建模方式是单面建模，建出的模型面数比用 BOX 堆砌的模型面数少很多，面少就意味着在操作和渲染时的速度会非常快，这是 SketchUp 的一大优势。因此很多建筑设计院、设计公司、建筑师事务所都转向用 SketchUp 制作方案。

在建筑设计中，设计师往往要对建筑物内外全部空间进行布局功能设计。在绘制建筑模型效果图时，只需要对建筑的外墙部分进行建模，忽略建筑物内部的各项构件，即不对建筑内部的功能空间进行表现。

9.1 绘制建筑主体

本例为一个体育馆的建筑外观设计。纵向分上下两部分，横向分前后两部分。上面主要是玻璃幕墙和一个曲面屋顶，下面是一层建筑主体结构。建筑的前半部分呈圆形，后半部分呈方形，曲线与直线相互对比。

本例中建筑结构非常特别，采用空间网架结构与拉索结构相结合。拉索结构不仅起承重作用，还使得建筑物立面更为丰富。

9.1.1 优化图纸

AutoCAD 的图纸中有一些 SketchUp 建模时不必要的内容，如标注、轴线、专用建筑符号、填充图案等等，所以建筑师在依据 AutoCAD 图纸建模之前必须精简 DWG 文件。越简单越好，简单的线性图形导入到 SketchUp 后可以直接生成面。

（1）观察一层平面图。如图 9.1 所示，通过观察一层平面图，可以看出体育馆的外部轮廓为前面的圆形和后面的方形拼合而成，建筑面积比较大，而且有很多曲线。本例中绘制外轮廓的方法是将平面图导入到 SketchUp 中进行描绘。

（2）优化 AutoCAD 图纸。导入到 SketchUp 中的 AutoCAD 图只需要建筑的外部轮廓就可以，所以在 AutoCAD 中，不需要的对象可以进行删除，将剩下的建筑轮廓全部设置在 0 图层中，如图 9.2 所示。

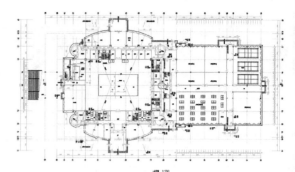
图 9.1 一层平面图

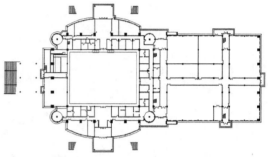
图 9.2 优化图纸

（3）写块。在 AutoCAD 中输入 "Wblock"（写块）命令，在弹出的【写块】面板中选择导出 DWG 文件的文件名与路径，设置单位为 "毫米"，然后选择需要导出的图形，如图 9.3 所示。

（4）打开 SketchUp，在菜单栏中选择【查看】→【工具栏】→【图层】命令，在弹出的【图层】对话框中，单击【＋】按钮，添加一个新图层，给其命名为 "平面"，如图 9.4 所示，单击新建的图层，将其设置为当前图层。

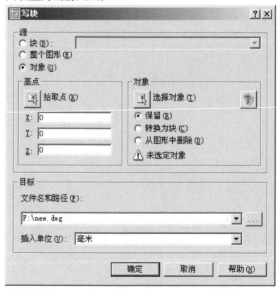
图 9.3 写块

图 9.4 图层

9.1.2 设置绘图环境与导入

在将图形导入到 SketchUp 中之前，要对 SketchUp 的绘图环境进行一些设置，以利于制图者制图，避免图形导入到 SketchUp 中出现错误和不必要的麻烦。设置完成后就可以将需要的图形导入到 SketchUp 中进行绘制了。

（1）设置绘图环境。单击【窗口】→【风格】命令，在弹出的【风格】对话框中单击【编辑】→【面设置】按钮，然后单击【正面色】对应的颜色按钮，弹出【选择颜色】对话框。移动颜色滑块，调整颜色为黄色，单击【确定】按钮。这样就完成了对模型"面"的设置，如图 9.5 所示。

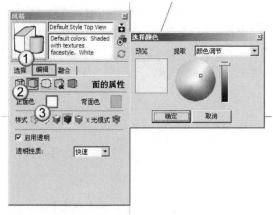

图 9.5 设置场景

注意：在 SketchUp 2018 中，模型的正面颜色是白色，与软件的界面背景色相同，为了更好地区分以免出错，笔者建议把正面的颜色改为 SketchUp 老版本中默认的颜色——黄色。

（2）导入。单击【文件】→【导入】命令，在弹出的【打开】对话框中选择保存的图块文件，将图块导入到 SketchUp 中。按下键盘组合键【Ctrl】+【A】键，将对象全部选择。然后右击选择的全部对象，选择【创建群组】命令，将其制作成群组，如图 9.6 所示。

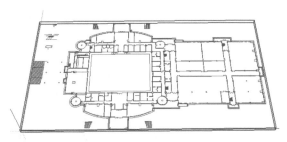

图 9.6 导入

（3）描边。使用【直线】和【圆弧】工具，沿着建筑的外轮廓线进行描绘，最终得到如图 9.7 所示的建筑平面。

（4）翻转面。右击绘制的建筑平面，选择【将面翻转】命令，将面进行翻转，使正面对向相机，如图 9.8 所示。

图 9.7 描边　　　　　　　图 9.8 翻转面

9.1.3 推出主体建筑

主体建筑是通过【推拉】工具将绘制的平面图沿着蓝轴（z 轴）方向向上拉出建筑的层高而成。【推拉】是 SketchUp 从二维到三维的最主要的建模工具。具体操作如下。

（1）拉伸楼层。按下键盘上的【P】键，将绘制的面向上拉伸 450 mm 的距离，配合【Ctrl】键，再将其向上拉伸 5100 mm 的距离，如图 9.9 所示，得到一层的立体模型。将模型的各个面全部选择，右击模型，选择【创建群组】命令，将其进行群组。

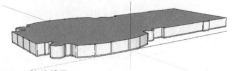

图 9.9 拉伸楼层

（2）绘制线。双击模型，进入群组的编辑模式，按下键盘上的【L】键，连接模型的两端点绘制一条直线，将顶面分割成两个面，如图 9.10 所示。

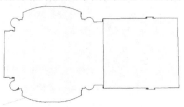

图 9.10 绘制线

（3）拉伸面。按下键盘上的【P】键，将分割出来的右边的面向上拉伸 1500 mm 的距离，如图 9.11 所示。

（4）绘制辅助定位线。按下键盘上的【T】键，在前半部分模型的顶面绘制如图 9.12 所示的四条定位线，与绿轴平行的定位线距离模型边线 3600 mm，与红轴平行的定位线距离模型边线 4300 mm。右击模型组件，选择【隐藏】命令，将组件进行隐藏。

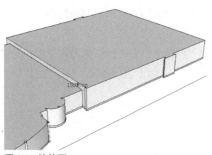

图 9.11 拉伸面

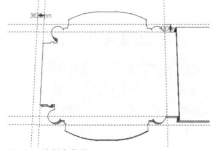

图 9.12 绘制定位线

（5）绘制走廊轮廓。使用【直线】和【圆弧】工具，根据绘制的定位线及定位线形成的定位点，绘制如图 9.13 所示的轮廓。双击绘制的面，右击面，选择【创建群组】命令，将其制作成群组。

（6）模型交错。在菜单栏中，选择【编辑】→【显示】→【全部】命令，将隐藏的模型显示出来，右击一层模型组件，选择【交错】→【模型交错】命令，将两个模型进行交错，在面上，就留下了一层模型的轮廓线，如图 9.14 所示。

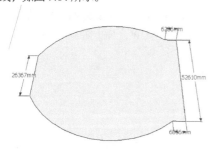

图 9.13 绘制走廊轮廓线

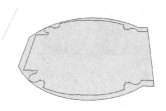

图 9.14 模型交错

（7）修改轮廓线。按下键盘上的【T】键，沿着面的中点拉出一条红轴方向的辅助线，然后使用【直线】工具，以图 9.14 左下角的圆的一个端点为起点，绘制如图 9.15 所示的轮廓线。

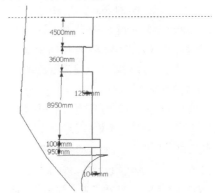

图 9.15 修改轮廓线

（8）复制轮廓线。将绘制的左侧轮廓线复制到中线的右侧，右击复制的轮廓线，选择【沿轴镜像】→【绿色轴方向】命令，将轮廓进行镜像，然后使用【移动 / 复制】工具，将其移动到适当的位置，得到如图 9.16 所示的轮廓线。

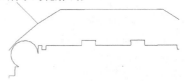

图 9.16 复制轮廓线

（9）绘制矩形轮廓线。使用【直线】工具，沿着模型的外轮廓，绘制直线，如图 9.17 所示，形成矩形轮廓。

（10）修改轮廓线。将模型中多余的线删除，修改成如图 9.18 所示的内部轮廓线。

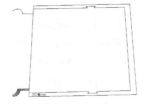

图 9.17 绘制矩形轮廓线　　　　图 9.18 修改轮廓线

（11）拉伸模型。按下键盘上的【P】键，将绘制的两个面分别向上拉伸 7800 mm 和 6300 mm 的距离，如图 9.19 所示。

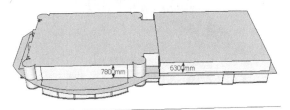

图 9.19 拉伸模型

（12）拉伸走廊面。按下键盘上的【P】键，将绘制的走廊的两部分的面都向下拉伸 600 mm 的距离，如图 9.20 所示。

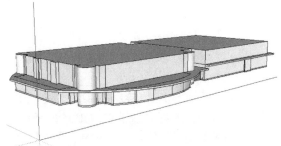

图 9.20 拉伸走廊面

（13）绘制屋顶侧面轮廓。使用【圆弧】工具，绘制如图 9.21 所示的弧形线，并使用【直线】工具，将其连接成一个封闭面。

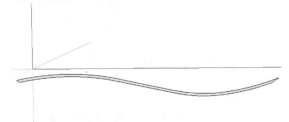

图 9.21 绘制屋顶侧面轮廓

（14）拉伸屋顶侧面。按下键盘上的【P】键，将绘制的屋顶侧面拉伸 69000 mm 的距离，如图 9.22 所示。

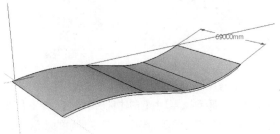

图 9.22 拉伸屋顶侧面

（15）共面。将绘制的屋顶顶面全部选择，右击屋顶，选择【柔化/平滑边缘】命令，如图 9.23 所示，在弹出的【边线柔化】对话框中勾选【共面】选项，得到如图 9.24 所示的屋顶。右击屋顶，选择【制作组件】命令，将屋顶制作成组件。

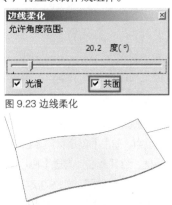

图 9.23 边线柔化

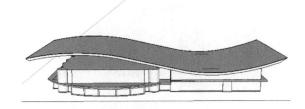

图 9.24 共面

（16）移动屋顶并拉伸建筑。选择屋顶组件，使用【移动/复制】工具，将屋顶沿蓝轴向上移动 220000 mm 的距离，并将其移动到模型上的适当位置，如图 9.25 所示。

图 9.25 移动屋顶并拉伸房体

9.2 绘制台阶

这里绘制的主要是建筑外的阶梯。观察平面图，建筑外共有三个阶梯，分别是建筑南面、东面、西面入口处的阶梯，由一层通往二层。通过观察发现，东西面的阶梯模型是一样的，绘制时只要绘制一侧的阶梯，然后将其制作成组件，进行复制就可以了。

9.2.1 南面阶梯

南面阶梯为两跑楼梯，每跑为 18 级台阶，中间一个休息平台。阶梯的踏步宽为 400 mm，高为 160 mm。绘制方法为绘制阶梯的侧面，然后使用【推拉】工具进行直接拉伸，具体操作如下。

（1）绘制阶梯侧面。旋转视图定位到模型南方主入口的位置。按下键盘上的【L】键，根据平面图所示，在主入口楼梯处绘制如图9.26所示的阶梯侧面。

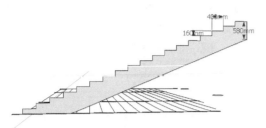

图 9.26 绘制阶梯侧面

（2）石材材质。按下键盘上的【B】键，在弹出的【材质】面板中，单击【创建材质】按钮，弹出【创建材质】对话框，给其命名，勾选【使用贴图】选项，从文档中选择一张石材贴图，如图9.27所示。

（3）拉伸阶梯。按下键盘上的【P】键，将绘制的阶梯侧面拉伸18000 mm的距离，并选择石材材质赋予阶梯的各个面，如图9.28所示。

图 9.27 石材材质

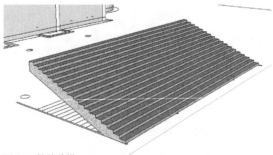

图 9.28 拉伸阶梯

（4）拉伸缓步平台。按下键盘上的【P】键，选择阶梯的侧面将其拉伸4100 mm的距离，形成缓步平台的模型，如图9.29所示。

（5）复制阶梯侧面轮廓。选择前面绘制的阶梯侧面轮廓，配合【Ctrl】键，使用【移动/复制】工具，将其移动复制到缓步平台的上方，如图9.30所示。

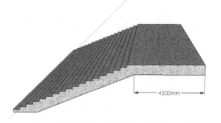

图 9.29 拉伸缓步平台

图 9.30 复制阶梯侧面轮廓

（6）拉伸阶梯。按下键盘上的【P】键，将阶梯的侧面进行拉伸，如图9.31所示。

（7）拉伸阶梯与走廊相连。按下键盘上的【P】键，拉伸阶梯的侧面，使之与走廊相连，如图9.32所示。然后选择阶梯模型的所有面，右击阶梯，选择【制作组件】命令，将阶梯制作成组件。

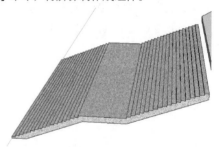

图 9.31 拉伸阶梯

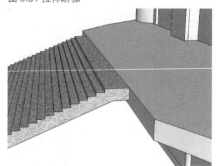

图 9.32 拉伸阶梯，与走廊相接

（8）柱子材质。按下键盘上的【B】键，在弹出的【材质】面板中，单击【创建材质】按钮，弹出【创建材质】对话框，给其命名，再设定材质的颜色为 R = 255，G = 255，B = 255，如图9.33所示。

（9）绘制柱子。根据平面图，按下键盘上的【C】键，绘制一个半径为 350 mm 的圆，然后按下键盘上的【P】键，将其向上拉伸，与阶梯缓步平台底部相接，如图 9.34 所示。

图 9.33 柱子材质

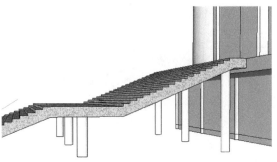

图 9.36 修改柱子

（12）绘制阶梯侧面。根据平面图，在主入口处按下键盘上的【L】键，绘制如图 9.37 所示的阶梯侧面，阶梯踏步宽为 350 mm，高为 150 mm。并将石材材质赋予正面。

（13）拉伸阶梯。按下键盘上的【P】键，将阶梯进行拉伸，如图 9.38 所示。

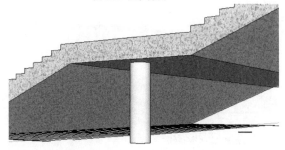

图 9.34 绘制柱子

（10）复制柱子。选择制作的柱子材质赋予柱子，并将柱子制作成组件，然后配合【Ctrl】键，使用【移动/复制】工具，将柱子移动复制两个，放置在场景中适当的位置，如图 9.35 所示。

（11）修改柱子。选择柱子组件，配合【Ctrl】键，使用【移动/复制】工具，将组件向后移动复制一个，双击柱子组件，进入组件的编辑模式，按下键盘上的【P】键，将柱子的顶面向上拉伸，与阶梯底部相接。然后再将修改后的柱子组件移动复制两个到其他两处的位置，如图 9.36 所示。

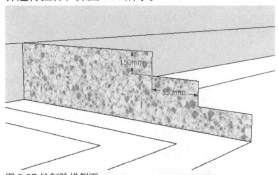

图 9.37 绘制阶梯侧面

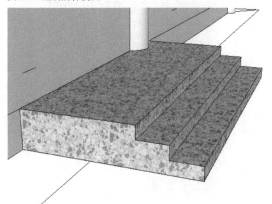

图 9.38 拉伸阶梯

（14）绘制线。按下键盘上的【L】键，在阶梯的两个侧面绘制如图 9.39 所示的直线，将侧面分割成三份。

（15）拉伸阶梯造型。按下键盘上的【P】键，将分割的侧面分别向内推进 350 mm 和 700 mm 的距离，删除多余的线，得到如图 9.40 所示的阶梯模型。然后将绘制的阶梯制作成组件。

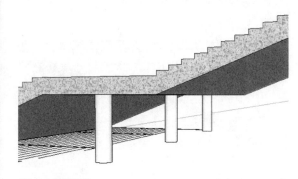

图 9.35 复制柱子

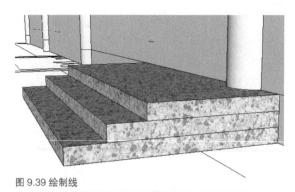

图 9.39 绘制线

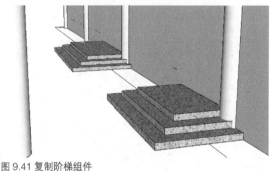

图 9.40 拉伸阶梯造型

（16）复制阶梯组件。将制作的阶梯组件配合【Ctrl】键，使用【移动 / 复制】工具移动复制到平面图显示的另一个阶梯的位置，如图 9.41 所示。

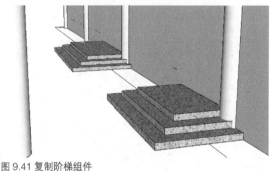

图 9.41 复制阶梯组件

9.2.2 东西侧阶梯

东西侧的阶梯造型与南侧的阶梯造型不同。东西侧的楼梯是由左右两侧的两跑楼梯和上面的缓步平台共同连接为一个整体。绘制时只要绘制左右任意一侧的楼梯，另一侧进行复制就可以，然后再绘制中间的缓步平台，将两侧的楼梯进行连接。

（1）绘制阶梯侧面。选择视图定位到模型的东面，按下键盘上的【L】键，在东面阶梯的位置绘制如图 9.42 所示的阶梯侧面。

（2）拉伸阶梯。按下键盘上的【P】键，将绘制的阶梯侧面进行拉伸，如图 9.43 所示。

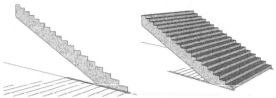

图 9.42 绘制阶梯侧面　　图 9.43 拉伸阶梯

（3）拉伸缓步平台。按下键盘上的【P】键，将阶梯的侧面向前拉伸 2650 mm 的距离，如图 9.44 所示。

（4）复制阶梯侧面轮廓。选择前面绘制的阶梯侧面轮廓，配合【Ctrl】键，使用【移动 / 复制】工具，将其移动复制到缓步平台的上方，如图 9.45 所示。

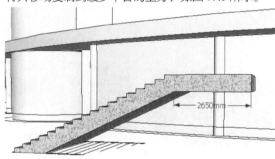

图 9.44 拉伸缓步平台

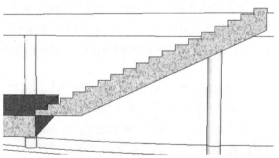

图 9.45 复制阶梯侧面轮廓

（5）拉伸阶梯。按下键盘上的【P】键，将阶梯的侧面进行拉伸，如图 9.46 所示。

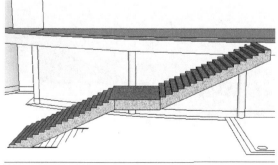

图 9.46 拉伸阶梯

（6）复制阶梯。选择制作的阶梯组件，然后配合【Ctrl】键，使用【移动/复制】工具，将其移动复制到右侧。右击复制的组件，选择【镜像】→【组的红轴】命令，将其进行镜像，如图 9.47 所示。

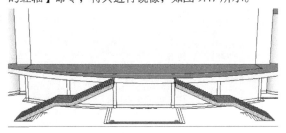

图 9.47 复制阶梯

（7）绘制缓步平台。双击阶梯组件，进入组件的编辑模式，将阶梯的侧面进行拉伸，与另一层的阶梯侧面相接，如图 9.48 所示。

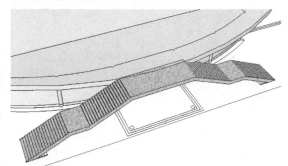

图 9.48 绘制缓步平台

（8）绘制柱子。根据平面图上的位置，按下键盘上的【C】键，绘制两个半径为 350 mm 的圆，并使用【移动/复制】工具将绘制的圆沿蓝轴向上移动 450 mm 的距离。按下键盘上的【P】键，将绘制的圆向上拉伸，与阶梯的缓步平台相接，如图 9.49 所示。

（9）绘制阶梯侧面轮廓。按下键盘上的【L】键，绘制如图 9.50 所示的阶梯侧面轮廓。

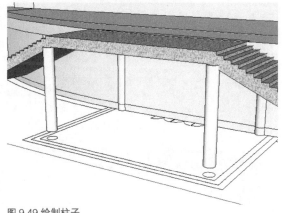

图 9.49 绘制柱子

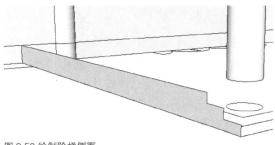

图 9.50 绘制阶梯侧面

（10）拉伸阶梯。按下键盘上的【P】键，将绘制的阶梯侧面进行拉伸，如图 9.51 所示。

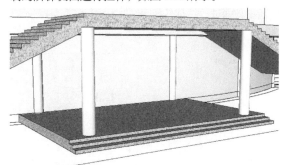

图 9.51 拉伸阶梯

（11）修改阶梯造型。与上面绘制的方法相同，按下键盘上的【L】键，在阶梯的侧面绘制直线将其分成三份，然后按下键盘上的【P】键，将分割的面进行拉伸，如图 9.52 所示。这样东面入口处的阶梯就绘制完毕了，将其全部选择，制作成组件。

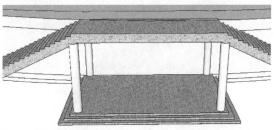

图 9.52 修改阶梯造型

（12）复制阶梯模型。选择制作的东面阶梯模型的组件，配合【Ctrl】键，使用【移动/复制】工具，将其移动复制到模型的西面，根据平面图将其移动到适当的位置，如图 9.53 所示。

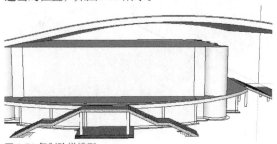

图 9.53 复制阶梯模型

9.2.3 绘制其他阶梯

观察平面图，在模型的东西两侧有四个三级阶梯，北面入口处有一个三级阶梯，南面左侧墙角处也有一个三级阶梯。绘制的方法和上面绘制阶梯的方法相同，先绘制出阶梯的侧面，再使用【推拉】工具进行拉伸。

（1）绘制阶梯侧面。按下键盘上的【L】键，在模型东面入口的左侧，绘制如图 9.54 所示的阶梯侧面，其中阶梯的踏步宽为 350 mm，高为 150 mm。

（2）拉伸阶梯。按下键盘上的【P】键，将绘制的阶梯侧面进行拉伸，如图 9.55 所示。

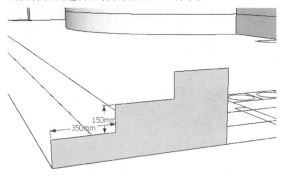

图 9.54 绘制阶梯侧面

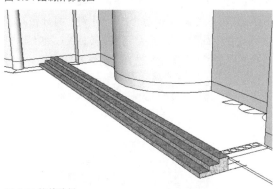

图 9.55 拉伸阶梯

（3）修改阶梯。将阶梯的侧面进行修改，然后使用【推拉】工具进行拉伸，得到如图 9.56 所示的阶梯模型。

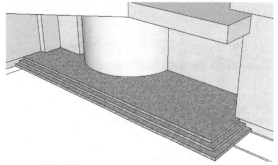

图 9.56 修改阶梯

（4）制作阶梯。使用同样的方法绘制右侧的三级阶梯，如图 9.57 所示，将绘制的阶梯的各个面全部选择，右击阶梯，选择【制作组件】命令，将阶梯制作成组件。

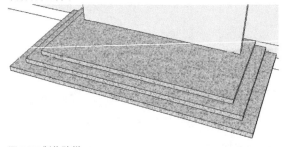

图 9.57 制作阶梯

（5）复制阶梯。选择制作的阶梯组件，配合【Ctrl】键，使用【移动 / 复制】工具，将阶梯移动复制到模型的西面，如图 9.58 所示。

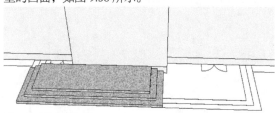

图 9.58 复制阶梯

（6）修改阶梯。双击复制的阶梯组件，进入组件的编辑模式，按下键盘上的【P】键，将阶梯右侧的侧面进行拉伸，如图 9.59 所示。

（7）拉伸阶梯。拉伸阶梯的侧面，使阶梯与墙面相接，如图 9.60 所示。

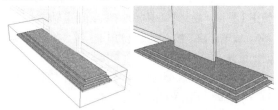

图 9.59 修改阶梯　　　　　图 9.60 拉伸阶梯

（8）绘制阶梯。使用同样的方法，绘制西面模型右侧的三级阶梯，得到如图 9.61 所示的阶梯模型。

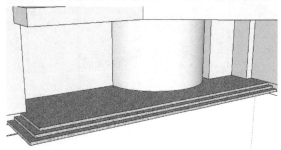

图 9.61 绘制阶梯

（9）绘制阶梯平面。在模型南面左侧的拐角处，根据平面图，按下键盘上的【L】键，绘制如图 9.62 所示的阶梯平面。

（10）按下键盘上的【P】键，将绘制的阶梯面依次向上拉伸，每级台阶高 150 mm，得到如图 9.63 所示的阶梯模型。将阶梯的各个面全部选择，选择制作的石材材质赋予阶梯，右击阶梯，选择【制作组件】命令，将阶梯制作成组件。

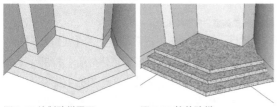

图 9.62 绘制阶梯平面　　　图 9.63 拉伸阶梯

9.3 绘制一层立面

建筑的大体模型建立完毕，就该对其立面进行细化绘制了。本例中，一层的各个立面并不复杂，通过观察发现东西侧的立面造型基本是相同的，制作完成一侧后，可以直接复制到另一侧。

9.3.1 南立面

南立面主要门窗对象有窗户 C5、C1 和门 M3。其中 C5 和 M3 各有 2 个，C1 共设置有 10 个。绘制时，可以将其制作成组件，直接进行复制运用。

（1）绘制窗户 C5。选择圆柱形幕墙的顶面边线，配合【Ctrl】键，使用【移动 / 复制】工具，将弧形轮廓线沿蓝轴向下移动复制，距离依次为 580 mm、620 mm、500 mm、675 mm、675 mm、675 mm、675 mm，如图 9.64 所示。

（2）绘制分割线。按下键盘上的【L】键，根据端点的位置，沿着蓝轴绘制如图 9.65 所示的纵向分割线。

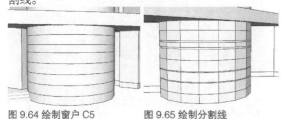

图 9.64 绘制窗户 C5　　　图 9.65 绘制分割线

（3）金属材质。按下键盘上的【B】键，在弹出的【材质】面板中，单击【创建材质】按钮，弹出【创

建材质】对话框，给其命名，再设定材质的颜色为 R = 50，G = 50，B = 50，如图 9.66 所示。

（4）玻璃材质。按下键盘上的【B】键，在弹出的【材质】面板中，单击【创建材质】按钮，弹出【创建材质】对话框，给其命名，再设定材质的颜色为 R = 0，G = 200，B = 210，如图 9.67 所示。

（5）按下键盘上的【B】键，选择金属材质赋予玻璃幕墙上的线条，选择玻璃材质赋予玻璃幕墙的玻璃，如图 9.68 所示，并将玻璃幕墙制作成组件。

图 9.66 金属材质　　　图 9.67 玻璃材质

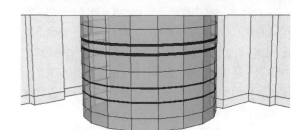

图 9.68 赋予材质

（6）复制玻璃幕墙。选择制作的玻璃幕墙组件，配合【Ctrl】键，使用【移动 / 复制】工具，将其移动复制给右侧弧形玻璃幕墙，如图 9.69 所示。

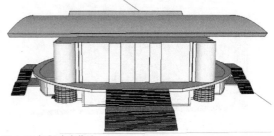

图 9.69 复制玻璃幕墙

（7）绘制窗户 C1 定位线。按下键盘上的【T】键，沿蓝轴拉出一条距离地面 2700 mm 的辅助线，沿绿轴拉伸出一条距离墙壁边线 310 mm 的辅助线，如图 9.70 所示。

（8）绘制窗户轮廓。按下键盘上的【R】键，以两条辅助线的交点为起点绘制一个 1500 mm × 600 mm 的矩形，如图 9.71 所示。

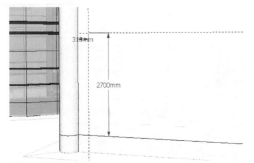

图 9.70 绘制定位线

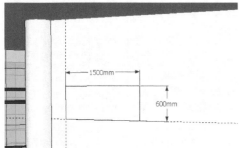

图 9.71 绘制窗户轮廓

（9）绘制窗户造型。按下键盘上的【P】键，将绘制的矩形向内推进 200 mm 的距离。按下键盘上的【F】键，将矩形的边线向内偏移复制 50 mm 的距离，并使用【直线】工具，将偏移的小矩形分割成两个小矩形，中间间距为 50 mm，如图 9.72 所示，这样窗户的造型就绘制出来了。

（10）拉伸窗户并赋予材质。按下键盘上的【B】键，选择金属材质赋予窗框，选择玻璃材质赋予窗户玻璃。按下键盘上的【P】键，将绘制的窗框向外拉伸 30 mm 的距离，如图 9.73 所示，然后将窗户 C1 制作成组件。

图 9.72 绘制窗户造型

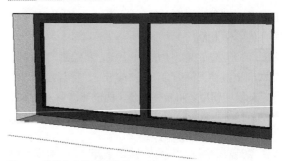

图 9.73 拉伸窗户并赋予材质

（11）墙砖材质。按下键盘上的【B】键，在弹出的【材质】面板中，单击【创建材质】按钮，弹出【创建材质】对话框，给其命名，勾选【使用贴图】选项，从文档中选择一张墙砖贴图，如图 9.74 所示。

（12）赋予材质。双击制作的窗户组件，进入组件的编辑模式，选择制作的墙砖材质，赋予窗户的四个面，然后再赋予墙壁，如图 9.75 所示。

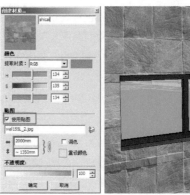

图 9.74 墙砖材质　　　图 9.75 赋予材质

（13）复制窗户 C1。选择制作的窗户组件，配合【Ctrl】键，使用【移动 / 复制】工具，将其移动复制两个到墙壁的右侧，间距为 2700 mm，如图 9.76 所示。使用同样的方法，将窗户 C1 组件移动复制七个到墙壁的右侧，并使用【移动 / 复制】工具，调整窗户到适当的位置。

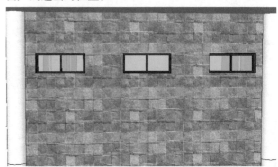

图 9.76 复制窗户 C1

（14）绘制门 M3。按下键盘上的【R】键，绘制一个 1500 mm×2400 mm 的矩形，并使用【移动／复制】工具，将其移动到阶梯中间的位置，如图 9.77 所示。

（15）绘制门框。按下键盘上的【F】键，将门的轮廓线向内偏移复制 50 mm 的距离，并使用【直线】工具在矩形中间绘制一条宽 50 mm 的分割线，如图 9.78 所示。按下键盘上的【B】键，选择金属材质，赋予门框。

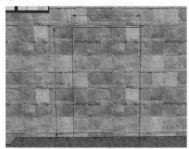

图 9.77 绘制门 M3

图 9.78 绘制门框

（16）拉伸门框并赋予材质。按下键盘上的【P】键，将绘制的门框向外拉伸 50 mm 的距离，得到门框的厚度。按下键盘上的【B】键，选择玻璃材质，赋予门面玻璃，如图 9.79 所示。将门的各个面全部选择，右击门，选择【制作组件】命令，将门制作成组件。

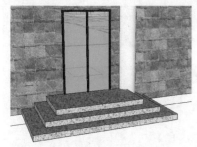

图 9.79 拉伸门框并赋予材质

（17）选择制作的门 M3 的组件，配合【Ctrl】键，使用【移动／复制】工具，将其移动复制到右侧阶梯上方的墙壁上，如图 9.80 所示，使用【移动／复制】工具，将门移动到合适的位置。

图 9.80 复制门组件

9.3.2 绘制北立面

北立面很简单，门窗对象由 15 个 C3 窗、1 个 M8 门和 1 个 M6 门组成，绘制时，同样要将门窗制作成组件，相同造型的门窗可以直接复制运用。

（1）绘制窗户 C3 轮廓。旋转视图定位到模型的北面。按下键盘上的【R】键，在距离墙壁 630 mm 的位置，绘制一个 1500 mm×6000 mm 的矩形，如图 9.81 所示。

（2）拉伸窗户。按下键盘上的【P】键，将绘制的窗户轮廓向内推进 200 mm 的距离。按下键盘上的【F】键，将窗户轮廓向内偏移复制 50 mm 的距离，如图 9.82 所示。

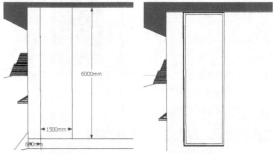

图 9.81 绘制窗户轮廓　　　　图 9.82 拉伸窗户

（3）绘制分割线。选择矩形的顶边，配合【Ctrl】键，使用【移动／复制】工具，将其沿着蓝轴向下移动复制，如图 9.83 所示。

（4）绘制窗户造型。按下键盘上的【F】键，将分割线分成的小矩形的轮廓线向内偏移复制 50 mm 的距离，并使用【直线】工具，在矩形中间绘制宽 50 mm 的分割线，如图 9.84 所示，这样窗户 C3 的造型就绘制出来了。

（5）绘制细节。在门面中的矩形内绘制如图 9.85 所示的分割线，分割线之间的距离为 50 mm。

（6）赋予材质并拉伸窗户。按下键盘上的【B】键，选择金属材质赋予窗框，选择玻璃材质赋予窗户玻璃。按下键盘上的【P】键，将窗框向外拉伸 30 mm 的距离，如图9.86所示。选择窗户的各个面，右击窗户，选择【制作组件】命令，将窗户制作成组件。

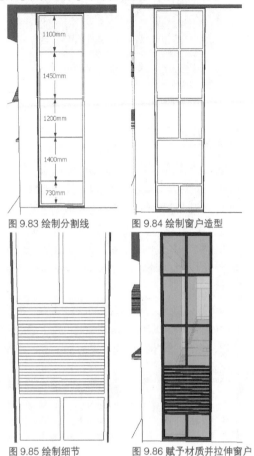

图 9.83 绘制分割线　　图 9.84 绘制窗户造型

图 9.85 绘制细节　　图 9.86 赋予材质并拉伸窗户

（7）复制窗户。选择制作的窗户组件，配合【Ctrl】键，使用【移动/复制】工具，将其移动复制6个到墙壁的左侧，窗户之间的距离为300 mm，如图9.87所示。

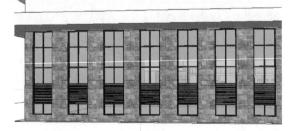

图 9.87 复制窗户

（8）绘制门 M8。按下键盘上的【R】键，在墙壁上绘制一个 3600 mm×5100 mm 的矩形，如图9.88所示，得到门的大体轮廓。

（9）绘制分割线。使用【直线】工具，在门面上绘制如图9.89所示的分割线。

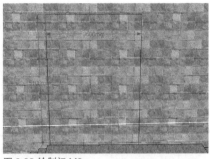

图 9.88 绘制门 M8

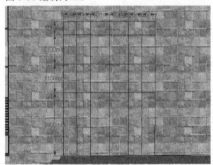

图 9.89 绘制分割线

（10）绘制造型。按下键盘上的【F】键，将分割的各个小矩形的轮廓分别向内偏移复制 50 mm 的距离，并绘制如图9.90所示的造型。按下键盘上的【B】键，选择金属材质赋予门框，选择玻璃材质赋予门面玻璃。

（11）拉伸门。按下键盘上的【P】键，将绘制的门框向外拉伸 50 mm 的距离，如图9.91所示。

图 9.90 绘制造型

图 9.91 拉伸门

（12）绘制门 M6 轮廓。按下键盘上的【R】键，在墙壁上绘制一个 1500 mm×5100 mm 的矩形，如图 9.92 所示。

（13）绘制分割线。按下键盘上的【L】键，在门面上绘制如图 9.93 所示的分割线。

（14）绘制造型。按下键盘上的【F】键，将分割的小矩形的轮廓向内偏移复制 50 mm 的距离，并使用【直线】工具，绘制如图 9.94 所示的门面造型。按下键盘上的【B】键，选择金属材质赋予门框，选择玻璃材质赋予门面玻璃。

（15）拉伸门。按下键盘上的【P】键，将绘制的门框向外拉伸 50 mm 的距离，如图 9.95 所示。

9.3.3 绘制东立面

东立面的门窗对象主要由 1 个 C7 窗、8 个 C2 窗、16 个 C3 窗和门 M10、M3、M9、M7 各 1 个组成。和上面的方法一样，将绘制的门窗制作成组件，直接复制运用。

（1）绘制窗户 C7。旋转视图定位到模型东侧墙角处，在圆形玻璃幕墙旁边设置有一扇窗户。按下键盘上的【L】键，在窗户面上绘制如图 9.97 所示的窗户分割线。

（2）绘制窗扇造型。按下键盘上的【F】键，将分割线分割的矩形依次向内偏移复制 50 mm 的距离，删除多余的线，如图 9.98 所示。

图 9.92 绘制门 M6 轮廓　　　　图 9.93 绘制分割线

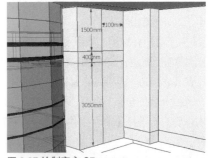

图 9.97 绘制窗户 C7

图 9.94 绘制造型　　　　图 9.95 拉伸门

（16）复制窗户。选择制作的窗户 C3 的组件，配合【Ctrl】键，使用【移动 / 复制】工具，将其移动复制 8 个到模型的右侧，如图 9.96 所示，并使用【移动 / 复制】工具调整窗户到适当的位置。

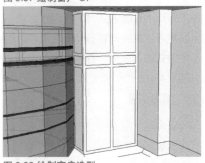

图 9.98 绘制窗扇造型

（3）赋予材质并拉伸。按下键盘上的【B】键，选择金属材质赋予窗框，选择玻璃材质赋予窗户玻璃。按下键盘上的【P】键，将绘制的窗框向外拉伸 30 mm 的距离，如图 9.99 所示。

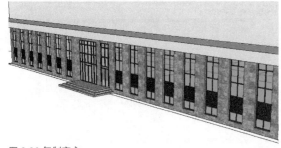

图 9.96 复制窗户

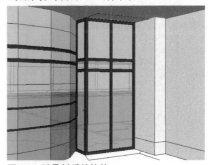

图 9.99 赋予材质并拉伸

（4）绘制窗户 C2。按下键盘上的【R】键，在墙面上绘制一个 1351 mm×4500 mm 的矩形，距离墙壁边线 1351 mm，如图 9.100 所示。

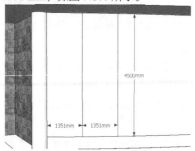

图 9.100 绘制窗户 C2

（5）绘制窗扇造型。按下键盘上的【L】键，在窗面上绘制如图 9.101 所示的窗扇分割线，并使用【偏移复制】工具，绘制出窗框。

（6）赋予材质并拉伸。按下键盘上的【B】键，选择金属材质赋予窗框，选择玻璃材质赋予玻璃。按下键盘上的【P】键，将绘制的窗框向外拉伸 30 mm 的距离，如图 9.102 所示。将窗户模型的各个面全部选择，右击窗户，选择【制作组件】命令，将窗户制作成组件。

（7）复制窗户。选择制作的窗户组件，配合【Ctrl】键，使用【移动 / 复制】工具，将组件移动复制一个到右侧，调整好位置后，右击复制的组件，选择【交错】→【模型交错】命令，将窗户组件与墙体模型进行交错，删除多余的线，得到如图 9.103 所示的模型。

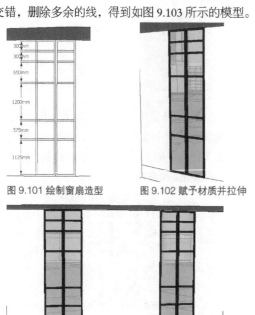

图 9.101 绘制窗扇造型　图 9.102 赋予材质并拉伸

图 9.103 复制窗户

（8）复制组件。使用上述相同的方法，复制窗户的组件到墙体上其他的位置，如图 9.104 所示。

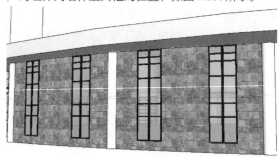

图 9.104 复制窗户组件

（9）绘制门 M10。按下键盘上的【L】键，在墙面上绘制一个 8600 mm×4500 mm 的矩形，如图 9.105 所示，作为门的大体轮廓。

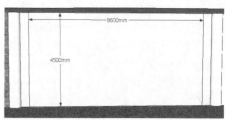

图 9.105 绘制门 M10

（10）绘制分割线。按下键盘上的【F】键，将门的轮廓线向内偏移复制 50 mm 的距离，然后使用【直线】工具，在门面上绘制如图 9.106 所示的分割线。

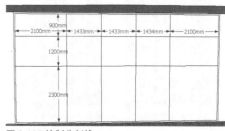

图 9.106 绘制分割线

（11）绘制窗框。按下键盘上的【F】键，将分割线构成的矩形分别向内偏移复制 50 mm 的距离，并用【直线】工具，绘制如图 9.107 所示的造型线，删除多余的线。

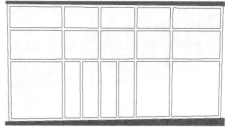

图 9.107 绘制窗框

（12）赋予材质并拉伸。按下键盘上的【B】键，选择金属材质赋予窗框，选择玻璃材质赋予玻璃。按下键盘上的【P】键，将绘制的窗框向外拉伸 50 mm 的距离，如图 9.108 所示。选择窗户的各个面，右击窗户，选择【制作组件】命令，将窗户制作成组件。

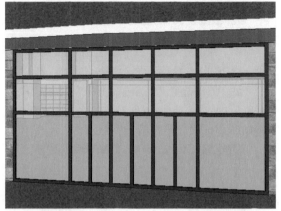

图 9.108 赋予材质并拉伸

（13）绘制门 M3。按下键盘上的【R】键，在门面上绘制一个 1500 mm×2700 mm 的矩形，如图 9.109 所示。

（14）绘制门面造型。按下键盘上的【L】键，在矩形中连接上下两边的中点绘制一条中线。按下键盘上的【F】键，将中线分割的两个矩形分别向内偏移复制 50 mm 的距离，如图 9.110 所示。

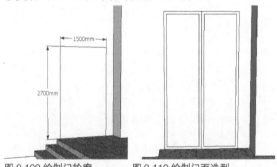

图 9.109 绘制门轮廓　　　图 9.110 绘制门面造型

（15）赋予材质并拉伸。按下键盘上的【B】键，选择金属材质赋予门框，选择玻璃材质赋予门面玻璃。按下键盘上的【P】键，将绘制的门框向外拉伸 50 mm 的距离，如图 9.111 所示。

（16）复制窗框 C7。选择前面制作的窗户 C7 组件，配合【Ctrl】键，使用【移动 / 复制】工具，将其移动复制到适当的位置。选择【缩放】工具，沿轴将组件进行拉伸缩小，如图 9.112 所示。

（17）绘制横向分割线。选择模型顶边的轮廓线，配合【Ctrl】键，使用【移动 / 复制】工具，将其依次向下移动复制，如图 9.113 所示。

（18）绘制纵向分割线。按下键盘上的【L】键，根据边线的端点，沿着蓝轴绘制如图 9.114 所示的纵向分割线。

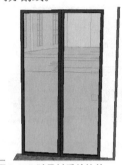

图 9.111 赋予材质并拉伸　　图 9.112 复制窗框 C7

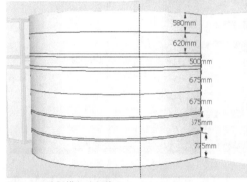

图 9.113 绘制横向分割线

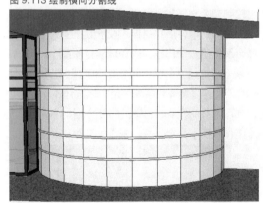

图 9.114 绘制纵向分割线

（19）赋予材质。按下键盘上的【B】键，选择金属材质赋予绘制的线条，选择玻璃材质赋予玻璃。选择窗户的各个面，右击窗户，选择【制作组件】命令，将窗户制作成组件，如图 9.115 所示。

（20）绘制门 M9。按下键盘上的【R】键，在墙面上绘制一个 1500 mm×4500 mm 的矩形，并使用【直线】工具，连接矩形上下两边线的中点绘制一条中线。按下键盘上的【F】键，将中线分割的两个矩形分别向内偏移复制 50 mm 的距离，如图 9.116 所示。

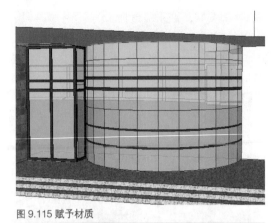

图 9.115 赋予材质

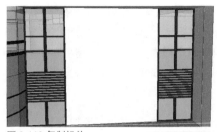

图 9.110 复制组件

（24）绘制分割线。按下键盘上的【L】键，在门面上绘制如图 9.120 所示的分割线。

（25）绘制造型。按下键盘上的【F】键，将分割线所分割的矩形分别向内偏移复制 50 mm 的距离，并使用【直线】工具，绘制如图 9.121 所示的造型线。

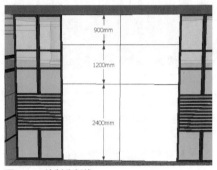

图 9.120 绘制分割线

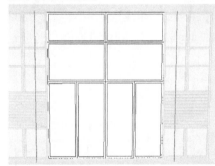

图 9.121 绘制造型

图 9.116 绘制门 M9

（21）绘制造型。按下键盘上的【L】键，在门面上绘制如图 9.117 所示的门面造型。

（22）赋予材质并拉伸。按下键盘上的【B】键，选择金属材质赋予门框，选择玻璃材质赋予门玻璃。按下键盘上的【P】键，将绘制的门框向外拉伸 50 mm 的距离，将装饰线条隔一个向外拉伸 50 mm 的距离，如图 9.118 所示。选择门的各个面，右击门，选择【制作组件】命令，将门制作成组件。

（26）赋予材质并拉伸。按下键盘上的【B】键，选择金属材质赋予门框，选择玻璃材质赋予门面玻璃。按下键盘上的【P】键，将绘制的门框向外拉伸 50mm 的距离，如图 9.122 所示。选择门的各个面，右击门，选择【制作组件】命令，将窗户制作成组件。

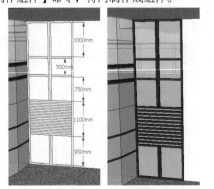

图 9.117 绘制造型　　图 9.118 赋予材质并拉伸

（23）复制组件。选择制作的门组件，配合【Ctrl】键，使用【移动 / 复制】工具，将其移动复制到右侧，如图 9.119 所示。

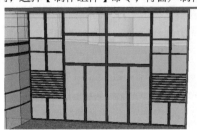

图 9.122 赋予材质并拉伸

（27）绘制走廊阶梯。按下键盘上的【L】键，在二层墙壁上绘制如图 9.123 所示的阶梯侧面轮廓图，阶梯的踏步宽为 350 mm，踏步高为 145 mm。

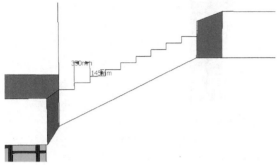

图 9.123 绘制走廊阶梯

（28）拉伸阶梯。按下键盘上的【P】键，将绘制的阶梯侧面进行拉伸，如图 9.124 所示。

（29）绘制坡道。这里采用无障碍设计，根据平面图，将入口处的阶梯进行如图 9.125 所示的修改，留出坡道的位置。

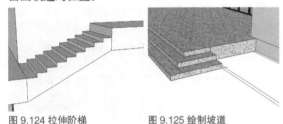

图 9.124 拉伸阶梯　　　　图 9.125 绘制坡道

（30）绘制坡道侧面。按下键盘上的【L】键，根据平面图绘制如图 9.126 所示的坡道侧面轮廓图。

（31）拉伸侧面。按下键盘上的【P】键，将绘制的侧面进行拉伸，得到如图 9.127 所示的坡道模型。按下键盘上的【B】键，选择石材材质赋予坡道的各个面。

图 9.126 绘制坡道侧面　　　图 9.125 拉伸侧面

（32）绘制门 M7。按下键盘上的【R】键，在墙壁上绘制一个 2000 mm×2300 mm 的矩形，如图 9.128 所示。

（33）绘制造型。按下键盘上的【L】键，连接矩形上下两边的中点绘制一条中线，将面分割成两个矩形。按下键盘上的【F】键，将两个矩形分别向内偏移复制 50 mm 的距离，如图 9.129 所示。

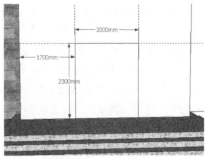

图 9.128 绘制门轮廓

图 9.129 绘制造型

（34）赋予材质并拉伸。按下键盘上的【B】键，选择金属材质赋予门框，选择玻璃材质赋予玻璃。按下键盘上的【P】键，将绘制的门框向外拉伸 50 mm 的距离，如图 9.130 所示，并将门制作成组件。

（35）绘制装饰。按下键盘上的【R】键，在墙面上绘制 20 个 400 mm×400 mm 的矩形，并使用【移动 / 复制】工具，将其放置在适当的位置，如图 9.131 所示。

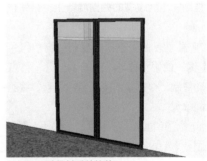

图 9.130 赋予材质并拉伸

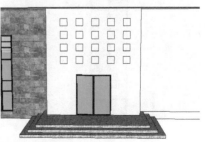

图 9.131 绘制装饰

（36）涂料材质。按下键盘上的【B】键，在弹出的【材质】面板中，单击【创建材质】按钮，弹出【创建材质】对话框，给其命名，设置材质颜色为 R = 240，G = 180，B = 140，如图 9.132 所示。

（37）拉伸装饰物。按下键盘上的【B】键，选择涂料材质赋予墙壁，选择柱子材质赋予绘制的各个矩形。按下键盘上的【P】键，将绘制的矩形分别向内推进 400 mm 的距离，如图 9.133 所示。

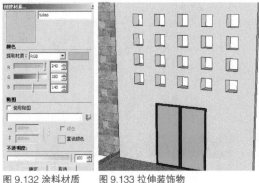

图 9.132 涂料材质　　图 9.133 拉伸装饰物

9.3.4 西侧立面

西侧立面的构成对象基本与东侧立面的对象相同，所以，只需要确定好位置，将东侧立面的对象直接复制运用即可。

（1）复制组件。选择制作的窗户 C3 组件，配合【Ctrl】键，使用【移动/复制】工具，将窗户组件移动复制一个到模型的西面墙壁上，具体位置如图 9.134 所示。

（2）移动复制。选择刚复制的窗户组件，配合【Ctrl】键，使用【移动/复制】工具，将窗户继续进行移动复制，根据平面图显示的位置，将组件放置到合适的位置。

（3）绘制门 M6。按下键盘上的【R】键，在墙面上绘制一个 1500 mm × 6000 mm 的矩形，如图 9.135 所示。

图 9.134 复制组件

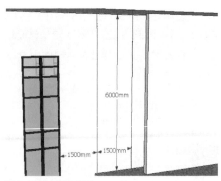

图 9.135 绘制门轮廓

（4）绘制分割线。按下键盘上的【L】键，在绘制的矩形中绘制如图 9.136 所示的分割线。

（5）绘制造型线。按下键盘上的【F】键，将分割线分得的矩形分别向内偏移复制 50 mm 的距离，如图 9.137 所示。

（6）赋予材质并拉伸。按下键盘上的【B】键，选择金属材质赋予门框，选择玻璃材质赋予玻璃。按下键盘上的【P】键，将绘制的门框向外拉伸 50 mm 的距离，如图 9.138 所示。将门的各个面全部选择，右击门，选择【制作组件】命令，将门制作成组件。

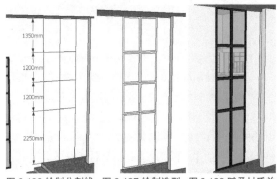

图 9.136 绘制分割线　图 9.137 绘制造型　图 9.138 赋予材质并拉伸

（7）复制组件。选择制作的组件，配合【Ctrl】键，使用【移动/复制】工具，将其移动复制一个到模型的右侧，如图 9.139 所示。

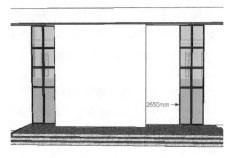

图 9.139 复制组件

（8）复制门 M7。选择前面制作的门 M7 组件，将其移动复制到模型的西面墙壁上，使用【移动 / 复制】工具将其放置到墙壁的中间。再在门所在的墙面上绘制 20 个 400 mm×400 mm 的矩形，移动到合适的位置，使用【推拉】工具，将矩形向内推进 400 mm 的距离，并赋予材质，如图 9.140 所示。

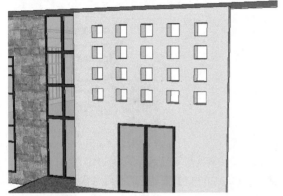

图 9.140 复制门

（9）绘制坡道。采用上述方法，将阶梯修改成如图 9.141 所示的造型，留出坡道的位置。

（10）绘制坡道的侧面。按下键盘上的【L】键，根据平面图显示的位置，绘制如图 9.142 所示的坡道侧面轮廓图。

（11）拉伸坡道。按下键盘上的【P】键，将绘制的坡道侧面进行拉伸，并选择石材材质赋予坡道的各个面，如图 9.143 所示。

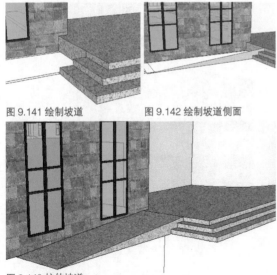

图 9.141 绘制坡道　　　图 9.142 绘制坡道侧面

图 9.143 拉伸坡道

（12）绘制门 M5。按下键盘上的【R】键，在墙壁上绘制一个 1200 mm×2300 mm 的矩形，如图 9.144 所示。

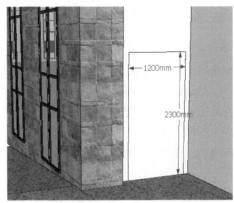

图 9.144 绘制门轮廓

（13）绘制门面造型。按下键盘上的【L】键，在矩形中绘制一条中线，将面分割成两份。按下键盘上的【F】键，分别将两个矩形向内偏移复制 50 mm 的距离，如图 9.145 所示。

（14）赋予材质并拉伸。按下键盘上的【B】键，选择金属材质赋予门框，选择玻璃材质赋予玻璃。按下键盘上的【P】键，将绘制的门框向外拉伸 50 mm 的距离，如图 9.146 所示。将门的各个面全部选择，右击门，选择【制作组件】命令，将门制作成组件。

（15）观察平面图，东西两侧的模型是对称的，所以只需要把在模型东侧制作好的对象，直接复制到模型西侧，然后对其位置进行调整就可以了。

图 9.145 绘制门面造型

图 9.146 赋予材质并拉伸

9.4 绘制上部

建筑的上部主要是玻璃幕墙和一个弧形屋顶，前面玻璃幕墙的造型呈斜面，有很多细节，绘制时一定要细心。SketchUp 中绘制圆弧造型很麻烦，需要控制面的数量，否则再往后就很难进行下去。本节中的建筑构件形体是整个建筑外形的核心部位，一定要注意精确地表达造型。

9.4.1 绘制幕墙

建筑前面的玻璃幕墙有朝外伸出的斜面幕墙，造型别致新颖，绘制方法很简单，只要绘制出侧面，直接进行拉伸就可以。后面方形的玻璃幕墙三面造型大同小异。

（1）右击屋顶，选择【隐藏】命令，将屋顶进行隐藏，以便于观察模型。按下键盘上的【A】键，连接弧形的两个端点，在顶面上绘制一段圆弧，和原来的圆弧组成一个整圆，如图 9.147 所示。按下键盘上的【P】键，将圆向上拉伸 900 mm 的距离。

（2）绘制顶部截面造型。按下键盘上的【L】键，在圆形顶部，绘制如图 9.148 所示的截面造型。

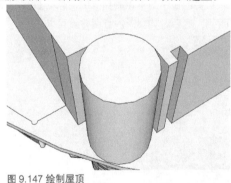

图 9.147 绘制屋顶

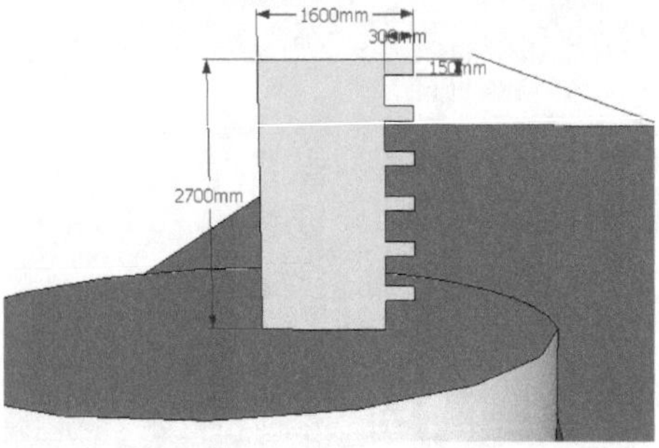

图 9.148 绘制顶部造型

（3）绘制轨迹线。将绘制的截面全部选择，右击截面，选择【制作组件】命令，将其制作成组件。双击组件，进入组件的编辑模式，使用【圆形】工具，

以截面的底部端点为圆心，以截面矩形短边为半径绘制一个圆，如图 9.149 所示。

（4）路径跟随。双击组件，进入组件的编辑模式。选择绘制的圆的轮廓线，使用【路径跟随】工具，单击绘制的截面，这样就得到了理想的顶部造型，如图 9.150 所示。

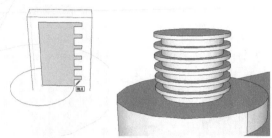

图 9.149 绘制轨迹　　图 9.150 路径跟随

（5）绘制窗户 C9。选择弧形边线，配合【Ctrl】键，使用【移动/复制】工具，将弧线依次向下进行移动复制，得到如图 9.151 所示的分割线，偏移的距离依次为 500 mm、400 mm×2、650 mm×4、500 mm、620 mm×5、500 mm、620 mm×5、500 mm、650mm（其中 "×" 后面的数字表示次数）。

（6）绘制纵向分割线。按下键盘上的【L】键，连接弧线的端点，沿着蓝轴绘制窗户的纵向分割线，如图 9.152 所示。

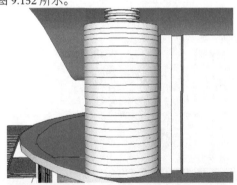

图 9.151 绘制窗户

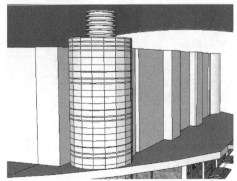

图 9.152 绘制纵向分割线

（7）赋予材质。按下键盘上的【B】键，选择金属材质赋予窗户的边框，选择玻璃材质赋予玻璃，如图9.153所示。将绘制的窗户 C9 的各个面全部选择，右击窗户，选择【制作组件】命令，将窗户 C9 制作成组件。

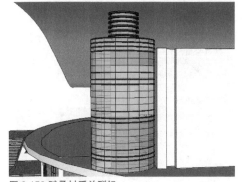

图 9.153 赋予材质并群组

（8）复制组件。选择制作的窗户 C9 组件，配合【Ctrl】键，使用【移动／复制】工具，将其移动复制到模型的右侧，并放置到合适的位置，如图9.154所示。

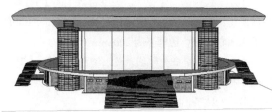

图 9.154 复制组件

（9）绘制门 M12。选择矩形两侧的边线，分别向内偏移复制 200 mm 的距离。按下键盘上的【P】键，将中间的矩形向内推进 1253 mm 的距离，如图9.155所示。

（10）拉伸墙体。按下键盘上的【P】键，选择两个墙体的顶面，分别将其向下进行拉伸，得到高3800 mm 的两端墙体，如图9.156所示。

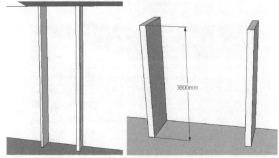

图 9.155 绘制门 M12   图 9.156 拉伸墙体

（11）绘制顶面。按下键盘上的【L】键，连接墙体的顶面端点，绘制如图9.157所示的入口造型。

（12）绘制门的分割线。按下键盘上的【L】键，在距离地面 2400 mm 的位置绘制一条直线，围成一个矩形，得到门的大体轮廓线。然后使用【直线】工具，在矩形中绘制三条分割线，将矩形分割成四份，如图9.158所示。

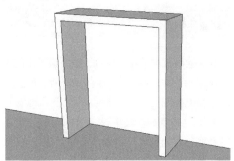

图 9.157 绘制顶面

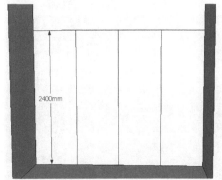

图 9.158 绘制门的分割线

（13）绘制门框。按下键盘上的【F】键，分别将矩形向内偏移复制 50 mm 的距离，得到门框的轮廓，如图9.159所示。

（14）赋予材质并拉伸。按下键盘上的【B】键，选择金属材质赋予门框，选择玻璃材质赋予门面。按下键盘上的【P】键，将绘制的门框向外拉伸 50 mm 的距离，如图9.160所示。将入口造型及门的各个面全部选择，右击选择的区域，选择【制作组件】命令，将其制作成组件。

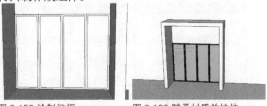

图 9.159 绘制门框   图 9.160 赋予材质并拉伸

（15）复制组件。选择制作的组件，配合【Ctrl】键，使用【移动／复制】工具，将其移动复制一个到右侧，并调整其位置，如图所示。然后使用【推拉】工具，对墙面进行拉伸修改，得到如图9.161所示的造型。

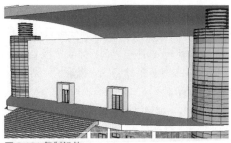

图 9.161 复制组件

（16）绘制玻璃幕墙的侧面。按下键盘上的【L】键，在模型的侧面绘制一个如图 9.162 所示的三角面，即玻璃幕墙的侧面。

（17）拉伸侧面。按下键盘上的【P】键，将绘制的三角面进行拉伸，拉伸到模型的左侧与墙平齐。右击制作的入口组件，选择【交错】→【模型交错】命令，删除多余的面，得到如图 9.163 所示的模型。

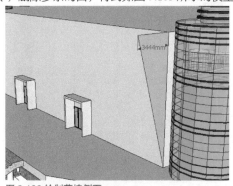

图 9.162 绘制幕墙侧面

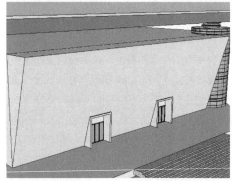

图 9.163 拉伸侧面

（18）绘制定位线。按下键盘上的【T】键，在斜面上拉出如图 9.164 所示的辅助线，作为玻璃幕墙分割线的定位线。定位线的间距为 1200 mm。

（19）绘制分割线。按下键盘上的【L】键，根据绘制的定位线绘制直线，得到玻璃幕墙的分割线。选择所有绘制的分割线，配合【Ctrl】键，使用【移动／复制】工具，将分割线向下偏移复制 100 mm 的距离，得到边框的宽度，如图 9.165 所示。

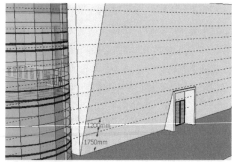

图 9.164 绘制定位线

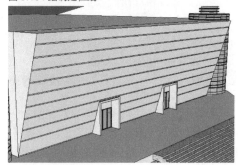

图 9.165 绘制分割线

（20）绘制纵向定位线。按下键盘上的【T】键，在斜面上绘制如图 9.166 所示的辅助线，辅助线间的间距为 3800 mm，边框宽为 200 mm。

（21）绘制纵向分割线。按下键盘上的【L】键，根据绘制的定位线绘制如图 9.167 所示的纵向分割线，删除多余的线条。

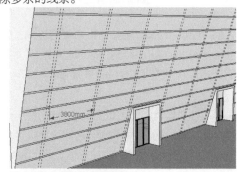

图 9.166 绘制纵向定位线

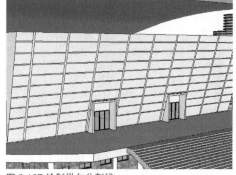

图 9.167 绘制纵向分割线

（22）赋予材质。按下键盘上的【B】键，选择金属材质赋予边框，选择玻璃材质赋予玻璃，得到如图 9.168 所示的玻璃幕墙模型。

图 9.168 赋予材质

（23）绘制顶部。按下键盘上的【B】键，选择柱子材质赋予顶面。按下键盘上的【P】键，配合【Ctrl】键，将顶面向上拉伸 200 mm 的距离，并将其各个侧面分别向外拉伸 200 mm 的距离，如图 9.169 所示，删除多余的线条。

图 9.169 绘制顶部

（24）复制组件。选择前面制作的入口组件，配合【Ctrl】键，使用【移动／复制】工具，将其移动复制到模型的东面墙壁上，如图 9.170 所示。

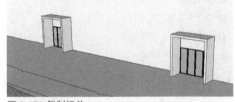

图 9.170 复制组件

（25）绘制幕墙。如上所述，先绘制幕墙的三角侧面，将其进行拉伸，然后绘制分割线，赋予材质，制作成玻璃幕墙，如图 9.171 所示。使用同样的方法绘制西面的玻璃幕墙。

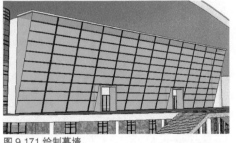

图 9.171 绘制幕墙

（26）绘制窗户 C12。和前面绘制的方法相同，绘制如图 9.172 所示的弧形玻璃幕墙。

（27）复制顶部造型。选择前面制作的顶部造型组件，将其复制到窗户 C12 的顶部。双击组件，进入组件的编辑模式，将下面多余的造型进行删除，留下如图 9.173 所示的局部造型。

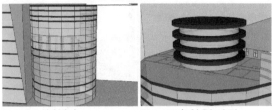

图 9.172 绘制窗户　　　　　图 9.173 复制顶部造型

9.4.2 修改模型

建筑主体与弧形的曲面屋顶是相接的，如果直接使用【推拉】工具，拉伸不出来曲面的效果。这里采用模型交错的方法来解决，具体操作方法如下。

（1）拉伸模型。按下键盘上的【P】键，分别将模型的顶面向上拉伸，与屋顶相交，如图 9.174 所示。

图 9.174 拉伸模型

（2）模型交错。右击屋顶组件，选择【交错】→【模型交错】命令，将两模型进行交错。删除屋顶上多余的面和线，如图 9.175 所示，这样主体模型和屋顶就连接到一起了，如图 9.176 所示。

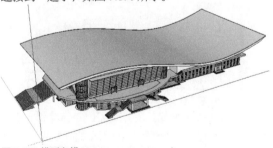

图 9.175 模型交错

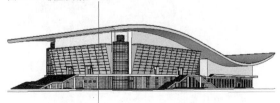

图 9.176 交错后

（3）旋转视图到模型的南面。按下键盘上的【P】键，将矩形面向上拉伸 2700 mm 的距离，如图 9.177 所示。

（4）绘制造型轮廓线。按下键盘上的【L】键，在拉伸的模型面上绘制如图 9.178 所示的造型线条，宽度为 100 mm。

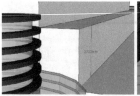 

图 9.177 拉伸面　　　　　图 9.178 绘制造型线

（5）拉伸造型线。按下键盘上的【P】键，配合【Ctrl】键，将绘制的造型线的两个面分别向上拉伸 300 mm 的距离，如图 9.179 所示。选择造型线的各个面，右击造型线，选择【制作组件】命令，将造型线制作成组件。

（6）复制造型线。选择制作的造型线组件，配合【Ctrl】键，使用【移动／复制】工具，将其向右进行偏移复制，间距为 900 mm，如图 9.180 所示。

图 9.179 拉伸造型线　　　图 9.180 复制造型线

（7）赋予材质。按下键盘上的【B】键，选择玻璃材质赋予玻璃面，如图 9.181 所示。

图 9.181 赋予材质

（8）绘制分割线。按下键盘上的【L】键，沿着绘制的造型线，绘制如图 9.182 所示的分割线。

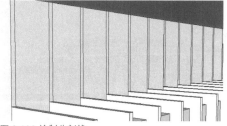

图 9.182 绘制分割线

（9）赋予材质并拉伸。按下键盘上的【B】键，选择金属材质赋予分割线，选择玻璃材质赋予墙面。按下键盘上的【P】键，配合【Ctrl】键，将分割线向外拉伸 30 mm 的距离，如图 9.183 所示。

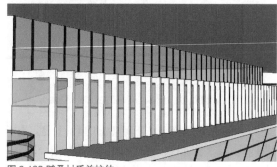

图 9.183 赋予材质并拉伸

（10）绘制窗户 C7。按下键盘上的【R】键，在墙面上绘制一个 1300 mm×3000 mm 的矩形，作为窗户的大体轮廓线，如图 9.184 所示。

（11）制作窗户。按下键盘上的【F】键，将矩形向内偏移复制 100 mm 的距离。按下键盘上的【L】键，在偏移的矩形内绘制如图 9.185 所示的分割线，宽度为 100 mm。按下键盘上的【B】键，选择金属材质赋予窗框，选择玻璃材质赋予玻璃。将窗户的面全部选择，右击窗户，选择【制作组件】命令，把窗户制作成组件。

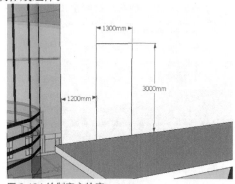

图 9.184 绘制窗户轮廓

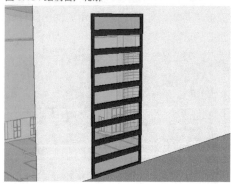

图 9.185 制作窗户

（12）复制组件。选择制作的组件，配合【Ctrl】键，使用【移动／复制】工具，将其向右偏移复制9个，间距为 2700 mm，如图 9.186 所示。

（13）绘制分割线。按下键盘上的【L】键，在墙面上绘制如图所示的宽为 100 mm 的分割线，间距为 300 mm，并将分割线向外拉伸 30 mm 的距离，左侧面向外拉伸 300 mm 的距离，如图 9.187 所示。

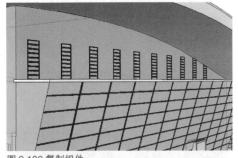

图 9.186 复制组件

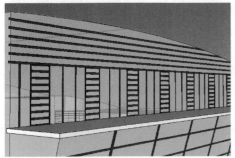

图 9.187 绘制分割线

（14）绘制墙壁装饰。按下键盘上的【R】键，在墙面上绘制 30 个 400 mm × 400 mm 的矩形，如图 9.188 所示。按下键盘上的【B】键，选择涂料材质赋予墙壁，选择柱子材质赋予矩形。按下键盘上的【P】键，将绘制的矩形分别向内推进 400 mm 的距离。

（15）绘制幕墙分割线。按下键盘上的【L】键，在墙面上绘制如图 9.189 所示的分割线，并赋予材质。北面和东面的墙壁绘制方法与此相同，如图 9.190 所示。

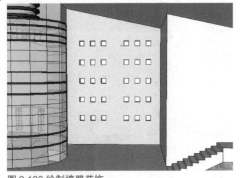

图 9.188 绘制墙壁装饰

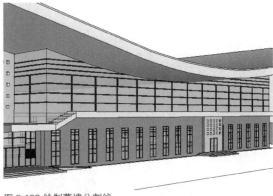

图 9.189 绘制幕墙分割线

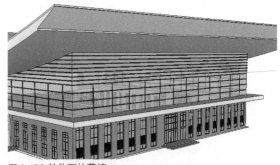

图 9.190 其他面的幕墙

9.4.3 绘制屋顶

本例中的屋顶为曲面，造型优美，结构为空间网架结构，尤为重要的是要表现出其钢结构造型的特点。具体绘制方法如下。

（1）绘制支架。按下键盘上的【L】键，在弧形幕墙的顶部绘制三条直线，如图 9.191 所示。

（2）单线生筒。选择绘制的三条线，在菜单栏中，选择【plugins】→【单线生筒】命令，在弹出的菜单中输入：直径"100 mm"、段数"6"，得到如图 9.192 所示的支架模型。

图 9.191 绘制支架　　　图 9.192 单线生筒

（3）复制支架。选择制作的支架的各个面，选择柱子材质赋予支架，右击支架，选择【制作组件】命令，将支架制作成组件。选择制作的组件，配合【Ctrl】键，使用【移动／复制】工具，将其移动复制到其他几个弧形幕墙的顶部，如图 9.193 所示。

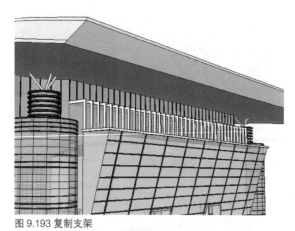

图 9.193 复制支架

（4）绘制屋顶钢架结构。按下键盘上的【L】键，在屋顶的四个侧面绘制如图 9.194 所示的三角造型。

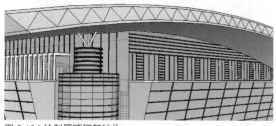

图 9.194 绘制屋顶钢架结构

（5）屋顶材质。按下键盘上的【B】键，在弹出的【材质】面板中，单击【创建材质】按钮，弹出【创建材质】对话框，给其命名，再设定材质的颜色为 R = 244，G = 255，B = 157，如图 9.195 所示。

（6）制作屋顶的空间网架结构。选择绘制的直线，在菜单栏中，选择【plugins】→【单线生筒】命令，在弹出的菜单中输入：直径"100 mm"、段数"6"，得到如图 9.196 所示的支架模型。按下键盘上的【B】键，选择屋顶材质赋予屋面，删除多余的面。

图 9.195 屋顶材质

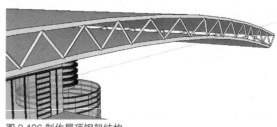

图 9.196 制作屋顶钢架结构

9.4.4 绘制扶手

建筑外阶梯和二层室外走廊处都设置有扶手。材质主要运用的是金属和玻璃，造型简洁、大方，绘制方法也很简单，具体操作如下。

（1）绘制扶手侧面。按下键盘上的【L】键，在主入口的阶梯上绘制如图 9.197 所示的扶手侧面轮廓。将绘制的扶手全部选择，右击扶手，选择【制作组件】命令，将其制作成组件。

（2）绘制定位线。双击扶手组件，进入组件的编辑模式，按下键盘上的【T】键，在扶手侧面上绘制如图 9.198 所示的辅助线，作为扶手造型的定位线。其中斜面上的辅助线间距由下到上分别是 100 mm、50 mm、50mm，沿红轴绘制的辅助线的间距为 1000 mm，宽为 50 mm。

图 9.197 绘制扶手侧面

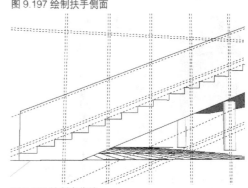

图 9.198 绘制定位线

（3）绘制扶手造型线。按下键盘上的【L】键，根据绘制的定位线，绘制如图 9.199 所示的扶手造型线。

（4）赋予材质。按下键盘上的【B】键，选择金属材质赋予扶手的各个面，如图 9.200 所示。

图 9.199 绘制扶手造型

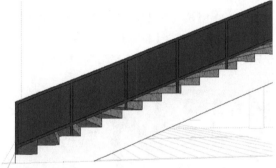

图 9.200 赋予材质

（5）制作扶手。按下键盘上的【P】键，配合【Ctrl】键，将绘制的扶手向外拉伸 100 mm 的距离，将玻璃面向内推进 30 mm 的距离。按下键盘上的【B】键，选择玻璃材质赋予玻璃。

（6）复制扶手组件。选择制作的扶手组件，配合【Ctrl】键，使用【移动 / 复制】工具，将其移动复制一个到阶梯的右侧，如图 9.201 所示。

图 9.201 制作扶手

（7）使用同样的方法，绘制东西侧阶梯的扶手，如图 9.202 所示。两侧的扶手相同，可以只绘制一侧，将其制作成组件，然后复制到另一侧。

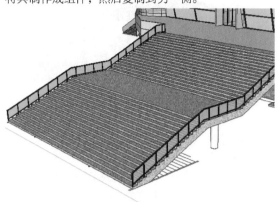

图 9.202 复制扶手组件

（8）绘制二层走廊扶手。选择走廊的外沿轮廓线，配合【Ctrl】键，使用【移动 / 复制】工具，将其向内偏移复制 100 mm 的距离。按下键盘上的【P】键，将形成的宽 100 mm 的扶手顶面向上拉伸 950 mm 的距离，如图 9.203 所示。

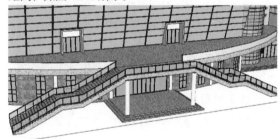

图 9.203 绘制扶手

（9）绘制扶手装饰线。选择扶手顶面的边线，配合【Ctrl】键，使用【移动 / 复制】工具，将其沿蓝轴向下偏移复制，在扶手面上形成两个宽 100 mm 的装饰线条。按下键盘上的【B】键，选择金属材质赋予装饰线及扶手顶面，选择玻璃材质赋予其他面，如图 9.204 所示。

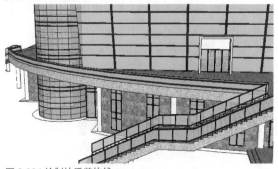

图 9.204 绘制扶手装饰线

（10）模型完成图。这样模型大体就建立完毕了，如图 9.205 所示。

图 9.205 模型完成图

9.5 配景

主体建筑完成后，接着就需要增加一定量的"配景"。建筑并不是孤立存在的，必须"生长"在一个环境之中，建筑与环境相互依托，二者缺一不可。本例中为体育馆添加人物、树木、道路、汽车、天空、背景等配景。

9.5.1 制作 2D 人物组件

在 SketchUp 中，有两种人物组件：一种是 3D 的，一种是 2D 的。3D 人物组件虽然真实，但是面很多，增加了系统显示的负担。2D 组件就是一个二维的贴图，只要贴图选得好，效果同样逼真，而且一样可以在阳光系统下投射阴影。

（1）使用 Photoshop 打开配套下载资源中提供的"人物 1.psd"与"人物 2.psd"文件，如图 9.206 所示。

图 9.206 人物素材

（2）按下键盘的【M】键，使用【矩形选框】工具选择需要的人物图形，如图 9.207 所示。

图 9.207 选择人物

（3）使用组合键【Ctrl】+【J】键，将新选择的图形生成一个新的图层，并命名为"人 1"，如图 9.208 所示。

图 9.208 新建图层

（4）删除多余的图层。将"Layer1"图层拖拽到【图层】面板右下角的【删除】按钮上，将其删除，如图 9.209 所示。

（5）单击【文件】→【存储为】命令，在弹出的【存储为】对话框中，选择【格式】为"PNG（＊.PNG）"格式，如图 9.210 所示。PNG 格式的图像支持透明贴图。

图 9.209 删除多余图层

图 9.210 保存为 PNG 格式

（6）打开 AutoCAD，单击【插入】→【光栅图像参照】命令，选择上一步保存的"人物 1.png"文件，如图 9.211 所示。单击【打开】按钮后，图像将插入到 AutoCAD 中。

图 9.211 光栅图像参照

（7）在 AutoCAD 中键入 "spline"（样条曲线）命令，沿着人物的外轮廓勾一道边，如图 9.212 所示。这个勾边在 SketchUp 中会生成面，阳光系统对这个面的投影接近于真实的人的阴影。

（8）单击【文件】→【另存为】命令，在弹出的【图形另存为】对话框中选择一个非中文的路径将文件保存，如图 9.213 所示。

图 9.212 勾边　图 9.213 保存

（9）打开 SketchUp，单击【文件】→【导入】命令，在弹出的【打开】对话框中选择上一步保存的 DWG 文件，并单击【选项】按钮。在弹出的【AutoCAD DWG/DXF 导入选项】面板中选择 "毫米" 为单位，如图 9.214 所示。

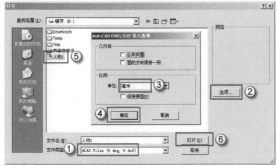

图 9.214 导入文件

（10）按下键盘的【L】键，用【直线】工具对导入图形任意补线，使其生成面，如图 9.215 所示。

（11）按下键盘的【B】键，创建一个 "人物 1" 的材质，并使用前面制作的 "人物 1.png" 图像作为贴图，如图 9.216 所示。将这个材质赋予上一步生成的面。

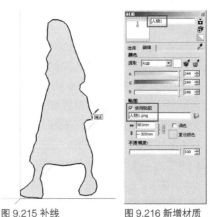

图 9.215 补线　　　　图 9.216 新增材质

（12）右击赋予材质的面，选择【贴图】→【位置】命令，调整贴图坐标如图 9.217 所示。

图 9.217 调整贴图坐标

（13）右击调整好贴图坐标的面，选择【创建组件】命令，设置【名称】为 "人物 1"，并勾选【总是面向相机】与【阴影朝向太阳】两项，如图 9.218 所示。

（14）单击【窗口】→【阴影】命令，在弹出的【阴影设置】面板中勾选【显示阴影】与【地面】两项，如图 9.219 所示。可以观察到，2D 的人物贴图在地面上投射出真实的阴影。

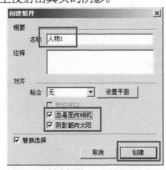

图 9.218 创建组件

图 9.219 阴影

9.5.2 生成最后效果图

SketchUp 系统虽然没有灯光，但其自带的日光与阴影可以模拟与建筑物地理位置相近的真实的日照环境。将图像输出，在 Photoshop 中略做处理，一张漂亮的效果图就生成了。在建筑效果图制作中，建模占有很大的份额，只要建筑造型美观，在渲染过程中就不必花太多功夫了。具体操作如下。

（1）相应在场景中加入各项环境因素，如汽车、路灯、树木、花坛、人物、隔离带等，如图 9.220 所示。

图 9.220 加入配景

（2）单击【工具】→【剖面】命令，并调整剖切符号的位置，生成建筑的剖面图，如图 9.221 所示。

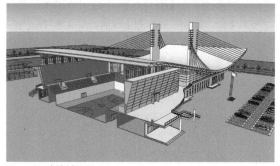

图 9.221 建筑剖面图

（3）单击【前视图】按钮，单击【相机】→【平行投影显示】命令，生成建筑物正立面图，如图 9.222 所示。

图 9.222 正立面图

（4）单击【顶视图】按钮，生成建筑物总平面图，如图 9.223 所示。

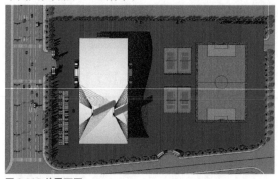

图 9.223 总平面图

（5）单击【相机】→【透视显示】命令，将视图转成透视图显示，调整相机视角，输出图形文件，并在 Photoshop 中加入天空与背景，完成后如图 9.224 所示。

图 9.224 完成效果图

注意：在配套下载资源中提供了最终效果图的 PSD 格式的文件，其中的图层完全保留，供读者朋友操作练习。

第 10 章　居住区规划设计

在规划设计中，要对整个区域进行布局，注重空间的组合、形式及层次的设计，以及对局部功能的分析等，这就要求我们的规划设计师在进行设计时必须对整个规划区域有一个宏观的调控及把握。前面已经介绍了 SketchUp 是一款比起其他 3D 软件建模操作简单、速度，能更直观地反映出模型的空间、局部的体块、各空间中关系的三维软件，所以在城市规划设计领域 SketchUp 同样受到了规划师们的青睐。主要在前期的规划方案思考及推敲时，广泛应用 SketchUp 来进行辅助设计，达到更直观的效果，更方便地去跟客户进行交流。

10.1 居住区规划的重点

居住区是城市的基本构成单元。居住区建设水平的高低直接影响着居民居住环境的优劣，而居住区规划又是居住区建设的先导，是影响居住区建设水平的重要环节，因此，居住区环境的优劣，首先取决于规划方案的好坏。规划方案的不完善，可能导致社区功能不完善，居住组团布局不合理，服务性设施缺乏，居住环境安全性差，居住区模式千篇一律、缺乏特色，等等，因此，居住区的规划设计要注重以下几个方面的问题。

10.1.1 居住区规划设计要求

在规划设计时应充分考虑地形、地貌和地物的特点，创造出建筑与自然环境和谐一致、相互依存，富有当地特色的居住环境来，设计要点有以下 5 个方面。

（1）舒适。有完善的住宅、公共服务设施、道路及绿地。服务设施项目齐全、设备先进，并且有宜人的居住环境。

（2）便利。居住区的用地布置要合理，公共建筑与住宅有方便的联系。各项公共服务设施的规模和布点恰当，便于居民使用。居住区的道路系统合理，步行与车行互不干扰，有足够的停车场地。

（3）卫生。在居住区内有完善的给水、雨水与污水排水、天然气与集中供暖系统，居住区内空气新鲜洁净，无有害气体与烟尘污染，日照充足，通风良好，公共绿地面积大。

（4）安全。对火灾、地震、交通安全有周密的考虑，有城市生命线的接入点。

（5）美观。居住区应具有赏心悦目、富有特色

的景观，建筑空间富有变化，建筑物与绿地交织，色调和谐统一。

10.1.2 居住区的功能分区

居住区的空间按其功能要求一般划分为公共空间、半公共空间、半私用空间和私用空间四级，各级空间相互渗透，但有一定的独立性。

（1）公共空间即居住区的公共干道和集中的绿地或游园，供居民共同使用。在公共空间的规划上应与文化建筑、草坪、树木、雕塑小品或城市公园、河流水系等结合在一起考虑，营造出一种舒适、幽雅的空间氛围。

（2）半公共空间，是指其公共性具有一定限度的空间，作为居住组团内的半公共空间是供居民共同使用的，它是居民增加相互接触、交流的地方，是邻里交往、游乐、休息的主要场所，也是防灾避难疏散的有效空间，以及通过较完整的绿地和开阔的视野作为居民接近自然的场所。在这部分的空间规划上应注重根据各居住组团的不同组合方式来考虑，并保证其交通畅通、功能齐全。

（3）半私用空间是住宅楼幢之间的院落空间，是居民就近休息、活动和健身的场地，在设计上应注重其设施的多样化和完备性，把它规划成居住区中最具有吸引力的居民活动空间。

（4）私用空间即住宅底层庭院、楼层阳台与室外露台。底层庭院的设置使居民可以自由种植，增加组团内的景观，又使居民有安全感。楼层上的阳台可以眺望、休息、种植花卉，营造垂直绿化的景色。

10.1.3 居住区规划设计技术指标

在进行居住区规划设计时，应综合考虑各项设计技术指标，指导规划设计工作。

（1）建筑面积。建筑面积指各层面积的总和，主要包括使用面积、辅助使用面积和结构面积三项。在住宅设计中主要使用面积是建筑物各层平面中的起居室、餐厅、卧室等面积的总和。

（2）建筑密度。建筑密度指在一定用地范围内所有建筑物的基底面积与基地总面积之比，一般用百分比表示。此指标可反映出一定用地范围的空地率和建筑物的密集程度。

（3）人口密度。人口密度指每公顷用地内的居

住人数。

（4）容积率。容积率指一片城市开发用地内建筑面积与用地面积之比。此指标反映城市土地的利用程度，容积率越高，土地开发强度越大。

（5）居住面积密度。居住区密度指居住区内全部住宅可供居住的总面积与用地总面积之比。此指标反映每公顷居住面积的数量。

（6）住宅套数密度。住宅套数密度指居住区内所有住宅套数与总用地面积之比。此指标反映在单位用地面积上的住宅密度与居住环境质量。

注意：读者应该深刻地去了解和理解居住区规划的重要性及规划的重点，才能完整地反映出整个规划的意义，在完成整个规划图中才能得心应手，有效地把握居住区规划的重点。

10.2 调整并导入 CAD 底图

由于 SketchUp 可以与 AutoCAD 结合使用，可以快速地导入和导出 DWG 格式文件。所以在建立模型时，读者只需将在 AutoCAD 中已画好的规划地形图导入到 SketchUp 中即可。但必须先在 AutoCAD 中将图形进行优化，再导入 SketchUp 中。

10.2.1 分析方案

（1）打开配套下载资源中本章"居住区规划"文件夹中的"居住区总图 .dwg"文件。如图 10.1 所示。

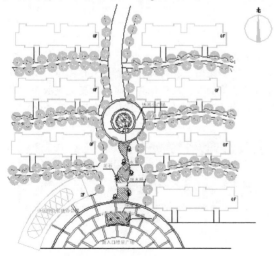

某小区局部规划总平面

图 10.1 规划总平面图

（2）通过观察平面布置图得知，这是某住宅居住区的规划总平面图，上北下南，总图上分列的 7 幢6 层住宅楼及南入口处 2 层的物业管理办公楼，与绿化、道路、广场、水景、喷泉等配套设施组成了这一居住区，上一节所讲的居住区规划的要点在本案例中得到了充分的体现。此规划着重反映南入口景观与居住区和谐自然的一种人文气息，由于图纸上的组成部分较多，这就需要一一对它们进行创建，然后再按照各自的位置摆放上去，最终构成一张完整的居住区规划模型图。在本规划案例中，建筑占规划的主体部分，那么首先要对建筑的模型进行创建，其次是各种绿化以及建筑小品。

注意：在拿到一张规划图之后，应该对整个规划图进行很好的分析。由于规划图中包含的内容很多，地形很大，那么在创建的同时就应该注意分批次去建立模型，分清步骤，一步步地去进行操作。

10.2.2 精简 AutoCAD 图纸

AutoCAD 中的图层与 SketchUp 的图层是一一对应的，所以在导入 SketchUp 之前必须对 DWG 文件中的图层进行设置。另外，设计师在进行 CAD 作图时，应该对图层进行相应的管理，这样会方便以后对图形的管理、修改。绝对不允许使用一个图层进行绘图。

（1）总平面图纸的精简。在 AutoCAD 中输入"Layer"（图层）命令，在弹出的【图层特性管理器】面板中单击【新建】按钮，新建一个"导入"图层。最后单击【当前】按钮，将"导入"图层置为当前图层。如图 10.2 所示。

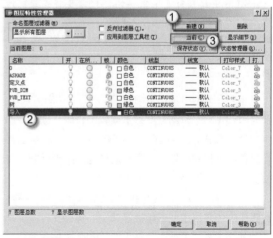

图 10.2 图层设置

（2）图层设置完成后，可以看到图层工具条中"导入"图层已经是当前图层了，如图 10.3 所示。如果当前图层不是新建的图层，则需要重新调整。

图 10.3 当前图层

（3）设置完图层之后，只需把图上需要的内容移入新建的"导入"图层中即可，如建筑物的位置轮廓线、广场轮廓线及水景边线、道路边线、绿化边线等，其他的内容可以删掉不用。精简完成之后的规划地形如图 10.4 所示。

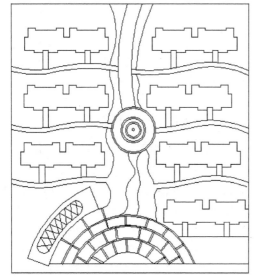

图 10.4 精简后的地形图

注意：在导入到 SketchUp 之前，如图纸中的尺寸、标注、文字、树木、绿化、填充图案等等，在 SketchUp 中建模时是不需要的，只需要将建筑、地形及各个构件的轮廓线导入即可。所以设计师在根据 AutoCAD 图纸建模之前必须精简 DWG 文件。简单的线型图形导入到 SketchUp 中后可以直接生成面。

（4）在 AutoCAD 中输入"Layer"（图层）命令，在弹出的【图层特性管理器】面板中将除"导入"图层外所有的图层关闭显示，如图 10.5 所示。那么操作屏幕中就只留地形的线条，这样选择图形就非常方便。

（5）在 AutoCAD 中输入"Wblock"（写块）命令，在弹出的【写块】面板中选择导出 DWG 文件的文件名与路径，设置单位为"毫米"，然后选择需要导出的图形，如图 10.6 所示。

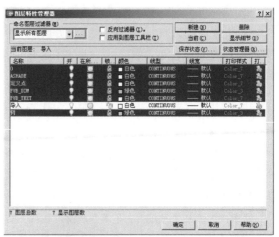

图 10.5 关闭多余图层

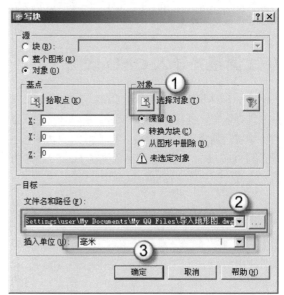

图 10.6 写入块

注意：SketchUp 不支持导入的 DWG 文件出现中文路径，如桌面、我的文档、新建文件夹等。所以设计师必须将 DWG 文件保存到名称由英文或数字组成的路径中，否则就会出现图 10.7 所示的无法导入的错误。

图 10.7 无法导入

（6）打开配套下载资源中本章"居住区规划"文件夹中的"居住区户型 .dwg"文件。如图 10.8（住宅平面图）、图 10.9（住宅立面图）所示。

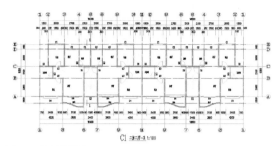

图 10.8 住宅平面图

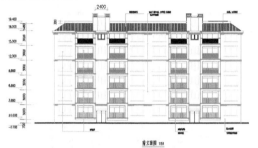

图 10.9 住宅立面图

（7）按照前面所讲到的精简图形的方法及步骤对住宅建筑进行精简，在这里只需将建筑的尺寸、轴线、标注、文字以及填充全部删掉即可，精简完成后将其保存到名称由英文或数字组成的路径中。其精简完成后的效果如图 10.10（平面）、图 10.11（立面）所示。

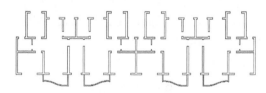

图 10.10 精简后的住宅平面

图 10.11 精简后的住宅立面

注意：在精简 AutoCAD 图形时，设计师可以根据自己的需要对图纸进行必要的精简，如对于简单的建筑物，则只需对平面图进行精简、导入即可。在本例中，由于建筑构件比较复杂，所以需利用平面及立面，二者同时导入到 SketchUp 中进行配合建模。

10.2.3 导入 AutoCAD 图形

当在 AutoCAD 中对图形精简之后，要把精简

之后的图形导入到 SketchUp 中进行建模。必须先对 SketchUp 进行单位设置，然后再将其导入。具体操作步骤如下。

（1）单位设置。启动 SketchUp 程序，单击【窗口】→【场景信息】命令，在弹出的对话框中选择【单位】设置，并将单位格式设置成如图 10.12 所示形式。

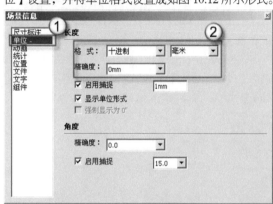

图 10.12 场景设置

（2）导入 AutoCAD 图形。单击【文件】→【导入】命令，在弹出的对话框中选择"导入住宅平面 .dwg"文件，并单击【选项】按钮做如图 10.13 所示的导入操作。

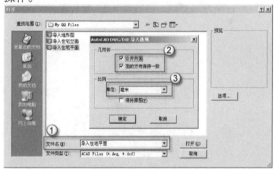

图 10.13 导入设置

（3）导入完成后，使用组合键【Ctrl】+【Shift】+【E】键，将屏幕中的所有图形最大化显示，如图 10.14 所示。

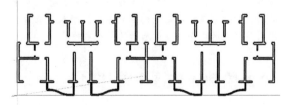

图 10.14 最大化显示

（4）继续用同样的导入方法将"导入住宅立面 .dwg"文件导入到场景中，将屏幕中的所有图形最大化显示，如图 10.15 所示。

图 10.15 导入住宅立面图

（5）单击【选择】工具将导入进来的住宅立面选中，使用【旋转】工具将住宅立面图沿 *x* 轴（即红轴）旋转 90°，如图 10.16 所示。

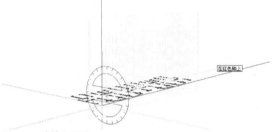

图 10.16 旋转立面图

（6）单击【移动 / 复制】工具移动住宅立面图与平面图，调整好位置，以坐标原点为中心，让其边线对齐在坐标原点处，其效果如图 10.17 所示。

图 10.17 调整位置

注意：在进行 AutoCAD 图形的导入时，一定要先设置好 SketchUp 中的单位尺寸，保证两者场景尺寸单位一致，这样导入进来的图形才不会出现尺寸的差异。在建立比较复杂的建筑模型，需同时导入多个面时，应注意不同面之间的位置关系，导入进来后应进行位置上的调整，方便后续的对照操作。

10.3 绘制居住区中的住宅

前面已经讲到，由于在一个规划设计中往往包含的内容很多，为了能更有效、更快速地绘制出规划图形，在进行规划图的绘制时，先要对规划中的各个构件、组成部分进行分批次的创建，然后再将其合并到

整个规划地形场景中。在本案例中，住宅建筑是整个居住区规划的主要组成部分，因此先要将住宅建筑创建出来，其次为建筑小品、绿化、道路、水景等等，然后再将这些创建的内容放入到地形中去，构成整个居住区的规划模型。

10.3.1 墙体的建立

在 SketchUp 中绘制图形时，先要将图形中的线进行封闭成面，才能对其进行三维推拉的操作。我们要对住宅墙体进行创建，就必须先对图形中的墙体进行封闭，具体操作如下。

（1）单击【工具】→【直线】命令，用【直线】工具在住宅平面图中画线，这时图形会闭合生成新的"面"，如图 10.18 所示。

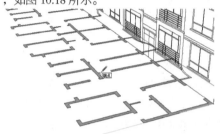

图 10.18 封闭成面

（2）单击【工具】→【推拉】命令，将封闭成型的面向上拉出 450 mm 的高度，制作出一层勒脚的高度。效果如图 10.19 所示。

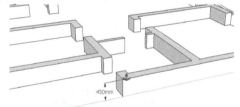

450mm

图 10.19 拉出高度

（3）单击【选择】工具将所有被拉出的物体选中，单击右键选择【创建群组】命令，将所有物体创建成群组。如图 10.20 所示。

图 10.20 创建群组

（4）单击【移动／复制】工具，并配合键盘上的【Ctrl】键，将群组对象沿 z 轴方向移动复制，复制高度为 450 mm，其效果如图 10.21 所示。

图 10.21 复制移动

（5）单击【选择】工具，双击新复制的物体进入群组编辑，然后单击【工具】→【推拉】命令，沿 z 轴拉出 2850 mm 的高度，制作出一层的墙体高度。效果如图 10.22 所示。

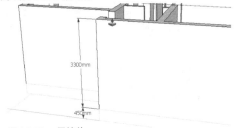

图 10.22 一层墙体

（6）单击【工具】→【材质】命令，在弹出的【材质】面板中单击【打开或创建库】，选择 SketchUp 的材质文件夹，创建材质库。如图 10.23 所示。

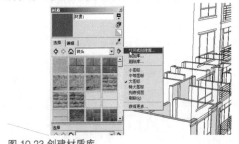

图 10.23 创建材质库

（7）在【材质】面板中找到麻石材质，将其名称改为 "yicengqiangti"（一层墙体），并将材质赋予相应的对象。如图 10.24 所示。

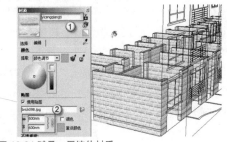

图 10.24 赋予一层墙体材质

注意：SketchUp 对中文名称的材质支持不好，所以最好使用英文或拼音来代替，避免出现不必要的麻烦。

10.3.2 门窗的建立

创建完墙体之后，随即将进行门窗的创建，创建门窗时，可以利用之前所导入的住宅立面图进行创建，不必在原来的 CAD 图上量取尺寸，只需根据立面图所给出的高度直接创建就可以了，具体操作步骤如下。

（1）窗洞的制作。单击【工具】→【测量／辅助线】命令，从勒脚线处向上拉出 900 mm 高度的测量辅助线，作为窗台的高度，如图 10.25 所示。

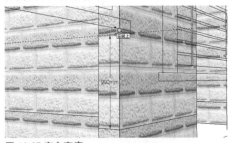

图 10.25 窗台高度

（2）双击群组的墙体进入编辑状态。单击【工具】→【直线】命令，在刚才所作的辅助线处画补线，并用【推拉】命令将窗台以下墙体封闭，效果如图 10.26 所示。

图 10.26 推出封闭

（3）单击【工具】→【测量／辅助线】命令，从窗台处向上拉出 1800 mm 高度的测量辅助线，作为窗洞的高度，并用【直线】命令在辅助线处画直线。如图 10.27 所示。

图 10.27 窗洞高度

（4）单击【工具】→【推拉】命令，将窗洞顶部的墙体封闭，这样窗洞就制作完成了，其效果如图10.28所示。

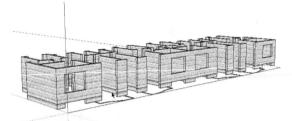

图 10.28 制作窗洞

（5）继续用上述方法依次对住宅建筑所有需要开窗的墙体进行开窗洞的创建，包括背立面。其效果如图10.29所示。

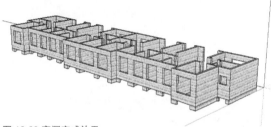

图 10.29 窗洞完成效果

（6）进户门洞的制作。单击【工具】→【测量/辅助线】命令，从勒脚线处向上拉出2100 mm高度的测量辅助线，使用【直线】命令画直线，作为门洞的高度，如图10.30所示。

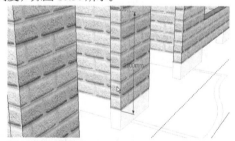

图 10.30 门洞尺寸

（7）单击【工具】→【推拉】命令，将门洞顶部的墙体封闭，这样门洞就制作完成了，其效果如图10.31所示。

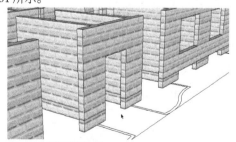

图 10.31 制作进户门洞

（8）客厅门洞的制作。单击【工具】→【测量/辅助线】命令，从勒脚线处向上拉出550 mm高度的测量辅助线，如图10.32所示。

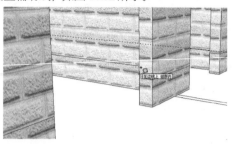

图 10.32 作辅助测量线

（9）使用【直线】命令画直线，作为门洞的底平线。单击【工具】→【推拉】命令，将门洞底部的墙体封闭，其效果如图10.33所示。

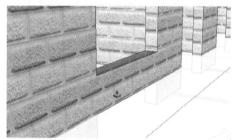

图 10.33 封闭门洞底部墙体

（10）再次使用【工具】→【测量/辅助线】命令，从门洞的底部向上拉出2400 mm高度的测量辅助线，作为门洞的顶部。使用【直线】命令画直线，然后单击【工具】→【推拉】命令，将门洞顶部的墙体封闭，其效果如图10.34所示。

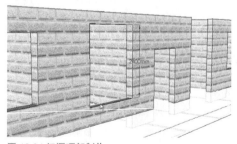

图 10.34 门洞顶部制作

（11）继续用上述方法依次对住宅建筑所有需要开门的墙体进行开门洞的创建，其最终效果如图10.35所示。

（12）双击建筑底部勒脚部分，进入群组编辑。然后单击【工具】→【推拉】命令，将建筑底部勒脚部分的墙体封闭，有门洞的位置不要封闭。其效果如图10.36所示。

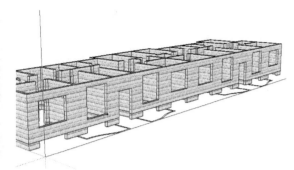

图 10.35 开门洞效果

图 10.36 封闭后的效果

注意：在进行开门窗洞的时候，一定要注意跟立面图对应起来，门窗洞的大小尺寸要根据立面图的尺寸准确地定位，避免出错修改。

（13）绘制窗户。单击【工具】→【矩形】命令，选择一个窗洞，沿窗洞外边缘画一矩形面，并使用【推拉】命令将其向外拉出 50 mm 的距离。其效果如图 10.37 所示。

图 10.37 拉出距离

（14）单击【工具】→【偏移复制】命令，在拉出的矩形面上向内偏移出 100 mm 的距离，作为窗户的窗框。如图 10.38 所示。

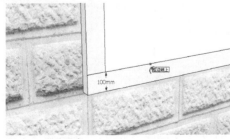

图 10.38 偏移距离

（15）单击【工具】→【测量/辅助线】命令，在拉出的矩形面上拉出如图 10.39 所示的距离，作为窗户窗框的分格线。

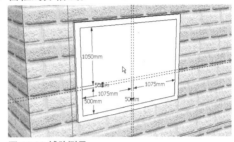

图 10.39 辅助测量

（16）使用【直线】命令沿辅助线画出窗户的分割线，然后单击【工具】→【推拉】命令，将分割出来的面向内推进 100 mm 的距离，如图 10.40 所示。

图 10.40 推进距离

（17）制作窗户组件。右击绘制完成的窗户，选择【制作组件】命令，如图 10.41 所示。

（18）在弹出的对话框中，将组件名称改为"窗户"，这样便于以后的操作及修改，查找起来也十分的方便。如图 10.42 所示。

图 10.41 制作组件

图 10.42 组件的设置

147

（19）单击【工具】→【材质】命令，在弹出的【材质】面板中选择【玻璃】材质，将其名称改为"boli"（玻璃），并将材质赋予相应的对象。如图 10.43 所示。

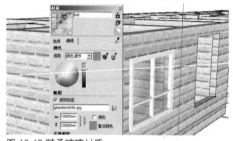

图 10.43 赋予玻璃材质

（20）选中窗户组件，单击【移动 / 复制】工具，并配合键盘上的【Ctrl】键，将窗户依次复制到其他的窗洞中，并依次对其进行修改调整，效果如图 10.44 所示。

图 10.44 移动复制后的窗户效果

（21）绘制进户门。单击【工具】→【矩形】命令，选择一个门洞，沿门洞外边缘画一矩形面，并使用【推拉】命令将其向外拉出 50 mm 的距离。其效果如图 10.45 所示。

（22）单击【工具】→【偏移复制】命令，在拉出的矩形面上向内偏移出 100 mm 的距离，作为门的门框。如图 10.46 所示。

图 10.45 拉出距离　　　图 10.46 偏移复制

（23）然后单击【工具】→【推拉】命令，将新生成的面向内推进 100 mm 的距离，制作出门。并将门的底部多余的部分删除。如图 10.47 所示。

（24）单击【工具】→【材质】命令，在弹出的【材质】面板中选择门材质，将其名称改为"men"（门），并将材质赋予相应的对象。用前面所讲到的方法将其制作成组件。如图 10.48 所示。

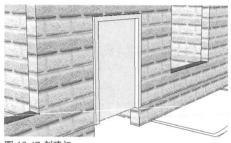

图 10.47 创建门

图 10.48 赋予门材质

（25）绘制推拉门。单击【工具】→【矩形】命令，选择一个门洞，沿门洞外边缘画一个矩形面，并使用【推拉】命令将其向外拉出 50 mm 的距离。其效果如图 10.49 所示。

（26）单击【工具】→【偏移复制】命令，在拉出的矩形面上向内偏移出 100 mm 的距离，作为门的门框。如图 10.50 所示。

图 10.49 推拉距离　　　图 10.50 偏移复制

（27）单击【工具】→【测量 / 辅助线】命令，在拉出的矩形面上依照立面图拉出如图 10.51 所示的距离，作为门框的分割线。

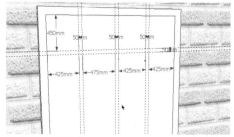

图 10.51 测量距离

（28）使用【直线】命令沿辅助线画出窗户的分割线，然后单击【工具】→【推拉】命令，将分割出来的面向内推进 100 mm 的距离，如图 10.52 所示。

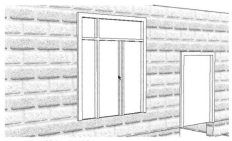

图 10.52 推拉出距离

（29）单击【工具】→【材质】命令，在弹出的【材质】面板中选择玻璃材质，将其名称改为 "boli"（玻璃），并将材质赋予相应的对象。用前面所讲到的方法将其制作成组件。如图 10.53 所示。

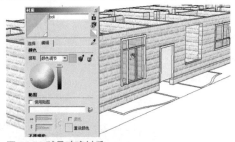

图 10.53 赋予玻璃材质

（30）单击【工具】→【移动／复制】命令，并配合键盘上的【Ctrl】键，分别将创建完成的两组门复制到相应的位置中，其最终效果如图 10.54 所示。

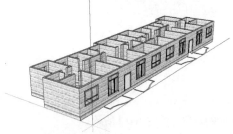

图 10.54 完成后的门窗效果

注意：门窗应根据门窗洞的大小尺寸来建立，并应符合立面图的造型规格，在进行移动复制时一定要注意个别的修改检查。

10.3.3 室外台阶的建立

建筑底层有一个室外高差，这个高差主要是为了防止室外散水流入室内而设置的，所以通常在建筑进户门的入口处设置室外台阶，方便人们进入到室内空间。

（1）单击【工具】→【矩形】命令，在进户门入口处创建 2400 mm×300 mm 的矩形，作为室外台阶。其效果如图 10.55 所示。

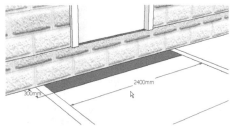

图 10.55 创建矩形面

（2）然后单击【工具】→【推拉】命令，将新生成的面向上推进 150 mm 的距离，制作出踏步的高度。如图 10.56 所示。

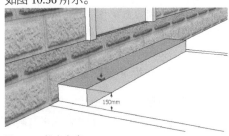

图 10.56 拉出高度

（3）继续使用【工具】→【推拉】命令，并配合键盘上的【Ctrl】键，将踏步的侧边向外拉出两个 300 mm 的距离，制作出台阶的宽度。如图 10.57 所示。

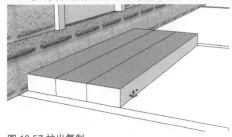

图 10.57 拉出复制

（4）利用【推拉】命令，将中间的踏步向上拉出 150 mm 的距离；将最里面的踏步向上拉出 300 mm 的距离，制作出台阶的宽度。并删除多余的线，将其制作成组件。如图 10.58 所示。

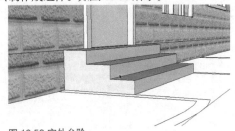

图 10.58 室外台阶

（5）单击【工具】→【材质】命令，在弹出的【材质】面板中选择混凝土材质，将其名称改为 "taijie"（台阶），将材质赋予相应的对象，并将其复制到相应的位置。如图 10.59 所示。

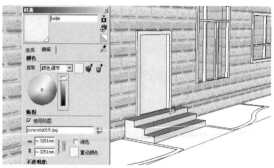

图 10.59 赋予台阶材质

注意：到这一步，一层已基本创建完毕。由于二至六层为标准层，所以只需将一层的墙体及门窗依次向上复制，稍做修改即可得到主体建筑外形。

10.3.4 住宅楼标准层的建立

通过观察立面图，住宅楼的主体为标准层，只需将已创建完成的一层墙体及门窗依次向上复制即可得到，但同时也需要局部做下修改，具体操作如下。

（1）使用【选择】工具依次将创建完成的一层墙体及门窗选中，单击【工具】→【移动/复制】命令，并配合键盘上的【Ctrl】键，向上移动复制出二层立面。其效果如图 10.60 所示。

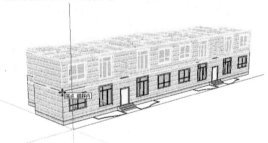

图 10.60 复制二层墙体

（2）单击【工具】→【测量/辅助线】命令，在一层进户门的上方洞口处，以洞中点为基点，向两边各拉出 1200 mm 的距离，作为二层窗洞的宽度。如图 10.61 所示。

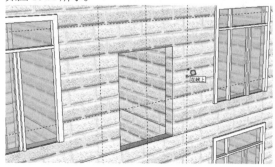

图 10.61 辅助测量

（3）单击【工具】→【推拉】命令，将原洞口边缘向四周推出至辅助线的位置，制作出窗洞的大小。如图 10.62 所示。

图 10.62 修改窗洞

（4）单击【工具】→【移动/复制】命令，并配合键盘上的【Ctrl】键，选择一扇窗户，将其移动复制到窗洞位置，利用【缩放】工具调整其大小位置。效果如图 10.63 所示。

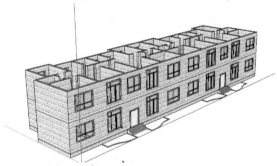

图 10.63 修改窗户

（5）单击【工具】→【材质】命令，在弹出的【材质】面板中选择墙面材质，将其名称改为"biaozhuncengqiangti"（标准层墙体），并将材质赋予相应的对象。如图 10.64 所示。

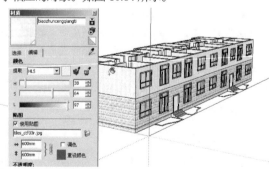

图 10.64 赋予墙体材质

（6）使用【选择】工具依次将创建完成的二层墙体及门窗选中，单击【工具】→【移动/复制】命令，并配合键盘上的【Ctrl】键，向上移动复制出四个标准层立面。其效果如图 10.65 所示。

图 10.65 复制标准层

注意：在复制标准层时，要注意各楼层之间上下是否对齐，检查各层之间的构件是否有重复或者漏掉的。在复制时，可以使用快捷的复制方法，例如在本例中，选择任意楼层，先向上偏移复制 3300 mm，然后在键盘中输入"×4"，系统会自动以 3300 mm 的距离向上复制 4 层。所以读者在对模型进行较复杂或者重复的操作时应采用最直接简便的方法。

10.3.5 室外阳台的建立

阳台属于建筑当中较为常见的室外悬挑构件，阳台的形式也是各式各样，是最能反映建筑特征的构件之一。在本例中，阳台结构可分为三部分来创建，即阳台底板、栏杆及扶手，具体操作步骤如下。

（1）阳台底板的创建。使用【直线】工具在建筑底部将阳台轮廓线进行封闭成面的操作，此时将会新生成一个面，如图 10.66 所示。

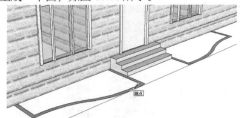

图 10.66 封闭成面

（2）使用【选择】工具将新生成的面选中，单击【工具】→【移动/复制】命令，将新生成的面向上移动 1000 mm，制作出阳台底面离地面的高度，其效果如图 10.67 所示。

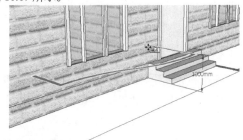

图 10.67 距地面高度

（3）再次使用【工具】→【移动/复制】命令，并配合键盘上的【Ctrl】键，将新生成的面向上移动复制 1200 mm，制作出阳台的高度，其效果如图 10.68 所示。

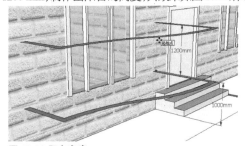

图 10.68 阳台高度

（4）使用【直线】工具在底部补线，使其成为一个完整的面，并将多余的线条删除，制作出阳台的底面，其效果如图 10.69 所示。

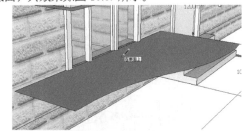

图 10.69 生成完整的面

（5）单击【工具】→【推拉】命令，将新生成的这个完整的面向上推出 200 mm 的厚度，制作出阳台的底面高度。如图 10.70 所示。

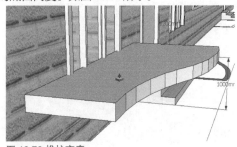

图 10.70 推拉高度

（6）单击【工具】→【偏移复制】命令，在拉出的矩形面上向内偏移出 120 mm 的距离，作为阳台挡板的厚度。如图 10.71 所示。

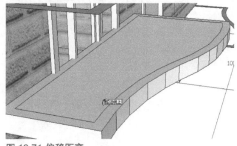

图 10.71 偏移距离

（7）单击【工具】→【推拉】命令，将新生成的面向下推出 100 mm 的厚度，制作出阳台底部挡板的高度。并将多余的边删除，制作成组件。如图 10.72 所示。

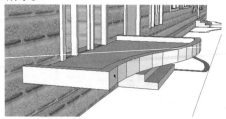

图 10.72 制作底板

（8）阳台扶手的创建。单击【工具】→【矩形】命令，在阳台地面两角各创建一个 300 mm×250 mm 的柱子，利用【工具】→【推拉】命令将其拉伸至建筑顶层，如图 10.73 所示。

图 10.73 阳台柱子

（9）单击【工具】→【推拉】命令，将阳台上面复制的面向下推出 100 mm 的厚度，制作出阳台扶手的高度。如图 10.74 所示。

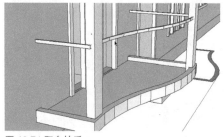

图 10.74 阳台扶手

（10）阳台栏杆的创建。单击【工具】→【矩形】命令，创建一个 25 mm×25 mm 的矩形面，并利用【推拉】工具将其拉伸至与扶手底部对齐，如图 10.75 所示。

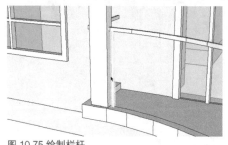

图 10.75 绘制栏杆

（11）单击【工具】→【移动 / 复制】命令，并配合键盘上的【Ctrl】键将其进行移动复制，形成竖向栏杆。其效果如图 10.76 所示。

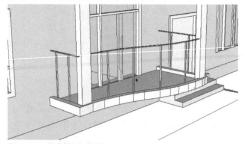

图 10.76 绘制竖向栏杆

（12）选中阳台扶手，利用【推拉】工具将其高度改为 25 mm，单击【工具】→【移动 / 复制】命令，并配合键盘上的【Ctrl】键将其向下进行移动复制，形成横向栏杆。其效果如图 10.77 所示。

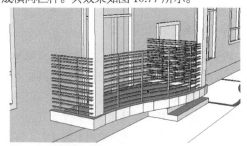

图 10.77 绘制横向栏杆

（13）选中阳台各部件，单击【工具】→【移动 / 复制】命令，并配合键盘上的【Ctrl】键将其根据各楼层的位置向上进行移动复制，如图 10.78 所示。

图 10.78 复制后的阳台效果

注意：在绘制阳台时，应分清层次，根据立面图所给出的阳台构造形式、所采用的材料等进行精确的绘制。

10.3.6 坡屋顶的建立

坡屋顶是在住宅建筑中较为常见的一种屋顶形式。本例中以四坡屋顶为例，介绍在 SketchUp 中如何进行坡屋顶的绘制。其步骤如下。

（1）创建屋顶线条。使用【直线】工具在建筑顶部沿建筑的外轮廓线画线，此时将生成一个新的面，如图 10.79 所示。

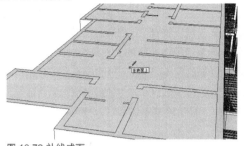

图 10.79 补线成面

（2）单击【工具】→【偏移复制】命令，在拉出的面上向外偏移出 500 mm 的距离，作为屋顶的檐口。并将里面的面删除。如图 10.80 所示。

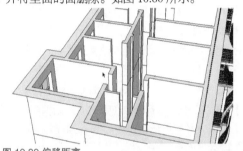

图 10.80 偏移距离

（3）单击【工具】→【推拉】命令，将屋顶新的面向上推出 350 mm 的厚度，制作出檐口的高度。如图 10.81 所示。

图 10.81 推出距离

（4）绘制坡屋顶。单击【工具】→【矩形】命令，在屋顶的上方画出一个新的面，然后利用【推拉】工具向内推出 120 mm 的厚度。如图 10.82 所示。

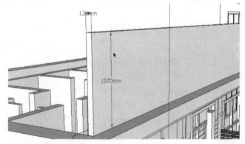

图 10.82 推出高度

（5）单击【工具】→【移动 / 复制】命令，选择矩形顶部的线，沿 45° 角移动至与立面坡屋面对齐，其效果如图 10.83 所示。

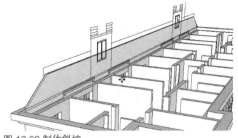

图 10.83 制作斜坡

（6）单击【工具】→【推拉】命令，将其推拉至建筑的边缘，并将楼梯间利用【推拉】命令制作出来，效果如图 10.84 所示。

图 10.84 完成后的屋顶

（7）单击【工具】→【材质】命令，在弹出的【材质】面板中选择屋面材质，将其名称改为"wuding"（屋顶），并将材质赋予相应的对象。如图 10.85 所示。

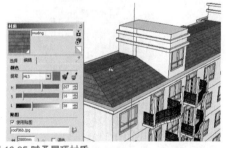

图 10.85 赋予屋顶材质

注意：在建立坡屋面时，只需将坡屋面的截面先创建出来，然后直接从侧边拉伸就可以完成。在 SketchUp 中坡屋面的建立是非常方便的。

10.3.7 雨篷、窗台的建立

雨篷与窗台属于建筑中的小构件，构造非常简单，但在建筑模型中也是不能够忽视的构件，对立面起到一定的美化效果。因此，在绘制雨篷及窗台时，应根据立面图上具体位置进行设置。具体操作如下。

（1）单击【工具】→【测量 / 辅助线】命令，在一层窗户的下方按图上的方法各拉出一定的距离，并使用【直线】工具进行封闭成面的操作。如图 10.86 所示。

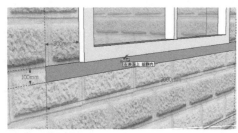

图 10.86 封闭成面

（2）单击【工具】→【推拉】命令，将新生成的面向外拉出 300 mm 的距离，作为窗台的宽度，并将其制作成组件。效果如图 10.87 所示。

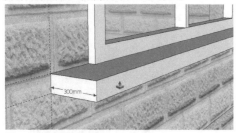

图 10.87 拉出宽度

（3）选择这个窗台，单击【工具】→【移动/复制】命令，将窗台移动复制到所有窗户的底部和顶部，作为雨篷和窗台。其效果如图 10.88 所示。

图 10.88 移动复制后的效果

注意：窗台、雨篷在建筑中虽属于小构件，但在整个建筑立面效果中却起着非常重要的作用，能形成良好的光影效果，为建筑增添色彩。因此在建模过程当中，不容忽视，应细致对待，按照立面图所给定的位置进行设置。

（4）对模型的细部及色彩进行修改，并打开阴影显示，达到最终出图效果。如图 10.89 所示。

图 10.89 住宅楼最终成果图

10.4 绘制居住区规划地形图

在居住区规划设计中，地形非常关键，因为地形是母体，建筑物都"吸附在上面"，孤立的建筑是不能成为"居住区"的。在本例中，首先将对居住区中规划的绿地及道路进行创建，其次加入小品景观，然后对规划区中的主体住宅建筑及公共建筑进行创建，最后将整个模型导入到 Photoshop 中进行后期处理。

10.4.1 导入精简后的 CAD 地形图

在 SketchUp 中进行地形图绘制之前，需要将 CAD 地形图导入到 SketchUp 场景中，然后再根据 CAD 底图进行创建。因此，需要先对 SketchUp 场景进行单位设置，使其和导入进来的 CAD 图形单位保持一致。具体操作步骤如下。

（1）单位设置。启动 SketchUp 程序，单击【窗口】→【场景信息】命令，在弹出的对话框中选择【单位】设置，并将单位设置成如图 10.90 所示格式。

图 10.90 场景设置

（2）导入 AutoCAD 图形。单击【文件】→【导入】命令，在弹出的对话框中选择"导入地形图.dwg"文件，并单击【选项】按钮做如图 10.91 所示的导入操作。

图 10.91 导入设置

（3）导入完成后，使用组合键【Ctrl】+【Shift】+【E】键，将屏幕中的所有图形最大化显示，如图10.92 所示。

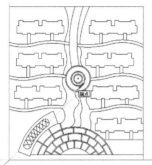

图 10.92 最大化显示

注意：在导入图形的时候，要注意单位一定要正确。图形导入之后，要仔细检查是否有没封闭的线条，在 SketchUp 中，导入的图形线条一定要封闭，不能有断线出现。

10.4.2 公共绿化的创建

居住区绿化面积占整个规划面积的很大比重，在绘制过程中，通过【推拉】工具将绘制的平面底图向着蓝轴（z 轴）正方向拉出或推进就行了，这种操作方法前面介绍了很多次，是 SketchUp 从二维到三维的最主要的建模工具。具体操作如下。

（1）单击【工具】→【缩放】命令，将视图放大到公共绿化区域，然后单击【工具】→【直线】命令，用【直线】工具在图形中画线，这时图形会闭合生成新的"面"，如图 10.93 所示。

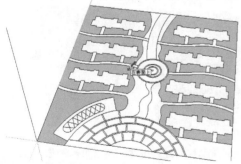

图 10.93 封闭成面

（2）单击【工具】→【推拉】命令，将封闭成型的面向上拉出 150 mm，制作出路缘石的高度。效果如图 10.94 所示。

（3）单击【工具】→【偏移复制】命令，将封闭成型的面向内偏移 200 mm 的厚度，制作出路缘石的宽度。效果如图 10.95 所示。

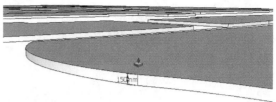

图 10.94 拉出高度

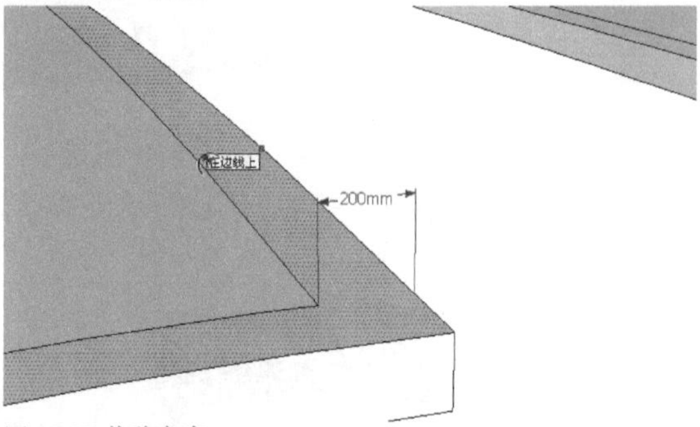

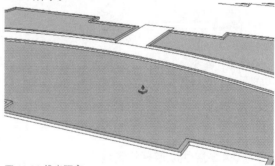

图 10.95 偏移宽度

（4）单击【工具】→【推拉】命令，将中间的面向内推进 100 mm 的距离，制作出草坪。效果如图 10.96 所示。

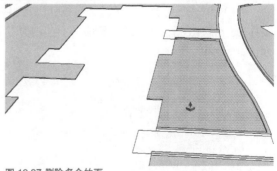

图 10.96 推出距离

（5）继续使用【工具】→【推拉】命令，将建筑物周围的路缘石删除，只留下外围一圈路缘石。效果如图 10.97 所示。

图 10.97 删除多余的面

（6）单击【工具】→【材质】命令，在弹出的【材质】面板中选择草坪材质，将其名称改为"caoping"（草坪），并将材质赋予相应的对象。如图 10.98 所示。

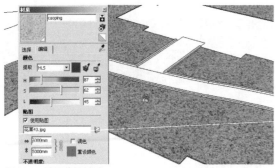

图 10.98 赋予草坪材质

（7）那么整个公共绿化部分就被制作出来了，单击【工具】→【缩放】命令，最大化显示图形观察，效果如图 10.99 所示。

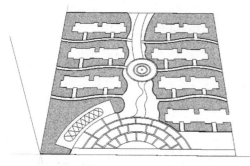

图 10.99 公共绿化效果

注意：在 SketchUp 中，必须用【直线】工具在图中补线，使线条形成一个封闭完整的面，才能进行下面的操作，应仔细检查每根线是否被封闭。这是在作图时必须进行的一项操作。

10.4.3 居住区道路的创建

在本次居住区规划中，道路主要是联系各个住宅楼出入口与中心休闲区的一个纽带，在绘制时应考虑到它与各个部分之间的联系作用。

（1）单击【工具】→【直线】命令，用【直线】工具在道路的底图上画线，这时图形会闭合生成新的面，如图 10.100 所示。

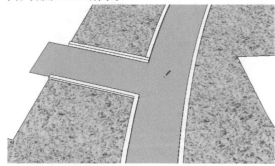

图 10.100 补线成面

（2）右击新生成的面，选择【将面翻转】命令将面翻转，使其正面朝上。如图 10.101 所示。

图 10.101 将面翻转

（3）单击【工具】→【材质】命令，在弹出的【材质】面板中选择路面材质，将其名称改为"daolu"（道路），并将材质赋予相应的对象。如图 10.102 所示。

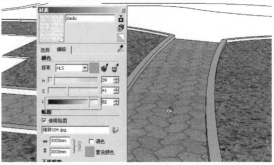

图 10.102 赋予道路材质

（4）赋予材质之后，整个道路部分创建完成，单击【工具】→【缩放】命令，最大化显示图形观察，效果如图 10.103 所示。

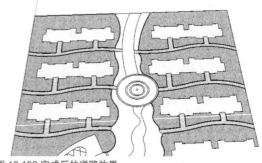

图 10.103 完成后的道路效果

注意：居住区的进户道路一般采用水泥花砖路面，不同于城市规划道路及主干道，所以在赋予材质时要有所区分，道路与绿化部分应用路缘石分离开来。

10.4.4 硬质铺地的创建

在整个规划中，除了有绿化草坪之外，还应有硬质铺地。居住区硬质铺地包括广场铺装和道路两边其他各处的硬质铺砌，在这里将详细介绍如何绘制硬质铺地与广场铺装。

（1）硬质铺地的绘制。单击【工具】→【直线】命令，在底图上有硬质铺地的位置上画线，这时图形会闭合生成新的面，如图 10.104 所示。

图 10.104 封闭成面

（2）右击新生成的面，选择【将面翻转】命令，使其正面朝上。如图 10.105 所示。

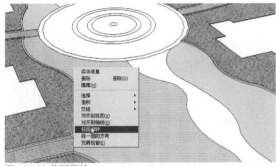

图 10.105 将面翻转

（3）单击【工具】→【材质】命令，在弹出的【材质】面板中选择地砖材质，将其名称改为"huazhuan"（花砖），并将材质赋予相应的对象。如图 10.106 所示。

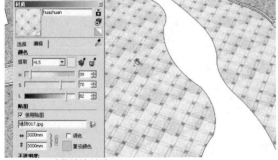

图 10.106 赋予铺地材质

（4）广场铺地的绘制。单击【工具】→【直线】命令，在底图上有南面广场的位置上画线，这时图形会闭合生成新的面，如图 10.107 所示。

（5）先将正面翻转过来，然后单击【工具】→【材质】命令，在弹出的【材质】面板中选择地砖材质，

将其名称改为"guangchangzhuan"（广场砖），并将材质赋予相应的对象。如图 10.108 所示。

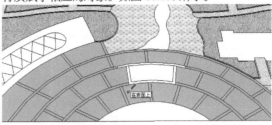

图 10.107 封闭成面

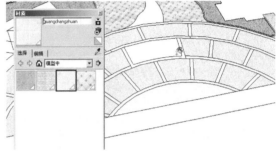

图 10.108 赋予广场砖材质

（6）再次单击【工具】→【材质】命令，在弹出的【材质】面板中选择地砖材质，将其名称改为"fengexian"（分格线），并将材质赋予相应的对象。如图 10.109 所示。

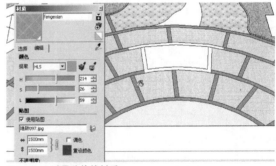

图 10.109 赋予分格线材质

（7）按照上述方法，将居住区中心区的小广场创建出来，并赋予相同的材质，注意材质的大小调节和比例关系，其整体效果如图 10.110 所示。

图 10.110 广场铺地效果

注意：在绘制广场铺地时，要注意控制广场砖的比例、大小，并绘制出广场砖的切割分界线，要有层次感，砖的颜色要与周围的环境协调。

10.4.5 水景的创建

水景在居住区规划当中的运用是非常巧妙的，能使整个画面充满灵气，因此，在制作水景的过程当中，应把握好水景在空间中的表现手法。

（1）单击【工具】→【直线】命令，在底图上有水景的位置上画线，这时图形会闭合生成新的面，并将正面翻转过来。如图 10.111 所示。

图 10.111 补线成面

（2）单击【工具】→【推拉】命令，将新生成的面向下推出 500 mm 的距离，制作出水的深度。效果如图 10.112 所示。

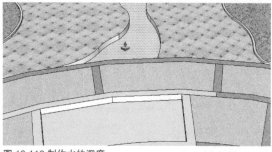

图 10.112 制作水的深度

（3）单击【工具】→【移动 / 复制】命令，并配合键盘上的【Ctrl】键将推下去的面向上复制 200 mm 的高度，制作出水面。如图 10.113 所示。

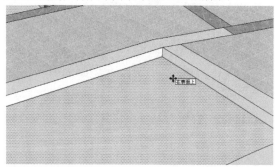

图 10.113 复制出水面

（4）单击【工具】→【材质】命令，在弹出的【材质】面板中选择水面材质，将其名称改为"shuijing"（水景），并将材质赋予相应的对象。如图 10.114 所示。

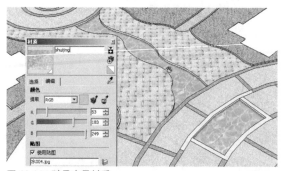

图 10.114 赋予水景材质

注意：在制作水景时，由于水带有透明效果，所以在绘制时应制作出水的深度，并带一点实际的水纹效果，反映出水的流动，这样看上去才会真实、贴切。

10.4.6 建筑小品的创建

建筑小品在整个规划中占有很重要的地位，跟人们的生活有着紧密的联系，与周围的环境又有着相互衬托的作用，因此，建筑小品的表现也是尤为重要的一部分。

（1）浮雕墙的创建。单击【工具】→【直线】命令，在底图上南入口广场处画线，这时图形会闭合生成新的面，并将正面翻转过来。如图 10.115 所示。

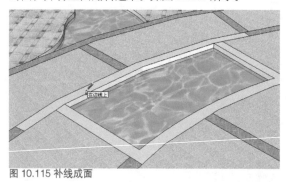

图 10.115 补线成面

（2）单击【工具】→【推拉】命令，将新生成的面向上推出 2800 mm 的距离，制作出浮雕墙的高度，并将墙两边各往下推出 700 mm 的距离。效果如图 10.116 所示。

（3）单击【工具】→【材质】命令，在弹出的【材质】面板中选择文化石材质，将其名称改为"fudiaoqiang"（浮雕墙），并将材质赋予相应的对象。如图 10.117 所示。

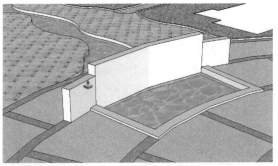

图 10.116 拉出高度

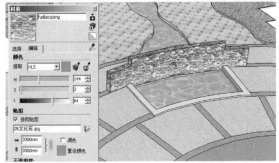

图 10.117 赋予浮雕墙材质

注意：在制作过程中，要注意建筑小品形体的大小，与周围环境的协调性和合理性，并根据实际的功能要求绘制，达到和谐、自然的一种生态效果。

10.4.7 组件的导入

SketchUp 支持组件的导入。组件需要在平常工作中进行收集，一是自己建的模型要及时归档保存，二是从网上或别处复制一些好的模型。

（1）导入张拉膜组件。单击【窗口】→【组件】命令，在弹出的对话框中单击"打开或创建库"按钮，在配套下载资源中找到"张拉膜.skp"文件，将其选中调到场景中，并调整其位置及大小。如图 10.118 所示。

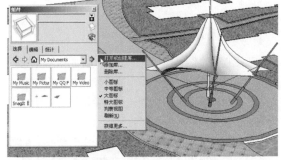

图 10.118 导入张拉膜组件

（2）导入木桥组件。按照上述方法将组件中的"木桥.skp"文件导入场景中来，放在河流之上，注意调整大小及位置关系。如图 10.119 所示。

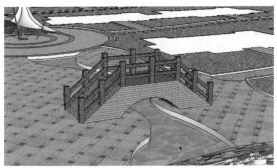

图 10.119 导入木桥组件

（3）导入公共建筑组件。按照上述方法将组件中的"公建.skp"文件导入场景中来，放在底图下方公共建筑的位置之上，注意调整大小及位置关系。如图 10.120 所示。

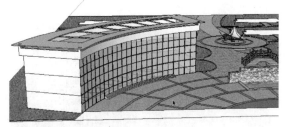

图 10.120 导入公共建筑组件

（4）导入住宅组件。将前面所建立的住宅楼按照上述方法导入场景中来，放在底图住宅楼的位置之上，注意调整大小及位置关系。如图 10.121 所示。

图 10.121 导入住宅楼组件

注意：到这一步为止，这个居住区的建模已基本完成。在做居住区规划时，一定要严格按照步骤来进行，掌握一定的先后次序，才能得心应手，在做每一步的操作时，应认真检查模型，及时修改。

10.5 图形的导出

在 SketchUp 中建立完模型之后，需将模型导入其他软件中进行渲染以及后期的处理操作。那么在输出前，就需要对模型进行一定的修改及设置，比如色彩的调整，比例、大小的调整，阴影、相机等相关的一些设置，才能够导入其他软件中进行更好的操作。

10.5.1 色彩的调整

由于在整个居住区规划的创建过程中，很多部分都是分开创建的，当把这些部分全部组合到一起时，色彩在搭配上并不是很好，为了配合整体效果，需对局部构件的色彩进行一些适当的调整，使整个图面的色彩达到统一。

（1）改变住宅楼的颜色。单击【工具】→【材质】命令，在弹出的【材质】面板中选择"biaozhuncengqiangti"材质，双击进入编辑模式，修改其颜色。如图 10.122 所示。

图 10.122 修改住宅楼颜色

（2）按照上述方法，在【材质】面板中选择"yicengqiangti"材质，双击进入编辑模式，修改其颜色。如图 10.123 所示。

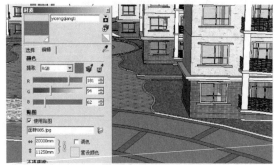

图 10.123 修改住宅一层墙体颜色

注意：调整色彩时，读者应根据自身的实际情况及色彩搭配来进行颜色上的调整或者局部的修改，并保证图面的整洁，不能太过零乱。

10.5.2 相机的设置

在对图形进行输出之前，必须对场景进行相机的设置。在 SketchUp 中相机的设置非常简单和方便。在本例中，重点要反映的是居住区南入口的立面效果，

因此在进行相机设置时，相机的位置只需比正常人的视线稍微高一点就可以了，具体操作如下。

（1）单击【工具】→【相机】命令，在场景中将会出现人形的图标，此时在键盘上输入 2500 mm 的距离，正如人的眼睛从上往下俯视观察。如图 10.124 所示。

图 10.124 确定相机高度

（2）当场景中出现犹如人的两只眼睛的图标时，可自由摆动视角，经过调整与对比，最终相机视图效果如图 10.125 所示。

图 10.125 相机视图

注意：在对相机进行调整时，要注意构图与美感、图形的重心点，选择最能突出及反映设计重点的部位进行表现，这样才能完整地表达出设计师的设计内涵与设计思路。

10.5.3 阴影设置

阴影在整个图形当中起到非常关键的作用，能给图形带来明暗变化，使场景中的物体具有更为真实的立体感，它就像画笔一样能让画面变得更为生动，在色调上也能起到很好的光影效果。

（1）单击【窗口】→【场景设置】命令，在弹出的对话框中选择【位置】进行国家及地区的设置，如图 10.126 所示。然后单击【窗口】→【阴影】命令，在弹出的【阴影设置】对话框中对太阳的时间及日期、光的明暗及光线的强度进行调整，如图 10.127 所示。

图 10.126 地区设置

图 10.127 阴影设置

（2）设置完阴影之后，图面立体感与真实感更为强烈，图面效果也更加丰富。经过相机与阴影的设置，模型已全部完成，最终效果如图 10.128 所示。

图 10.128 模型最终效果图

注意：在 SketchUp 中对于灯光的设置比较起其他的软件来讲非常简单。在调整过程中，只需对时间和地区，光线的强度及明暗进行调整就可以了，同时阴影效果也会降低机器的运行速度，所以在设置阴影时需要对整个场景的物体包括面进行控制。

10.5.4 导出图形

当模型建立完成之后，需要将模型导入到其他渲染软件或者后期制作软件中去进行后续处理，这就需要先将图形导出其他软件类的文件格式。SketchUp 与多种渲染、后期制作软件有着良好的接口。在本例中主要讲解如何将图形输出到 Photoshop 中进行后期处理。SketchUp 可以输出多种 Photoshop 默认的文件格式，例如，TIF 格式、JPG 格式、EPS 格式等。因此，SketchUp 在文件的输出方面也是非常的方便。

（1）单击【文件】→【导出】→【图像】命令，在弹出的对话框中设置文件需要输出保存的路径以及所选择输出的文件格式，如图 10.129 所示。

（2）单击图 10.129 所示对话框中右下角【选项】按钮，还可以对输出图形的大小、像素，以及输出时压缩的质量等进行调节。如图 10.130 所示。

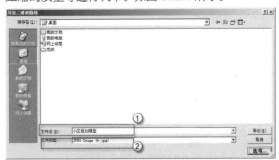

图 10.129 导出对话框

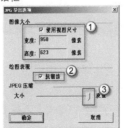

图 10.130 导出设置

（3）输出完成之后，启动 Photoshop 程序，打开上一步输出的文件。此时图形已顺利地导入到 Photoshop 中来。如图 10.131 所示。

图 10.131 输出到 Photoshop 中的图形

注意：图形输出时，一定要注意输出之前的相关设置及输出文件的格式。读者可根据自己的需要将图形输出保存为其他 Photoshop 默认的格式。

10.6 后期处理

上几节主要讲到了如何用 SketchUp 对图形进行

建模以及输出，但这还只是前期的工作，输出来的图像看上去并不是那么的完美真实，此时还需要将图形导入 Photoshop 中进行更细致的后期处理。Photoshop 是一款平面图像处理软件，具有强大的图像处理功能，利用 Photoshop 能将图形修饰得更加逼真，达到理想化的效果，特别是在工程方面应用较为广泛。在 Photoshop 中通过对图形色彩、明暗、对比度、一些艺术效果的处理等来实现对整个图形的亮化。下面就本案例中的居住区规划图后期处理具体操作步骤做详细讲解。

10.6.1 建立可编辑的对象图层

在 Photoshop 中，图层与场景中的图形有着紧密的联系，只有当设定了图层之后，才可能对场景中的图形进行有效的编辑与修改，同时图层也对管理场景中的图形内容有很大的帮助。下面具体讲解如何建立、编辑图层。

（1）抠出主体部分。由于导入进来的图像主体部分和背景在一个图层之上，因此要先将主体部分抠出来，然后再进行操作。单击【工具】面板→【魔棒】工具，选择图形中空白处。如图 10.132 所示。

（2）按下键盘上的【Delete】键将选择区域删除，这样主体部分将被抠出来，形成一个单独的图层，方便下一步的操作。如图 10.133 所示。

图 10.132 利用魔棒工具选择

图 10.133 抠出图形

注意：在 Photoshop 中，刚导入进来的图往往都在一个图层上面，不便于编辑，所以必须将主体部分与背景色分离出来，方便后续的操作。

10.6.2 添加配景

目前这张居住区规划图中只有建筑物和绿地。看起来很单调孤立，为了使其能更好地展现全景风貌，接下来要将这幅单一的图像变得生动、丰富，这就需要加入配景来亮化，具体操作如下。

（1）加入背景天空。打开配套下载资源中的"天空 .psd"文件，使用【移动】工具将其拖入场景中，并配合键盘上的【Ctrl】+【T】键调整树的大小和位置，然后把图层更名为"天空"，将"天空"图层置于"主体小区"图层之下，如图 10.134 所示。

图 10.134 加入背景天空

（2）加入花草。打开配套下载资源中的"花草 .psd"文件，按照上述方法将花草移动到图中各相应的位置，并注意位置关系，将"花草"图层置于"主体小区"图层之上，如图 10.135 所示。

图 10.135 加入花草

（3）加入树木。打开配套下载资源中的"风景树 .psd"文件，按照上述方法将树木移动到图中各相应的位置，并注意位置关系，将"风景树"图层置于"花草"图层之上，如图 10.136 所示。

图 10.136 加入树木

（4）加入喷泉。打开配套下载资源中的"喷泉.psd"文件，按照上述方法将喷泉移动到图中各相应的位置，并注意位置关系，将"喷泉"图层置于"风景树"图层之上，如图 10.137 所示。

图 10.137 加入喷泉

（5）加入人物。打开配套下载资源中的"人物.psd"文件，按照上述方法将人物移动到图中各相应的位置，并注意位置关系，将"人"图层置于"喷泉"图层之上，如图 10.138 所示。

图 10.138 加入人物

注意：在加入配景时，一定要注意各配景之间的关系以及配景与周围环境的比例尺度，摆放的位置是否与环境相协调。

10.6.3 制作阴影效果

由于导入进来的图形已配置了阴影，那么前面所加入的一些配景应该与整体效果保持一致，使图面效果看起来更为生动真实。

（1）制作树木阴影。将"风景树"图层复制一个，更名为"树影"，将其选中，填充黑色，然后配合键盘上的【Ctrl】+【T】键进行缩放变形，再将"树影"图层置于"花草"图层之下，如图 10.139 示。

（2）制作人的阴影。按照上述方法创建出人物的阴影，并将"人阴影"图层置于"人"图层之下，如图 10.140 所示。

（3）制作玻璃折射效果。打开配套下载资源中的"透明贴图.psd"文件，将图形移动到图中相应的

位置，并注意位置关系，将【透明贴图】图层【不透明度】改为"30%"，如图 10.141 所示。

图 10.139 树阴影效果

图 10.140 人物阴影效果

图 10.141 玻璃折射效果

注意：阴影在效果图中非常重要，既能反映真实的效果，又能利用阴影来反映出整个空间感。在有玻璃幕墙的位置，要注意加上玻璃的折射效果。

（4）加入远景。目前的效果图中两排主体建筑之间是天空和白云，这样显得整个图画很飘，需要加入一定的远景。打开配套下载资源中的"远景.psd"文件，将图形移动到图中相应的位置，并调整图层，如图 10.142 所示。

图 10.142 加入远景

10.6.4 调整色彩平衡

一张完美的效果图不仅仅需要环境的搭配，还需要色彩上的和谐美，色彩搭配协调的效果图往往给人一种视觉上的享受。所以色彩对于一张好的效果图而言起着决定性的作用。

（1）主体小区色彩的调整。在【图层】面板中选择"主体小区"图层，单击菜单栏【图像】→【调整】→【色彩平衡】命令，在弹出的对话框中按图10.143所示进行设置。

（2）单击菜单栏【图像】→【调整】→【色相/饱和度】命令，在弹出的对话框中按图10.144进行设置。

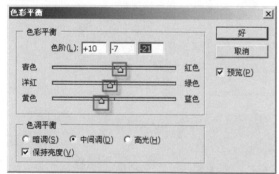

图 10.143 【色彩平衡】对话框

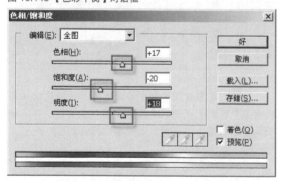

图 10.144 【色相/饱和度】对话框

（3）通过色彩的调整和局部的修改，整个居住区规划的后期处理已全部完成，其最终效果图如图10.145 所示。

图 10.145 居住区规划最终效果图

注意：在进行色彩调节的过程中，应反复对比，根据实际情况进行调整，使空间中各个物体的色彩能够协调一致，这样才能做出一张好的效果图。

第 11 章　景观设计

景观设计学目前在国内发展迅速，包含庭院景观设计、居住区景观设计、城市开放空间景观设计、城市绿地景观规划等等，是一门综合性较强的设计艺术。在本章中，主要以城市开放空间景观设计为代表，阐述景观设计的概念与要点。景观设计中一般以建筑为硬件，以绿化为软件，以水景为网络，以小品为节点，采用各种专业技术手段辅助实施设计方案。在辅助设计当中，SketchUp 以其独特的建模方式、简明快捷的表现手法被广大的设计师所青睐。

11.1 图形的分析及导入

在进行图形的绘制之前，需要对图纸进行一定的分析和理解，制定一套完整的作图步骤，这样才能避免在绘制时出现错误，提高工作效率。通常在 SketchUp 中需根据 AutoCAD 图纸进行绘制，因此需要将 AutoCAD 图纸进行整理之后导入到 SketchUp 中作为底图。

11.1.1 对地形图的分析

在这里，我们以"某商业步行街"这一城市开放空间的景观设计为案例，主要讲解在 SketchUp 中如何进行景观设计方案的设计与绘制。打开本章配套下载资源中的"商业步行街景观 .dwg"文件，如图 11.1 所示。

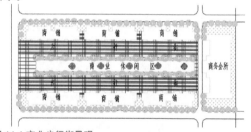

图 11.1 商业步行街景观

（1）空间布局。在本例中，主入口位于商业步行街的左边，商业街的尽头有一商务会所与之对应，两边为商铺建筑，步行街的中间设有商业休闲区、景观小品等。本次设计重点要反映的内容为商业街内部的景观设计，因此从表现的角度来讲，应将视线从无遮挡的商业街入口处向内部结构延伸展开，这样才能清楚地反映整个商业街内部景观结构。

（2）建筑形式。作为商业街，其建筑表现形式应突出商业气氛，与商业紧密的联系起来，因此在本次设计中重点突出两种不同形式的建筑，如图 11.2

所示的商住建筑，一层为商铺，上部为住宅，另在商业街的右端设置了如图 11.3 所示的商务会所，主体

图 11.2 商住建筑立面

图 11.3 商务会所立面

为二层。在绘制时应注意两种建筑风格上的统一。

（3）操作分析。在了解了本次景观设计思路及掌握了所要表现的内容之后，就要对作图的步骤进行分析。在本例中，要想表现整个商业街，那么先要对商业街的组成部分进行逐一绘制，这些称之为基础模型。在本例中的基础模型有商铺、会所、花钵、树池、铺装、绿化等等，必须先将这些部件建立起来，然后再建立地形，继而将我们所建立的景观要素依次放上去，就构成了整个商业景观的空间设计。有了这个作图思路，在 SketchUp 中进行设计与绘制将非常方便。

注意：在对图纸进行分析时，细节性的东西不容忽视，应具体了解地形的空间布局，建筑的表现形式及结构，了解地面铺装的材料，了解在日常生活中人们所需求的公共空间尺度，因地制宜地去进行综合布局。

11.1.2 精简 AutoCAD 图纸

在建模之前，AutoCAD 的图纸中有一些内容，如尺寸、标注、树木、绿化、填充图案等，而在 SketchUp 中建模时并不需要这些元素，只需要规划地形及建筑轮廓线就可以了。所以设计师在依据 AutoCAD 图纸建模之前必须精简 DWG 文件。简单的线性图形导入到 SketchUp 中后可以直接生成面。

（1）在 AutoCAD 中输入"Layer"（图层）命令，在弹出的【图层特性管理器】面板中单击【新建】按钮，新建一个"导入"图层。最后单击【当前】按钮，

将"导入"图层置为当前图层。如图 11.4 所示。

图 11.4 图层设置

注意：AutoCAD 中的图层与 SketchUp 的图层是一一对应的，所以在导入 SketchUp 之前必须对 DWG 文件中的图层进行设置。另外，设计师在进行 CAD 作图时，应该对图层进行相应的管理，这样会方便以后对图形的管理、修改。绝对不允许使用一个图层进行绘图。

（2）图层设置完成后，可以看到图层工具条中"导入"图层已经是当前图层了，如图 11.5 所示。如果当前图层不是新建的图层，则需要重新调整。

图 11.5 当前图层

注意：在进行图形精简时，我们只需把图上需要的内容移入新建的"导入"图层中即可，如树木、绿化、景观小品、地面铺装、填充图案等，并将建筑的轮廓线进行封闭。

（3）这样，地形轮廓线将被移置到一个图层中，其完成后的效果如图 11.6 所示。只需将其提取出来导入 SketchUp 中即可。

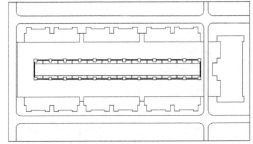

图 11.6 精简后的地形图

（4）用同样的法，将商铺的一层平面和商务会所的平面图进行精简之后，依次根据需要导入到 SketchUp 中，其完成后的效果如图 11.7、图 11.8 所示。

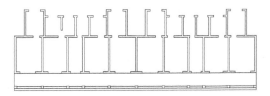

图 11.7 精简后的商铺底层平面

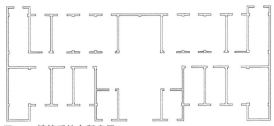

图 11.8 精简后的会所底层

注意：在 AutoCAD 中精简图纸时，一定要注意线条的封闭，否则在 SketchUp 中将很难封闭成面。还要注意检查图形是否完整，不能掉项。

11.1.3 CAD 图形的导入

SketchUp 可以直接导入 AutoCAD 的 DWG 文件，导入后立即对面进行封闭，就可以推拉出新的几何形体。具体操作如下。

（1）导入商务会所。在 AutoCAD 中输入"Layer"（图层）命令，在弹出的【图层特性管理器】面板中将除"导入"图层外所有图层关闭显示，如图 11.9 所示。那么操作屏幕中就只留下作为地形的线条，这样选择图形就非常方便。

（2）在 AutoCAD 中输入"Wblock"（写块）命令，在弹出的【写块】面板中选择导出 DWG 文件的文件名与路径，设置单位为"毫米"，然后选择需要导出的图形，如图 11.10 所示。

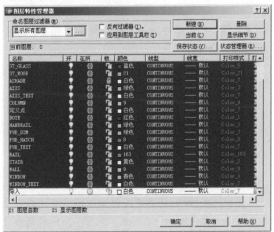

图 11.9 关闭多余图层

图 11.10 写入块

注意：SketchUp 不支持导入的 DWG 文件出现中文路径，如桌面、我的文档、新建文件夹等。所以设计师必须将 DWG 文件保存到名称由英文或数字组成的路径中，否则就会出现图 11.11 所示的无法导入的错误。

图 11.11 无法导入

（3）启动 SketchUp 软件。单击【文件】→【导入】命令，在弹出的【打开】对话框中进行如图 11.12 所示的导入操作。

图 11.12 导入设置

（4）导入完成后，使用组合键【Ctrl】+【Shift】+【E】键，将屏幕中的所有图形最大化显示，如图 11.13 所示。

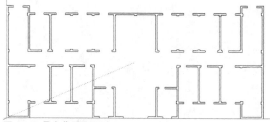

图 11.13 最大化显示图形

注意：在 DWG 文件导入到 SketchUp 中之后，就算是闭合的线条也不会出现面，只有人为地补线后才能生成面。补线就是一个重新界定面区域范围的操作。

11.2 商务会所的绘制

前面已经提到，景观设计中一般以建筑为硬件，因此，在进行景观设计时，先要将建筑部分绘制出来，以建筑为依托来进行设计，达到建筑与环境相融合的景观效果。本节中以商务会所为例，介绍公共性商业建筑的制作方法。

商务会所共分为两个部分，一个是建筑主体部分，另外一个是主体建筑上面的四坡屋顶。应先拉出墙体部分，从底部依次往上建立起会所模型。

11.2.1 绘制一层平面

直接在导入的一层平面图中进行封闭面的操作，然后使用【推拉】工具向上拉出一层来，就可以生成一层主体结构。具体操作如下。

（1）绘制墙体。按下键盘上的【L】键，用【直线】工具在图形中任意一条边中画线，这时图形会闭合生成面，如图 11.14 所示。

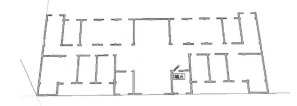

图 11.14 补线生成新的面

（2）单击【工具】→【推拉】命令，使用【推拉】工具将底面向上（z 轴正向）拉起 450 mm 的高度，如图 11.15 所示，制作出底层勒脚的高度。

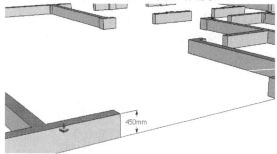

图 11.15 拉出勒脚高度

（3）单击【工具】→【选择】命令，右键点击选择所有的物体，选择【制作组件】命令，将所有物体制作成组件。如图 11.16 所示。

（4）单击【工具】→【移动 / 复制】命令，并配合键盘上的【Ctrl】键，将勒脚向上复制一层，右击复制的新层，选择【单独处理】命令。如图 11.17 所示。

图 11.16 制作组件

图 11.17 移动复制

注意：组件复制后是关联关系，即改变其中任意一个组件，其余都会随之变换。如果需要对一个组件进行操作，必须使用【单独处理】命令。

（5）双击墙体进入组件编辑模式，单击【工具】→【推拉】命令，使用【推拉】工具将墙体向上拉起 3300 mm 的高度，如图 11.18 所示。制作出一层墙体的高度。

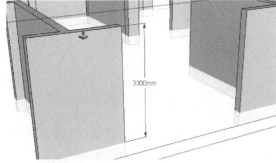

图 11.18 拉出高度

（6）选择勒脚部分，双击进入组件编辑模式，单击【工具】→【推拉】命令，使用【推拉】工具将外墙面勒脚进行封闭操作，并将多余的线删除。如图 11.19 所示。

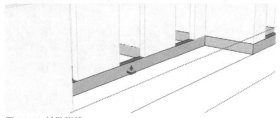

图 11.19 封勒脚线

（7）开门窗洞。选择一层墙体，双击进入组件编辑模式，单击【工具】→【测量 / 辅助线】命令，从一层墙体底部依次拉出 900 mm、2100 mm 的距离。如图 11.20 所示。

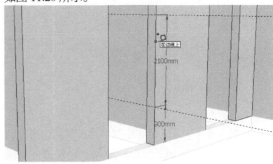

图 11.20 测量距离

（8）利用【直线】工具在两处辅助线位置画线，然后使用【工具】→【推拉】命令，将窗洞的上方及下方封闭，这样就制作出了窗洞的大小。如图 11.21 所示。

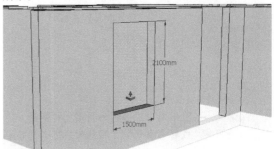

图 11.21 窗洞的制作

（9）用同样的方法将外墙上其他有门窗的位置都制作出来，注意窗洞的大小及位置关系。如图 11.22 所示。

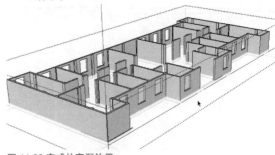

图 11.22 完成的窗洞效果

注意：在进行开门窗洞的时候，可以结合建筑立面图来进行绘制，一定要注意跟立面图对应起来，门窗洞的大小尺寸要根据立面图的尺寸准确地定位，避免出错修改。

（10）单击【工具】→【材质】命令，在弹出的【材质】面板中单击【打开或创建库】，选择配套下载资源中本章的材质文件夹，创建材质库。如图11.23所示。

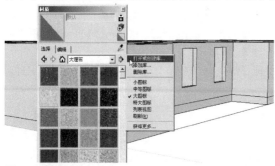

图 11.23 创建材质库

（11）在【材质】面板中找到面砖材质，将其名称改为"yicengqiangti"（一层墙体），并将材质赋予相应的对象。如图11.24所示。

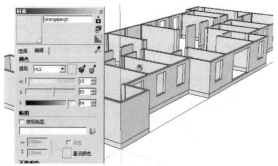

图 11.24 赋予墙体材质

注意：SketchUp 对中文名称的材质支持不好，所以最好使用英文或拼音来代替，避免出现不必要的麻烦。

（12）窗户的制作。单击【工具】→【矩形】命令，在有窗洞的位置按照窗洞的大小画出矩形面，如图11.25所示。

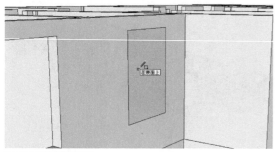

图 11.25 绘制矩形面

（13）单击【工具】→【偏移复制】命令，将矩形面的边向内偏移 50 mm 的距离，制作出窗框。如图11.26所示。

（14）单击【工具】→【测量/辅助线】命令，在新生成的面上作如图11.27所示的辅助线，制作出窗框的分割线。

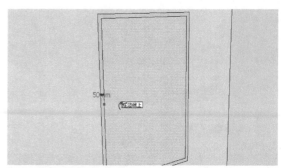

图 11.26 偏移距离

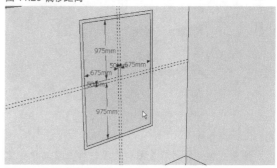

图 11.27 制作窗框分割线

（15）使用【直线】工具在辅助线上画线，单击【工具】→【推拉】命令，将所作的窗框分割线向外拉出 50 mm 的距离，如图11.28所示。

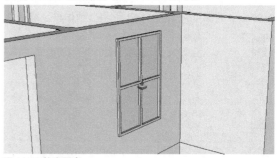

图 11.28 拉出距离

（16）右击窗户，选择【制作组件】命令，将窗户制作成组件。如图11.29所示。

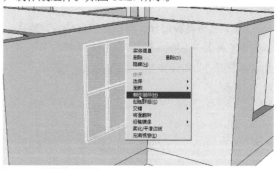

图 11.29 制作窗户组件

（17）单击【工具】→【材质】命令，在【材质】面板中找到窗户材质，将其名称改为"chuangkuang"

（窗框），并将材质赋予相应的对象。如图 11.30
所示。

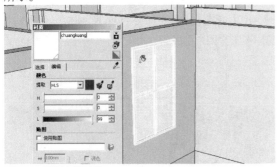

图 11.30 赋予窗框材质

（18）双击窗户进入组件编辑模式，然后单击【工具】→【材质】命令，在【材质】面板中找到玻璃材质，将其名称改为"boli"（玻璃），并将材质赋予相应的对象。如图 11.31 所示。

图 11.31 赋予玻璃材质

（19）选中窗户组件，单击【移动/复制】工具，并配合键盘上的【Ctrl】键，将窗户依次复制到其他的窗洞中，并依次对其进行修改调整，效果如图 11.32 所示。

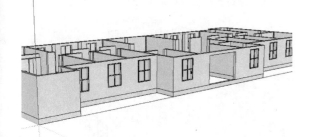

图 11.32 复制后的窗户效果

（20）门的绘制。门的绘制方法与窗户的创建方法一样，要注意立面图中门的造型（配套下载资源提供），创建完成后，将窗户与玻璃的材质赋予门，其完成后的效果如图 11.33 所示。

（21）室外踏步的绘制。单击【工具】→【矩形】命令，在门的下方绘制出 8400 mm×3000 mm 的矩形面，并与门的中线对齐，其位置如图 11.34 所示。

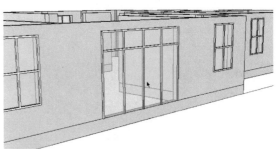

图 11.33 完成后的玻璃门效果

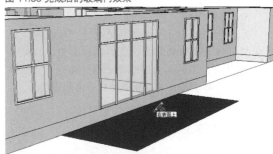

图 11.34 绘制矩形面

（22）单击【工具】→【偏移复制】命令，将矩形面的边依次向内偏移两个 300 mm 的距离，制作台阶的宽度。如图 11.35 所示。

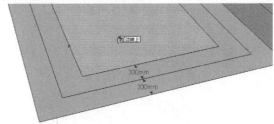

图 11.35 偏移宽度

（23）单击【工具】→【推拉】命令，从台阶最外层的面起，依次向上拉出 150 mm、300 mm、450 mm 的高度，并将靠近外墙的面删除，制作成组件。如图 11.36 所示。

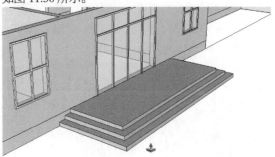

图 11.36 拉出高度

（24）单击【工具】→【材质】命令，在【材质】面板中找到混凝土材质，将其名称改为"taijie"（台阶），并将材质赋予相应的对象。如图 11.37 所示。

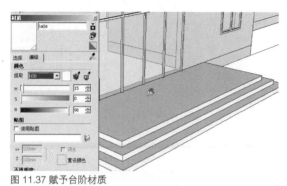

图 11.37 赋予台阶材质

注意：在 SketchUp 中绘制图形时，往往导入的底图只能作为局部的参考。在绘制过程中，应结合 CAD 中的平、立、剖面图进行绘制，部分尺寸应在 CAD 图中直接量取，这样才能精确地绘制出图形。

11.2.2 向上复制楼层

由于建筑结构承重力传递的关系，大多数建筑上下层几何形式十分相近，这样就可以采用先建立一个基准楼层，然后向上复制并修改的建模方法。具体操作如下。

（1）选择一层墙体及窗户，单击【工具】→【移动/复制】命令，并配合键盘上的【Ctrl】键将一层墙体和窗户向上移动复制一层，作为二层主体。如图 11.38 所示。

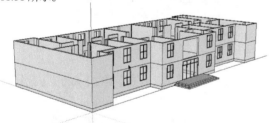

图 11.38 创建二层主体效果

（2）将原一层的玻璃大门的门洞，按照前面所讲的制作窗洞的方法，将其改为窗洞，并制作出窗户，方法同前。如图 11.39 所示。

图 11.39 修改窗户

注意：在复制楼层时，要注意各楼层之间上下是

否对齐，检查各楼层之间的构件是否有重复或者漏掉。

（3）绘制第三层建筑主体。按下键盘上的【L】键，用【直线】工具在如图 11.40 所示的位置画线，这时图形会闭合生成面，如图 11.40 所示。

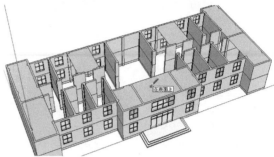

图 11.40 创建面

（4）单击【工具】→【偏移复制】命令，将矩形面的边向内偏移 250 mm 的距离，制作出墙的厚度。如图 11.41 所示。

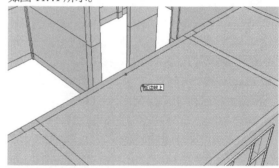

图 11.41 偏移距离

（5）将中间生成的面删除，单击【工具】→【推拉】命令，将大厅入口处的墙拉伸至 2100 mm 的高度，将后面两个墙体拉伸 3300 mm 的高度。如图 11.42 所示。

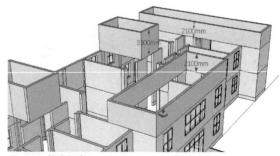

图 11.42 拉出距离

（6）单击【工具】→【材质】命令，在【材质】面板中找到"qiangti"（墙体）材质，然后将材质赋予相应的对象。如图 11.43 所示。

（7）绘制楼面。按下键盘上的【L】键，用直线工具在如图 11.44 所示的位置画线，这时图形会闭合生成面，如图 11.44 所示。

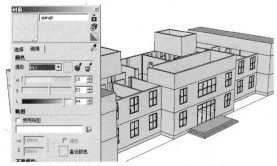

图 11.43 赋予墙体材质

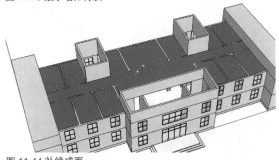

图 11.44 补线成面

（8）单击【工具】→【推拉】命令，将新生成的面向上拉出 200 mm 的距离，制作出楼板的厚度。如图 11.45 所示。

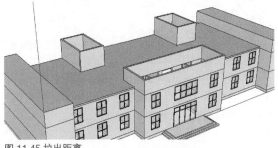

图 11.45 拉出距离

（9）单击【工具】→【材质】命令，在【材质】面板中找到"qiangti"（墙体）材质，然后将材质赋予相应的对象。如图 11.46 所示。

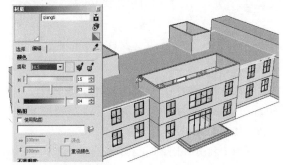

图 11.46 赋予楼面材质

（10）选择后面两个房间的墙体，单击【工具】→【移动／复制】命令，并配合键盘上的【Ctrl】键

向上移动复制一层，作为四层主体。如图 11.47 所示。

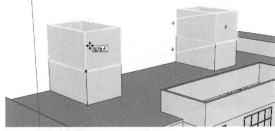

图 11.47 移动复制

注意：本例的商务会所主体结构为两层，三、四层为局部的屋顶构件，主要功能是在立面上起统一构图作用，这是常用的建筑设计手法。

（11）绘制墙体装饰线。先将三、四层墙体及楼面隐藏，然后按下键盘上的【L】键，用【直线】工具沿二层墙体边线画线，这时图形会闭合生成面，如图 11.48 所示。

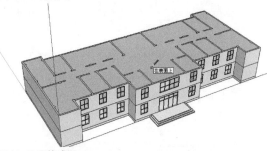

图 11.48 画线成面

（12）单击【工具】→【偏移复制】命令，将矩形面的边向外偏移 150 mm 的距离，制作出墙体装饰线的宽度，并将中间的面删除。如图 11.49 所示。

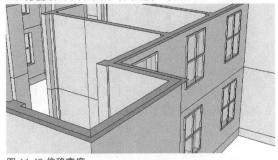

图 11.49 偏移宽度

（13）单击【工具】→【推拉】命令，将新生成的面向上拉出 100 mm 的距离，制作出装饰线的厚度，并将其制作成组件。如图 11.50 所示。

（14）单击【工具】→【材质】命令，在【材质】面板中找到装饰材质，将其名称改为"zhuangshixian"（装饰线），并将材质赋予相应的对象。如图 11.51 所示。

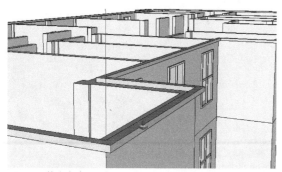

图 11.50 推出高度

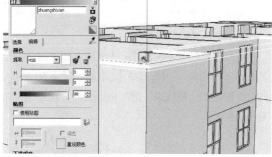

图 11.51 赋予材质

（15）单击【编辑】→【显示】→【全部】命令，将隐藏的楼层打开，并利用【移动／复制】工具，配合键盘上的【Ctrl】键将装饰线移动复制到相应的位置上。如图 11.52 所示。

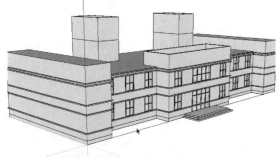

图 11.52 移动复制

（16）创建装饰栏杆。单击【工具】→【矩形】命令，在如图 11.53 所示的位置处创建一个 50 mm×50 mm 的矩形面。制作出栏杆的宽度及长度。

图 11.53 绘制矩形面

（17）单击【工具】→【推拉】命令，将新生成的面向上拉出 1200 mm 的距离，制作出栏杆的高度，并将其制作成组件。如图 11.54 所示。

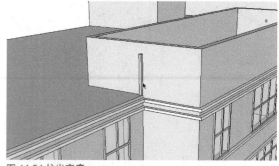

图 11.54 拉出高度

（18）单击【工具】→【材质】命令，在【材质】面板中找到金属材质，将其名称改为"langan"（栏杆），并将材质赋予相应的对象。如图 11.55 所示。

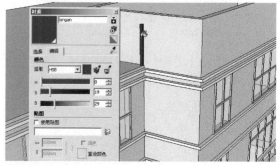

图 11.55 赋予栏杆材质

（19）单击【工具】→【移动／复制】命令，并配合键盘上的【Ctrl】键将栏杆沿轴移动复制 4 个，制作出竖向的栏杆。如图 11.56 所示。

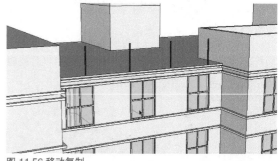

图 11.56 移动复制

（20）根据前面所讲到的创建方法，创建一个 50 mm×50 mm 的横向栏杆，并进行移动复制的操作。其效果如图 11.57 所示。

（21）利用【选择】工具将所有栏杆选中，制作成组件，然后单击【工具】→【移动／复制】命令，并配合键盘上的【Ctrl】键将栏杆复制到另外一边。如图 11.58 所示。

图 11.57 栏杆效果

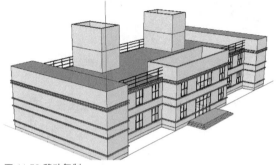

图 11.58 移动复制

11.2.3 绘制屋顶

本例的会所有三个层顶，三个都是四向同坡屋顶，一主二次，相互呼应。屋顶材质采用暖色调的琉璃瓦。具体操作如下。

（1）坡屋顶的绘制。单击【工具】→【矩形】命令，在如图 11.59 所示的位置上沿墙的外边缘画一个矩形面。

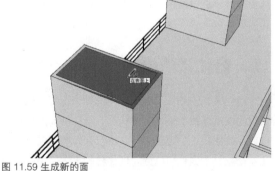

图 11.59 生成新的面

（2）单击【工具】→【偏移复制】命令，将矩形面的边向外偏移 600 mm 的距离，制作出外墙的挑檐，并将中间的面删除。如图 11.60 所示。

（3）单击【工具】→【推拉】命令，将新生成的面向上拉出 200 mm 的距离，制作挑檐的高度，并将其制作成组件。如图 11.61 所示。

（4）单击【工具】→【材质】命令，在【材质】面板中找到装饰材质，将其名称改为"yankou"（檐

口），并将材质赋予相应的对象。如图 11.62 所示。

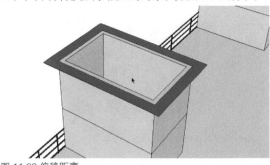

图 11.60 偏移距离

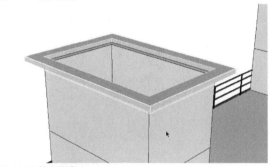

图 11.61 拉出距离

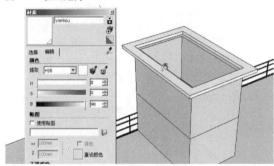

图 11.62 赋予材质

（5）使用【选择】工具将其选择，单击【工具】→【移动／复制】命令，并配合键盘上的【Ctrl】键将其往下移动复制一个。其位置如图 11.63 所示。

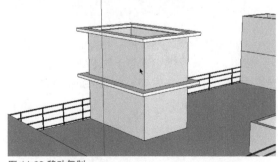

图 11.63 移动复制

（6）单击【工具】→【矩形】命令，在如图 11.64 所示的位置上画一个矩形面，此时图形中将生成新的面。

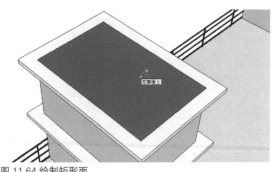

图 11.64 绘制矩形面

（7）先将面翻转，然后单击【工具】→【测量／辅助线】命令，在新生成的面上作如图 11.65 所示的辅助线。

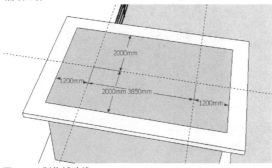

图 11.65 制作辅助线

（8）单击【工具】→【直线】命令，按照辅助线的位置依次在图中画线，完成后将辅助线删除，其效果如图 11.66 所示。

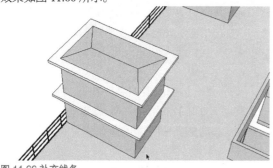

图 11.66 补充线条

（9）选择矩形面中间的线，单击【工具】→【移动／复制】命令，并配合键盘上的【Alt】键，沿 z 轴方向向上移动 1200 mm 的高度。其效果如图 11.67 所示。

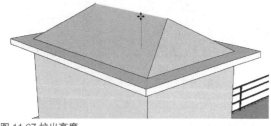

图 11.67 拉出高度

（10）将坡屋面选中，制作成组件，并单击【工具】→【材质】命令，在【材质】面板中找到屋顶材质，将其名称改为"wuding"（屋顶），并将材质赋予相应的对象。如图 11.68 所示。

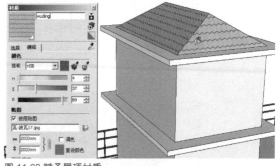

图 11.68 赋予屋顶材质

（11）利用上述制作方法将其余坡屋顶创建出来，注意相互间的位置关系，并赋予相同的材质，其建筑模型最终效果如图 11.69 所示。

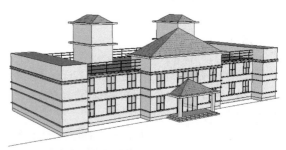

图 11.69 商务会所模型最终效果

注意：在整个模型的创建当中，应反复地对建筑结构进行推敲，结合 AutoCAD 图纸进行模型的建立，并注意控制各构件的尺寸大小、比例关系等等。

11.3 商住楼的绘制

商住楼，一般底层或下层为商铺，上部为住宅，在现代城市建设中运用非常广泛，常在沿街两侧进行布置。商住楼不分建设主体，不仅开发商可以建，非开发企业、个人也可以建。商住楼的土地使用性质为商业用地，使用权年限为 50 年。

11.3.1 商铺的创建

商业建筑在本次景观设计当中占有很大比重，因此在绘制时应注重表现其商业化气氛。商业建筑由两个部分组成，一是底层的商铺，二是上部的住宅，由于在前面已经介绍了住宅的绘制方法，在本例中，只介绍商铺的创建方法，具体操作步骤如下。

（1）将精简之后的一层商铺平面导入到
SketchUp中，使用组合键【Ctrl】+【Shift】+【E】键，
将屏幕中的所有图形最大化显示，如图 11.70 所示。

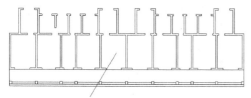

图 11.70 导入的商铺一层平面图

（2）按下键盘上的【L】键，用【直线】工具
在导入的图形中画线，这时图形会闭合生成面，如图
11.71 所示。

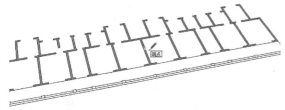

图 11.71 封闭成面

（3）单击【工具】→【推拉】命令，将新生成
的面向上拉出 4900 mm 的距离，制作出一层墙体的
高度，并将其制作成组件。如图 11.72 所示。

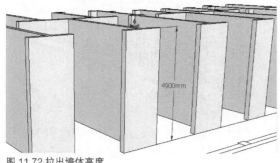

图 11.72 拉出墙体高度

（4）单击【工具】→【测量 / 辅助线】命令，
从外墙的底部沿 z 轴方向向上拉出 300 mm 的距离，
测量出室内外高差。并用【直线】命令在辅助线的位
置画线。如图 11.73 所示。

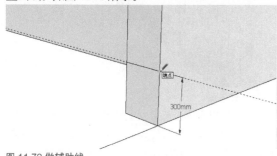

图 11.73 做辅助线

（5）按此类方法在所有开门洞的墙体底部画线，
单击【工具】→【推拉】命令，将一层墙体底部封闭。
如图 11.74 所示。

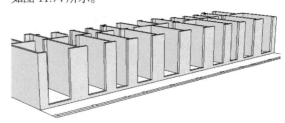

图 11.74 绘制勒脚

（6）单击【工具】→【测量 / 辅助线】命令，
从外墙的勒脚处沿 z 轴方向向上拉出 3300 mm 的距
离，量出商铺门洞的高度。并用【直线】命令在辅助
线的位置画线。如图 11.75 所示。

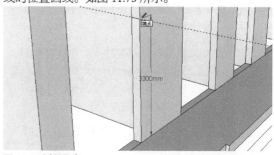

图 11.75 测量距离

（7）按此类方法在所有开门洞的墙体顶部画线，
单击【工具】→【推拉】命令，将一层墙体顶部封闭。
如图 11.76 所示。

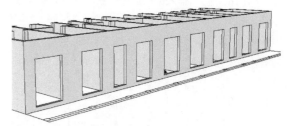

图 11.76 开门洞效果

（8）门的绘制。单击【工具】→【矩形】命
令，在开有门洞的外墙边缘处画一矩形面。效果如图
11.77 所示。

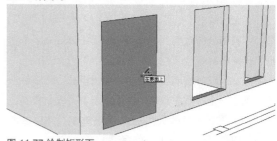

图 11.77 绘制矩形面

（9）绘制门框线。单击【工具】→【偏移复制】命令，在矩形面上向内偏移出 50 mm 的距离，作为门框线。效果如图 11.78 所示。

图 11.78 偏移复制

（10）单击【工具】→【测量 / 辅助线】命令，在矩形面上按图 11.79 所示，绘出门玻璃的分割线，然后用【直线】命令在辅助线的位置画线。

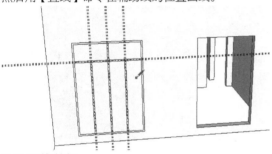

图 11.79 辅助测量

（11）单击【工具】→【推拉】命令，将门玻璃的分割线拉出 50 mm 的距离，制作出门玻璃的窗框及门的门框，将门框底部的边线删除，并将其制作成组件。如图 11.80 所示。

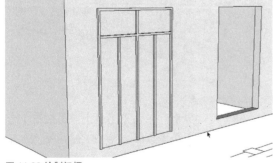

图 11.80 绘制门框

（12）单击【工具】→【材质】命令，在【材质】面板中找到装饰材质，将其名称改为 "menkuang"（门框），并将材质赋予相应的对象。如图 11.81 所示。

（13）双击玻璃门进入组件编辑模式，然后单击【工具】→【材质】命令，在【材质】面板中找到玻璃材质，将其名称改为 "boli"（玻璃），并将材质赋予相应的对象。如图 11.82 所示。

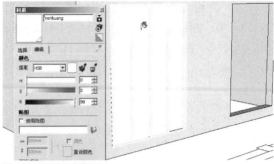

图 11.81 赋予门框材质

图 11.82 赋予玻璃材质

（14）利用上述方法将所有的开门洞位置的门逐一建立起来，并分别赋予相同的材质，注意大小的调整及门扇的数量。如图 11.83 所示。

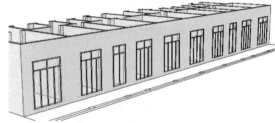

图 11.83 完成后的门窗效果

（15）绘制室外走廊及台阶。按下键盘上的【L】键，用【直线】工具在图形中画线，这时图形会闭合生成面，如图 11.84 所示。

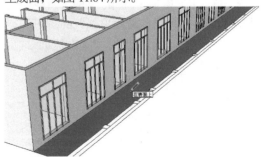

图 11.84 补线成面

（16）单击【工具】→【推拉】命令，将新生成的面沿 z 轴方向向上推出 300 mm 的高度，作为室内走廊的高度，并将其制作成组件。如图 11.85 所示。

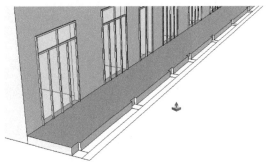

图 11.85 拉出高度

（17）单击【工具】→【材质】命令，在【材质】面板中找到地面材质，将其名称改为 "zoudao"（走道），并将材质赋予相应的对象。如图 11.86 所示。

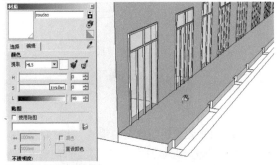

图 11.86 赋予走道材质

（18）创建柱子。按下键盘上的【L】键，用【直线】工具在图形中画线，这时图形会闭合生成面，如图 11.87 所示。

图 11.87 补线成面

（19）单击【工具】→【推拉】命令，将新生成的面沿 z 轴方向向上推出 3900 mm 的高度，作为柱子的高度，并将其制作成组件。如图 11.88 所示。

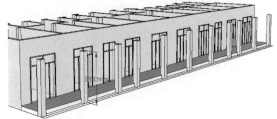

图 11.88 拉出高度

（20）单击【工具】→【材质】命令，在【材质】面板中找到面砖材质，将其名称改为 "zhuzi"（柱子），并将材质赋予相应的对象。如图 11.89 所示。

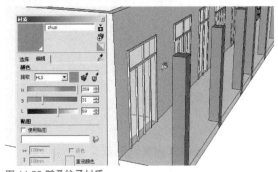

图 11.90 赋予柱子材质

（21）创建台阶。双击走廊进入组件编辑模式，单击【工具】→【推拉】命令，将走廊外侧面的边拉伸至柱子的最外边，如图 11.90 所示。

图 11.90 拉出宽度

（22）以此方法，再次使用【直线】工具在图中画线补面，然后单击【工具】→【推拉】命令，将新生成的面沿 z 轴方向拉出 150 mm 的高度，如图 11.91 所示。

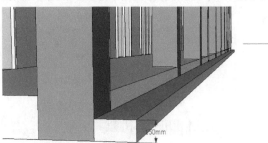

图 11.91 拉出高度

（23）利用【选择】工具将其全部选中，制作成组件。单击【工具】→【材质】命令，在【材质】面板中找到 "zoudao"（走道）材质，并将材质赋予相应的对象。如图 11.92 所示。

注意：在绘制室外台阶及走道柱子时，应注意它们的位置关系以及构造要求、室内外之间的高差，应跟立面图对应起来。

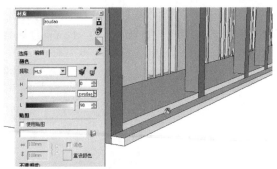

图 11.92 赋予走道材质

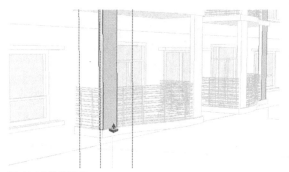

图 11.95 推进距离

11.3.2 对单体建筑做局部修改

由于商业建筑上半部分为住宅，将底层的商铺创建完成之后，再将配套下载资源中提供的住宅模型导入到场景中，进行一定的修改，将其与底层的商铺相组合，来完成商业建筑的制作。具体操作如下。

（1）单击【文件】→【导入】命令，在本章配套下载资源中找到"住宅模型 .skp"文件，将其导入到场景中来。如图 11.93 所示。

图 11.93 导入住宅

（2）双击进入组件编辑模式，配合键盘上的【Delete】键，将其一层的墙体及勒脚、进户门、窗户、阳台等构件依次进行删除。如图 11.94 所示。

图 11.94 删除多余构件

（3）单击【工具】→【推拉】命令，将一层阳台的柱子底部沿 z 轴方向往上推至二层阳台底板的位置，如图 11.95 所示。

（4）退出组件编辑模式，利用【选择】工具将其全部选中，并单击【工具】→【移动/复制】命令，以建筑外墙一角为基点，将其对齐到商铺一层的上部。如图 11.96 所示。

图 11.96 移动对齐

（5）将视图旋转到建筑的背部，此时底层商铺有窗户的位置上下墙面没有封闭。双击底层墙体，按下键盘上的【L】键，用【直线】工具在图形中画线，如图 11.97 所示。

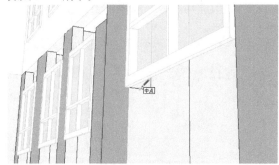

图 11.97 补线

（6）单击【工具】→【推拉】命令，对窗户的上部及下部两面墙体进行推拉操作，将其封闭。如图 11.98 所示。

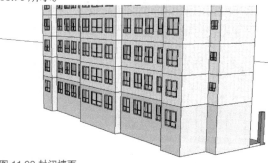

图 11.98 封闭墙面

（7）将视图旋转到建筑正立面，单击【工具】→【测量／辅助线】命令，从商铺门顶处沿 z 轴方向向上拉出 300 mm 的距离，按下键盘上的【L】键，进行画线，如图 11.99 所示。

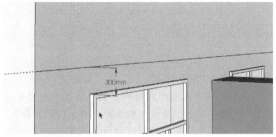

图 11.99 辅助测量

（8）单击【工具】→【推拉】命令，将门上部的墙体沿绿轴方向拉出，直至与柱边平齐，制作出商铺外走廊的顶面，如图 11.100 所示。

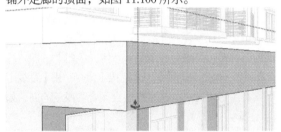

图 11.100 拉出长度

（9）单击【工具】→【矩形】命令，在走廊的顶部面上，沿二层的外墙底部画一矩形面，如图 11.101 所示。

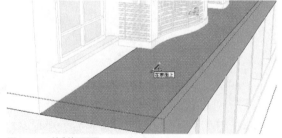

图 11.101 绘制矩形面

（10）单击【工具】→【偏移复制】命令，将其轮廓线向内偏移出 250 mm 的距离，制作出一层女儿墙的宽度，如图 11.102 所示。

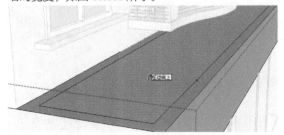

图 11.102 偏移距离

（11）单击【工具】→【推拉】命令，将其外部的面沿 z 轴方向向上拉出 1500 mm 的距离，制作出商铺招牌的高度，并将靠近二层墙体的面删除，如图 11.103 所示。

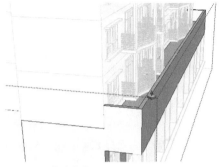

图 11.103 拉出高度

（12）利用【选择】工具将建筑所有墙面选中，单击【工具】→【材质】命令，在【材质】面板中选择面砖材质，将其改为 "qiangti"（墙体）材质，并将材质赋予相应的对象，如图 11.104 所示。

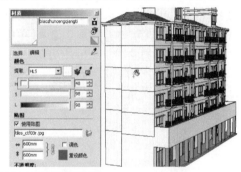

图 11.104 赋予墙体材质

（13）使用组合键【Ctrl】+【Shift】+【E】键将视图最大化显示，并调整视图。商铺已创建完成，如图 11.105 所示。

图 11.105 完成后的商铺模型

注意：此时，景观中的硬件部分——建筑已全部创建完毕，注意检查各建筑细部是否有错误。在检查过程中，应注意建筑构件的尺寸及位置是否正确，并要和 AutoCAD 图纸相对应。

11.4 绘制景观地形图

在 SketchUp 中绘制景观地形图，需要对地形图进行一定的了解。详细分析地形图上各个部位的高差、建筑的位置，还有绿化、建筑小品的位置关系，着重对空间进行分析和理解，才能把握好全局。在本例中，首先将对景观中的绿地及各铺装进行创建，其次加入小品景观，然后对景观中的商铺及商务会所进行创建，最后将整个模型导入 Photoshop 中进行后期处理。

11.4.1 导入精简后的 CAD 地形图

在 SketchUp 中进行地形图绘制之前，首先需要将 CAD 地形图导入 SketchUp 场景中，然后再根据 CAD 底图进行创建。因此，需要首先对 SketchUp 场景进行单位设置，使其和导入进来的 CAD 图形单位保持一致。具体操作步骤如下。

（1）单位设置。启动 SketchUp 程序，单击【窗口】→【场景信息】命令，在弹出的对话框中选择【单位】设置，并将单位格式设置成如图 11.106 所示形式。

图 11.106 场景设置

（2）导入 CAD 图形。单击【文件】→【导入】命令，在弹出的对话框中选择"导入地形图 .dwg"文件，并单击【选项】按钮做如图 11.107 所示的导入操作。

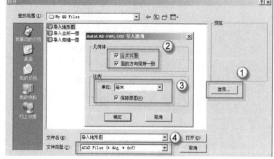

图 11.107 导入设置

（3）导入完成后，使用组合键【Ctrl】+【Shift】+【E】键，将屏幕中的所有图形最大化显示，如图

11.108 所示。

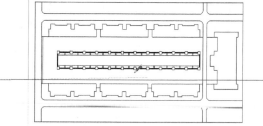

图 11.108 导入的景观地形图

注意：在导入图形的时候，要注意单位一定要正确。图形导入之后，要仔细检查是否有没封闭的线条，在 SketchUp 中，导入的图形线条一定要封闭，不能有断线出现。

11.4.2 绿化部分的创建

本例中的绿化部分主要是指沿道路各边和建筑周围的草坪，这一部分在制作过程中需要制作出草坪的高度以及路边路缘石的高度。具体操作如下。

（1）单击【工具】→【直线】命令，用【直线】工具在图形中画线，这时图形会闭合生成新的面，如图 11.109 所示。

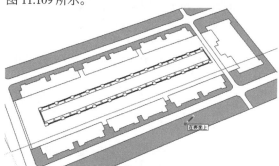

图 11.109 封闭成面

（2）单击【工具】→【推拉】命令，将新生成的面沿蓝轴方向（z 轴）向上拉出 120 mm 的厚度，制作出路缘石的高度，如图 11.110 所示。

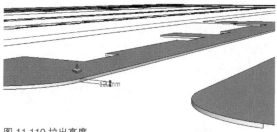

图 11.110 拉出高度

（3）单击【工具】→【偏移复制】命令，将其外轮廓线向内偏移 200 mm 的距离，制作出路缘石的宽度，如图 11.111 所示。

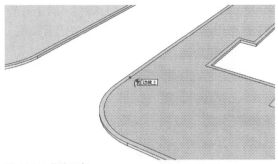

图 11.111 偏移距离

（4）单击【工具】→【推拉】命令，将中间新生成的面沿蓝轴方向（z 轴）向下推出 50 mm 的厚度，并将靠近建筑边线的多余面删除，制作出草坪的高度，如图 11.112 所示。

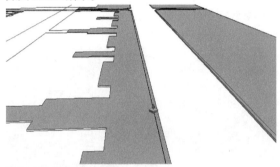

图 11.112 推出距离

（5）单击【工具】→【材质】命令，在弹出的【材质】面板中选择面砖材质，将其名称改为 "luyuanshi"（路缘石），并将材质赋予相应的对象，如图 11.113 所示。

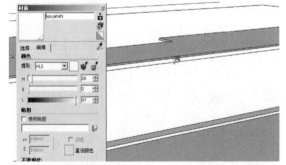

图 11.113 赋予路缘石材质

（6）再次使用【工具】→【材质】命令，在弹出的【材质】面板中选择草坪材质，将其名称改为 "caoping"（草坪），并将材质赋予相应的对象，如图 11.114 所示。

注意：在 SketchUp 中，必须用【直线】工具在图中补线，使线条形成一个封闭完整的面，才能进行下面的操作，并应仔细检查每根线是否被封闭。在赋予材质时也应注意材质与模型的匹配，应根据实际情况赋予不同的材质。

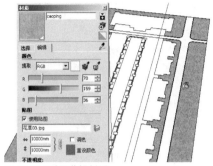

图 11.114 赋予草坪材质

11.4.3 道路的创建

在本次景观设计当中，道路分为两种，一种是位于外围的城市道路，另一种是位于内部的在商务会所前的一条商业步行街。这两种道路在表现形式上要有所区分：城市道路应表现为水泥路，而内部的步行道路则应采用硬质铺地，并带有一定的艺术效果。下面就具体介绍如何绘制这两种不同的道路。

（1）城市道路的绘制。单击【工具】→【直线】命令，用【直线】工具在道路的位置画线，这时图形会闭合生成新的面，如图 11.115 所示。

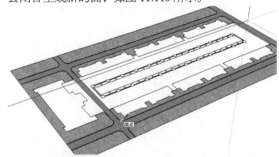

图 11.115 封闭成面

（2）右击新生成的面，选择【将面翻转】命令，将其正面朝上，如图 11.116 所示。

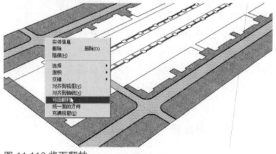

图 11.116 将面翻转

（3）单击【工具】→【材质】命令，在弹出的【材质】面板中选择路面材质，将其名称改为 "daolu"（道路），并将材质赋予相应的对象，如图 11.117 所示。

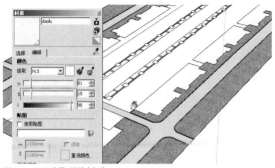

图 11.117 赋予道路材质

（4）步行道路的创建。步行道路的创建方法与城市道路的创建方法一样，先是对其进行面的封闭，然后再将其正面朝上，如图 11.118 所示。

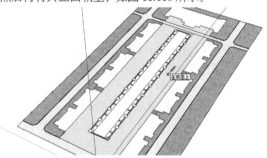

图 11.118 封闭成面

（5）单击【工具】→【材质】命令，在弹出的【材质】面板中选择广场砖材质，将其名称改为"buxingjie"（步行街），并将材质赋予相应的对象，如图 11.119 所示。

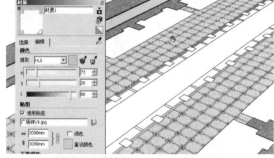

图 11.119 赋予步行街道材质

注意：在制作道路的时候，补线成面之后，不用对其进行推拉操作，直接将面翻转就可以了，因为道路的标高实际上已经相当于地坪面的高度。在赋予材质时一定要注意两种道路的不同表现形式。

11.4.4 商业休闲区的绘制

商业休闲区位于商业街的中心，处在两条步行道路的中间位置，主要提供人们购物娱乐休息的场所，在休闲区域布置有沿街的水景和树池，并含有硬质的铺地、台阶等，在制作过程中应逐一进行表现。

（1）休闲区硬质铺地的绘制。单击【工具】→【直线】命令，用【直线】工具在图中所示的位置画线，这时图形会闭合生成新的面，如图 11.120 所示。

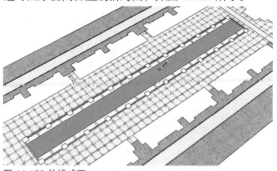

图 11.120 补线成面

（2）单击【工具】→【推拉】命令，将新生成的面沿蓝轴方向（z 轴）向上拉出 450 mm 的高度，制作出休闲区地形的高度，如图 11.121 所示。

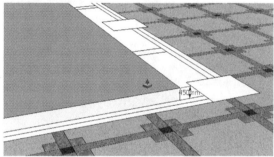

图 11.121 拉出高度

（3）单击【工具】→【材质】命令，在弹出的【材质】面板中选择广场砖材质，将其名称改为"pudi"（铺地），并将材质赋予相应的对象，如图 11.122 所示。

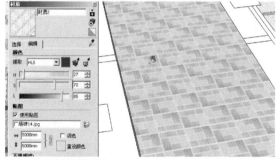

图 11.122 赋予铺地材质

（4）台阶的绘制。单击【工具】→【直线】命令，用【直线】工具在图中所示的位置画线，这时图形会闭合生成新的面，如图 11.123 所示。

（5）单击【工具】→【推拉】命令，将新生成的面沿蓝轴方向（z 轴）依次向上拉出 300 mm、150 mm 的高度，制作出台阶的高度，如图 11.124 所示。

（6）单击【工具】→【材

质】面板中选择面砖材质，将其名称改为"taijie"（台阶），并将材质赋予相应的对象。如图 11.125 所示。

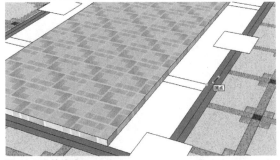

图 11.123 补线成面

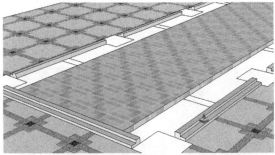

图 11.124 拉出高度

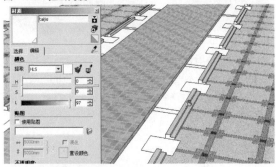

图 11.125 赋予台阶材质

（7）树池的绘制。单击【工具】→【直线】命令，用【直线】工具在图中所示的位置画线，这时图形会闭合生成新的面，如图 11.126 所示。

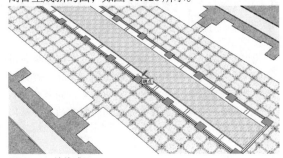

图 11.126 补线成面

（8）单击【工具】→【推拉】命令，将新生成的面沿蓝轴方向（z 轴）向上拉出 500 mm 的高度，制作出树池的高度，如图 11.127 所示。

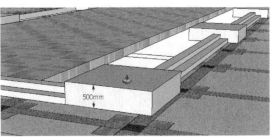

图 11.127 拉出高度

（9）单击【工具】→【偏移复制】命令，将其上部的面向内偏移 200 mm 的距离，制作出树池的宽度，如图 11.128 所示。

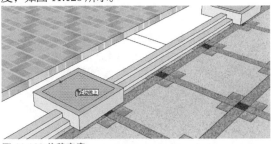

图 11.128 偏移宽度

（10）单击【工具】→【推拉】命令，将新偏移出来的面沿蓝轴方向（z 轴）向下推出 100 mm 的高度，制作出树池的深度，如图 11.129 所示。

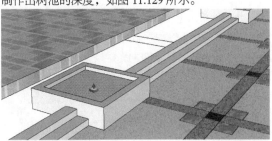

图 11.129 推出深度

（11）单击【工具】→【材质】命令，在弹出的【材质】面板中选择面砖材质，将其名称改为"shuchi"（树池），并将材质赋予相应的对象，如图 11.130 所示。

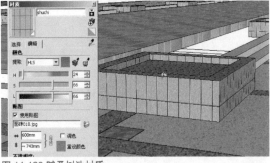

图 11.130 赋予树池材质

（12）再次使用【工具】→【材质】命令，在弹出的【材质】面板中选择"caoping"（草坪）材质，并将材质赋予树池中间的面，制作出树池中的草，如图11.131所示。

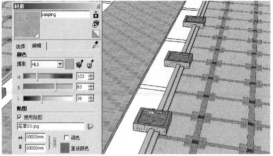

图 11.131 赋予草坪材质

（13）水景的绘制。单击【工具】→【直线】命令，用【直线】工具在图中所示的位置画线，这时图形会闭合生成新的面，如图11.132所示。

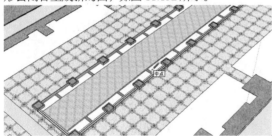

图 11.132 补线成面

（14）单击【工具】→【推拉】命令，将新生成的面沿蓝轴方向（z轴）向上拉出300 mm的高度，制作出水池的高度，如图11.133所示。

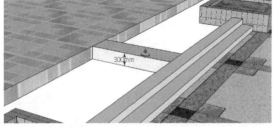

图 11.133 拉出高度

（15）单击【工具】→【材质】命令，在弹出的【材质】面板中选择面砖材质，将其名称改为"shuichi"（水池），并将材质赋予相应的对象，如图11.134所示。

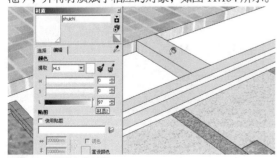

图 11.134 赋予水池材质

（16）单击【工具】→【直线】命令，用直线工具在图中所示的位置画线，这时图形会闭合生成新的面，如图11.135所示。

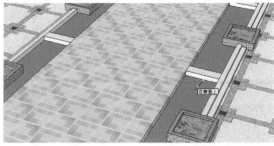

图 11.135 补线成面

（17）单击【工具】→【推拉】命令，将新生成的面沿蓝轴方向（z轴）向上推出150 mm的高度，制作出水面的高度，如图11.136所示。

图 11.136 拉出高度

（18）单击【工具】→【材质】命令，在弹出的【材质】面板中选择水面材质，将其名称改为"shuijing"（水景），并将材质赋予相应的对象，如图11.137所示。

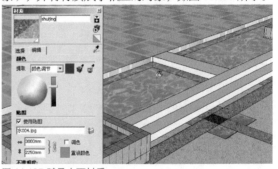

图 11.137 赋予水面材质

注意：在这一部分的绘制当中，应熟练掌握作图秩序，并利用地形的高差来进行绘制。在这一部分场景当中，注意各构件之间的联系与高差，并与实际相结合，在赋予材质时应当充分考虑到材质的大小及比例关系。

11.4.5 导入建筑单体及组件

经过前面几个步骤，地形图基本绘制完毕，现需要将景观设计中的硬件——建筑单体导入场景中，增加一些必要的组件，来充实整个场景，达到完美的效果。

（1）导入商务会所组件。单击【窗口】→【组件】命令，在弹出的对话框中单击【打开或创建库】按钮，将前面所创建的商务会所选中调到场景中，并调整其位置及大小，如图 11.138 所示。

图 11.138 导入商务会所组件

（2）导入商铺组件。将前面所建立的商铺建筑按照上述方法导入场景中来，放在底图中商铺的位置之上，注意调整大小及位置关系，如图 11.139 所示。

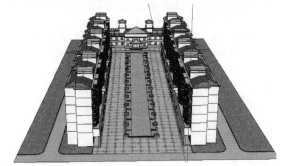

图 11.139 导入商铺组件

（3）导入休闲茶座组件。按照上述方法将配套下载资源中的休闲茶座导入到场景中来，放在商务休闲区位置之上，注意调整大小及位置关系，如图 11.140 所示。

图 11.140 导入休闲茶座组件

（4）导入花钵组件。按照上述方法将配套下载资源中的花钵导入到场景中来，放在商铺柱子前面，注意调整大小及位置关系，如图 11.141 所示。

图 11.141 导入花钵组件

注意：到这一步为止，整个景观规划的建模已基本完成。要注意的是，在做景观设计时，一定要严格按照步骤来进行，掌握一定的先后次序，方能得心应手。在做完每一步的操作时，应认真检查模型，及时修改。

11.5 图形的输出

在 SketchUp 中建立完模型之后，需将模型导入其他软件中进行渲染以及后期的处理操作。那么在输出前，就需要对模型进行一定的修改及设置，比如色彩的调整，比例、大小的调整，阴影、相机等相关的一些设置，才能够导入其他软件中进行更好的操作。

11.5.1 色彩的调整

由于在整个景观规划的创建过程中，很多部分都是分开创建的，当把这些部分全部组合到一起时，色彩在搭配上并不是很好，为了配合整体效果，需对局部构件的色彩进行一些适当的调整，使整个图面的色彩达到统一。

（1）改变台阶材质。单击【工具】→【材质】命令，在弹出的【材质】面板中选择"taijie"材质，双击进入编辑模式，修改其材质，如图 11.142 所示。

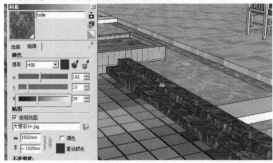

图 11.142 修改台阶材质

（2）修改座椅材质。按照上述方法，在【材质】面板中选择"yizi"材质，双击进入编辑模式，修改其材质，如图 11.143 所示。

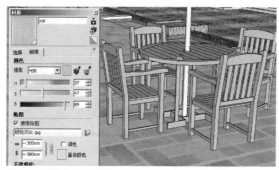

图 11.143 修改座椅材质

（3）修改花钵材质。按照上述方法，在【材质】面板中选择"huabo"材质，双击进入编辑模式，修改其材质，如图 11.144 所示。

图 11.144 修改花钵材质

注意：由于很多构件都是分开创建的，起初所定的材质都是为了以示区分，但是当把它们组合到一起之后，还需将场景中的各个部分再进行整体的协调，包括颜色及色调。调整的目的就是让整体效果看起来完整、美观。

11.5.2 相机的设置

在对图形进行输出之前，必须对场景进行相机的设置。在 SketchUp 中相机的设置非常简单和方便。在本例中，重点要反映的是商业街内部的景观效果。由于此方案三面都有建筑遮挡，相机无法从外面清楚地看到内部的结构，因此在进行相机设置时，相机需放在商业街的内部某一处。具体操作如下。

（1）单击【工具】→【相机】命令，在场景中将会出现人形的图标，此时在商业街内部选择某一处单击，在键盘上输入 1600 mm 的距离，这是人眼平均的高度，如图 11.145 所示。

（2）当场景中出现犹如人的两只眼睛图标时，可自由摆动视角，经过调整与对比，最终相机视图效果如图 11.146 所示。

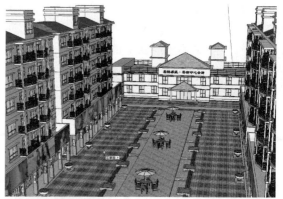

图 11.145 确定相机高度

图 11.146 相机视图

注意：在对相机进行调整时，要注意构图与美感，图形的重心点，选择最能突出设计重点的部位进行表现，这样才能完整地表达出设计师的设计内涵与设计思路。

11.5.3 阴影设置

阴影在整个图形当中起到非常关键的作用，能给图形带来明暗变化，使场景中的物体具有更为真实的立体感，就像画笔一样能让画面变得更为生动，在色调上也能起到很好的光影效果。

（1）单击【窗口】→【场景设置】命令，在弹出的对话框中选择【位置】进行国家及地区的设置，如图 11.147 所示。然后单击【窗口】→【阴影】命令，在弹出的【阴影设置】对话框中对时间及日期、光线的明暗及强度进行调整，如图 11.148 所示。

图 11.147 地理位置设置

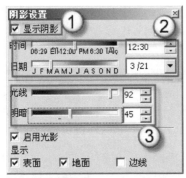

图 11.148 阴影设置

（2）设置完阴影之后，图面立体感与真实感更为强烈，图面效果也更加丰富。经过相机与阴影的设置，模型已全部完成，最终效果如图 11.149 所示。

图 11.149 模型最终效果图

注意：在 SketchUp 中对于灯光的设置比较起其他的软件来讲非常简单。在调整过程中，只需对时间和地区、光线的强度及明暗进行调整就可以了，同时阴影效果也会降低机器的运行速度，所以在设置阴影时需要对整个场景的物体包括面进行控制。

11.5.4 导出图形

当模型建立完成之后，需要将模型导入其他渲染软件或者后期制作软件中进行后续处理，这就需要先将图形导出其他软件类的文件格式。SketchUp 与多种后期渲染制作软件有着良好的对接。在本例中主要讲解如何将图形输出到 Photoshop 中进行后期处理，SketchUp 可以输出多种 Photoshop 默认的文件格式，例如，TIF 格式、JPG 格式、EPS 格式等。因此，SketchUp 在文件的输出方面也非常方便。

（1）单击【文件】→【导出】→【图像】命令，在弹出的对话框中设置文件需要输出保存的路径以及所选择输出的文件格式，如图 11.150 所示。

（2）单击图 11.150 所示对话框中右下角【选项】按钮，还可以对输出图形的大小、像素以及输出时压缩的质量等进行调节，如图 11.151 所示。

图 11.150 导出对话框 　　　图 11.151 导出设置

（3）输出完成之后，启动 Photoshop 程序，打开上一步输出的文件。此时图形（见图 11.152）已顺利地导入 Photoshop 中来。

图 11.152 输出到 Photoshop 中的图形

注意：图形输出时，一定要注意输出之前的相关设置及输出文件的格式，读者可根据自己的需要将图形输出保存为其他 Photoshop 默认的格式。

（4）再次打开 SketchUp 模型，将所有"boli"的材质设置为纯红色（R=255，G=0，B=0），如图 11.153 所示。然后取消阴影效果，再导出一张效果图（俗称"通道图"），如图 11.154 所示。这样的操作是为了在 Photoshop 中更好地选取玻璃区域。

图 11.153 调整玻璃颜色

图 11.154 导出通道图

11.6 后期处理

模型的建立仅仅是前期的工作，后期还需对模型进行进一步的深化处理，这就需要在 Photoshop 中对其进行一定的修饰，让其表现得更加完美、真实，达到理想化的效果。在 Photoshop 中通过对图形色彩、明暗、对比度、一些艺术效果的处理等来实现对整个图的亮化，下面就本案例中的景观设计具体操作步骤做详细讲解。

11.6.1 建立可编辑的对象图层

由于导入 Photoshop 中的图形是 JPG 格式的文件，导入进来之后，图层是锁定的，在 Photoshop 中图层与场景中的图形有着紧密的联系，只有当设定了图层之后，才可能对场景中的图形进行有效的编辑与修改，同时图层也对管理场景中的图形内容有很大的帮助。下面具体讲解如何建立、编辑图层。

（1）打开图像文件。在 Photoshop 中分别打开两幅待处理的效果图，如图 11.155 所示。

图 11.155 打开效果图

（2）调整图层。按下【V】键，并配合【Shift】键，将通道图拖拽到主体图上。双击"背景"图层，在弹出的【新建图层】对话框中将其【名称】改为"主体背景"。如图 11.156 所示。此时可以将通道图关闭，因为通道信息已经加入。

图 11.156 调整图层

（3）按下【W】键，用【魔棒】工具选择红色

的玻璃所在区域，如图 11.157 所示。单击【选择】→【储存选区】命令，将新建选区的【名称】设置为"玻璃"，如图 11.158 所示。

图 11.157 魔棒工具

图 11.158 新建选区

（4）抠出主体景观部分。单击【工具】面板→【魔棒】工具，选择图中屋顶上部的空白处，然后将其删除。如图 11.159 所示。

图 11.159 抠出主体

注意：在 Photoshop 中，刚导入进来的图往往都在一个图层上面，不便于编辑，所以必须将主体部分与背景色分离出来，方便后续的操作。

11.6.2 添加配景

为了能让景观设计表达得更为完整、真实，使其能更好地展现景观效果，将单一的图像变得生动、丰富，这就需要加入配景来亮化，具体操作如下。

（1）加入背景天空。打开配套下载资源中的"天空 .psd"文件，使用【移动】工具将其拖入场景中，然后按下【Ctrl】+【T】键调整树的大小和位置，然后把图层更名为"天空"，将"天空"图层置于"主体背景"图层之下，如图 11.160 所示。

图 11.160 加入背景天空

（2）加入花草。打开配套下载资源中的"花草 .psd"文件，按照上述方法将花草移动到图中各相应的位置，并注意位置关系，将"花草"图层置于"主体背景"图层之上，如图 11.161 所示。

图 11.161 加入花草

（3）加入风景树。打开配套下载资源中的"风景树 .psd"文件，按照上述方法将树木移动到图中各相应的位置，并注意位置关系，将"风景树"图层置于"花"图层之下，如图 11.162 所示。

图 11.162 加入树木

（4）加入喷泉。打开配套下载资源中的"喷泉 .psd"文件，按照上述方法将喷泉移动到图中各相应的位置，并注意位置关系，将"喷泉"图层置于"主体背景"图层之上，如图 11.163 所示。

图 11.163 加入喷泉

（5）加入人物。打开配套下载资源中的相应的人物 PSD 文件（共有 4 个），按照上述方法将人物移动

到图中各相应的位置，并注意位置关系，如图 11.164 所示。

图 11.164 加入人物

（6）加入气球。打开配套下载资源中的"气球 .psd"文件，按照上述方法将图形移动到图中各相应的位置，并注意位置关系，如图 11.165 所示。

图 11.165 加入气球

（7）加入前景树。打开配套下载资源中的"前景树 .psd"文件，按照上述方法将图形移动到图中各相应的位置，并注意位置关系，如图 11.166 所示。

图 11.166 加入前景树

注意：在加入配景时，一定要注意各配景之间的关系以及配景与周围环境的比例尺度，摆放的位置是否与环境相协调。

11.6.3 制作玻璃效果

在 SketchUp 中玻璃的表现很弱，所以必须在 Photoshop 中处理。主要方法就是增加一张室内的照片，放到玻璃图层后，让玻璃看上去是"透"的。具体操作如下。

（1）载入选区。单击【选择】→【载入选区】命令，在弹出的【载入选区】对话框中选择"玻璃"通道，如图 11.167 所示。

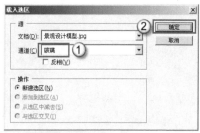

图 11.167 载入选区

（2）抠出玻璃。在保证选区的情况下，选择"主体背景"图层，按下【Ctrl】+【Shift】+【J】键，将选择的玻璃区域转换成新图层，并命名为"玻璃"，如图 11.168 所示。

图 11.168 新建玻璃图层

（3）设置玻璃透明度。双击"玻璃"图层，在弹出的【图层样式】对话框中，将【不透明度】设置为"50%"左右，如图 11.169 所示。

图 11.169 玻璃透明度

（4）加入室内照片。打开配套下载资源中的"室内照片 .psd"文件，将其加入文件之中，并调整"室内照片"图层到最底层。按下【Ctrl】+【T】键，对图形进行调整，如图 11.170 所示。这样玻璃的效果就更真实。

图 11.170 加入室内照片

11.6.4 调整色彩平衡

一张完美的效果图不仅仅需要环境的搭配，还需

要色彩上的和谐美，色彩搭配协调的效果图往往给人一种视觉上的享受。所以色彩对于一张好的效果图而言起着决定性的作用。

（1）天空色彩的调整。在【图层】面板中选择"天空"图层，单击菜单栏【图像】→【调整】→【色彩平衡】命令，在弹出的对话框中按图 11.171 进行设置。

（2）明暗的调整。在【图层】面板中选择"花草"图层，单击菜单栏【图像】→【调整】→【曲线】命令，在弹出的对话框中按图 11.172 进行设置。

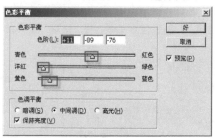

图 11.171 【色彩平衡】对话框

图 11.172 【曲线】对话框

（3）通过色彩的调整和局部的修改，整个商业街景观的后期处理已全部完成，其最终效果图如图 11.173 所示。

图 11.173 最终效果图

注意：在进行色彩调节的过程中，应反复对比，根据实际情况进行调整，使空间中各个物体的色彩能够协调一致，这样才能做出一张好的效果图。

第 12 章 输出到 3ds Max 中渲染

SketchUp 凭借其优秀的单面建模方式、直观的建模过程、全面的模型接口，不仅可以快速进行高精度模型的制作，而且可以通过与高效率的第三方渲染器的结合进行渲染，这种制作流程最大的优点是速度上的提升，简化制作流程，达到速度与质量上的平衡，给使用者带来很大的便利。并通过与 Autodesk、3ds Max 等大型三维软件的结合，借助优秀的第三方渲染器而被广泛地应用于建筑表现及建筑动画领域。V-Ray 是一款优秀的第三方渲染器，以其材质细腻、灯光逼真、渲染速度快、便于操作等优点，一直是三维建筑表现的优先渲染器。

先按本书第 8 章所教方式使用 SketchUp 进行建筑模型优化创建，然后在 3ds Max 中配合 V-Ray 渲染器进行场景渲染，不但可以缩短制作的周期，而且能提高作品的质量。

因为最终要导入 3ds Max 中进行渲染，在 SketchUp 中只需要建立出房间的大体模型就可以了，家具、装饰物等构件可以在 3ds Max 中合并。一般要渲染的场景最好不在 SketchUp 中导入组件，因为在渲染时容易出错。本章中以一个室内场景来说明 SketchUp 和 3ds Max 的结合使用流程。

12.1 导入 3ds Max 中

将建立好的 SketchUp 模型导入 3ds Max 中以前要做一系列的准备工作。要先将 SketchUp 模型导出为 3DS 文件，接着要完善 3ds Max 场景，设置单位等，然后才可以将模型导入 3ds Max 中调整材质，配合 V-Ray 渲染器进行渲染。

12.1.1 在 SketchUp 中导出 3DS 文件

SketchUp 模型建立好以后要将其导出为 3DS 文件，才可以导入 3ds Max 中进行渲染，这一步很关键。SketchUp 模型一般是作为一个整体导入 3ds Max 中去的，在 3ds Max 中为可编辑的网格，所以在导出 3DS 文件时应该选择【单个物件】进行导出，具体操作如下。

（1）打开 SketchUp 文件。在配套下载资源中找到本章节需要使用的 SketchUp 文件。

（2）单击菜单栏【文件】→【导出】→【模型】命令，在弹出的对话框中选择导出文件类型为 3DS（*.3ds）文件。单击菜单右下角的【选项】按钮设置

参数，如图 12.1 所示。

图 12.1 设置参数

12.1.2 完善 3ds Max 场景

同其他设计软件一样，在进行软件操作前必须做工作环境的设置工作，如设置单位、场景界面等工作。这可为后期的工作带来便利，提高效率。

（1）打开 3ds Max，先将界面左侧的动力学图标栏进行关闭，扩大作图界面。单击菜单栏【自定义】→【首选项】命令，在【常规】选项面板中，取消【使用大工具栏按钮】的勾选，单击【确定】按钮。右击下方的时间栏，取消【配置】→【显示帧编号】选项的勾选。退出软件，重新打开 3ds Max。调整整个工作界面，扩大视图操作界面，以符合建筑制图习惯，调整后界面如图 12.2 所示。

（2）将软件的单位参数进行匹配设置。单击菜单【自定义】→【单位设置】命令，将【显示单位比例】设置为【公制】，单位为"毫米"，如图 12.3 所示。单击上方【系统单位设置】按钮，将【系统单位比例】修改为"1 Unit=1"毫米，完成单位设置，如图 12.4 所示。

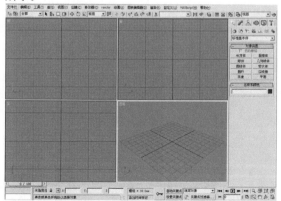

图 12.2 调整软件界面

图 12.3 制作单位参数

图 12.4 系统单位比例

注意：在将 SketchUp 模型导入 3ds Max 进行制作前一定要完成单位的设置，否则在后续的制作过程中会出现不可预料的错误。

12.1.3 导入 SketchUp 模型并添加摄像机

这一步的操作虽然简单，但是非常关键。导入时应该注意单位的设置问题，否则模型会出现尺寸上的偏差，从而影响渲染。在 3ds Max 中创建模型时，需要先建立摄像机，摄像机应该以美学的原则为依据，尽可能在观察范围之内容纳更多的细节物体。调整好摄像机的观察角度，通过摄像机对看得见的区域进行细化，反之可以简化，这也是创建模型的规律，能为后期的渲染带来便利。

（1）单击菜单栏【文件】→【导入】选项，在弹出的【打开】对话框中，选择导入文件类型为 3D Studio 网格。选择从 SketchUp 中导出的 3DS 文件，双击打开，在弹出的对话框中选择【合并对象到当前场景】，单击【确定】按钮，并在弹出的导入文件的对话框中选择【否】，不导入动画信息。导入后的结果如图 12.5 所示。

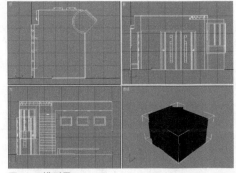
图 12.5 模型导入

（2）打开默认照明。观察到场景中的模型是一片黑的，这是因为场景中没有灯光的缘故。右击界面的右下角，在弹出的【视口配置】对话框中，勾选【默认照明】→【2 盏灯】选项，打开默认照明，如图 12.6 所示，这样整个场景就会亮起来了。

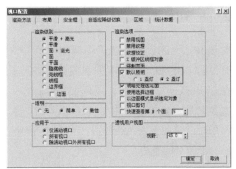
图 12.6 打开默认照明

（3）隐藏面。为了使摄像机获得更好的视觉效果，这里将会挡住摄像机的一面墙壁进行隐藏。单击右侧的【修改】按钮，在【修改】面板中选择【多边形】，然后选择要隐藏的面，单击【修改】面板中的【隐藏】按钮，如图 12.7 和图 12.8 所示。

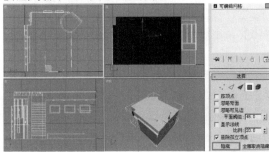
图 12.7 选择要隐藏的面　　　　　图 12.8 修改【面板】

（4）创建摄像机。单击右侧【创建】面板【摄像机】→【目标】选项，在顶视图中设置摄像机在平面上的观察角度，在视图中创建摄像机。选择摄像机并在前视图中将摄像机向上提升到一定的高度。根据表现对象设置摄像机及摄像机目标点。

（5）调整完成后，选择摄像机，在右侧【修改】面板中将摄像机镜头大小设置为 24 mm，使用广角镜头，扩大视域，用来体现整体建筑物较大的空间，从而不产生压抑感，如图 12.9 所示。

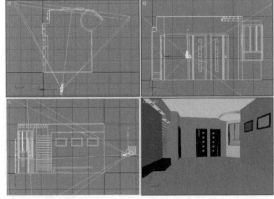
图 12.9 创建摄像机

12.2 在 3ds Max 中赋予材质

材质和灯光的设置在效果图制作中至关重要，在设计过程中模型的质地和特征都是通过材质来反映的。使用 V-Ray 渲染器时，可以使用 3ds Max 自带的各类型材质，也可以使用 V-Ray 自身的材质。在设置材质时还应考虑到光线因素，所以材质的设置是一个综合而复杂的过程。

12.2.1 V-Ray 材质选择

当前场景模型设置已经完成，模型基本属于"白模"阶段，需要进行基本材质的赋予。在渲染过程中材质的赋予分为初步材质赋予和材质调整，初步材质的赋予步骤又分为选择贴图、定义贴图坐标、确定材质类型。初步材质调整过程是为测试渲染做准备，V-Ray 渲染器与模型的结合使用也是从此过程开始的。

（1）按下键盘上的【F10】键，调出 3ds Max 的【渲染】面板，单击面板【公用】→【指定渲染器】按钮，在【选择渲染器】对话框中选择【V-Ray Adv 1.5】，将场景默认渲染器设置为 V-Ray。单击【确定】按钮，V-Ray 渲染器被调出，如图 12.10 所示。

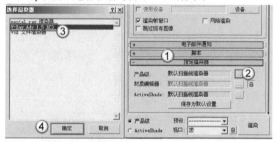

图 12.10 选择 VRay 渲染器

（2）按下键盘上的【M】键，调出 3ds Max【材质编辑器】，单击【吸管】工具，在场景室内模型上单击吸取，将房体模型材质吸取到材质球列表中，如图 12.11 所示。

（3）观察【材质编辑器】参数面板，SketchUp 创建的模型材质在导入 3ds Max 后材质为【多维/子对象】材质，在【多维/子对象基本参数】栏中共有 13 个子材质，单击按钮进入第一个子材质选项，此子材质即 ID 号为 1 的多边形相对应的材质对象，如图 12.12 所示。

（4）观察模型中被选中的 ID 为 1 的材质对象，是属于把手及窗框的金属不锈钢类的材质。单击材质

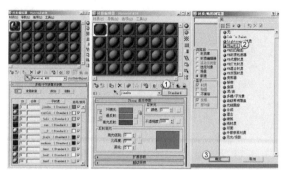

图 12.11 吸取材质　图 12.12 设置 V-Ray 材质

面板中的【Standard】按钮，在弹出的【材质/贴图浏览器】中双击选择【VRayMtl】材质类型，此材质类型是 V-Ray 渲染器的默认材质。

注意：当选择渲染器为 VRay 渲染器时，VRay 材质才会出现在【材质/贴图浏览器】中，如果没有打开 VRay 渲染器，则不会出现这些材质类型。

12.2.2 金属材质和乳胶漆材质

金属材质的制作有一些特殊，需要通过漫射及反射效果来烘托，同样要考虑到灯光对它的影响。乳胶漆材质是应用于天花板与白色墙面的，设置很简单，具体操作如下。

（1）制作不锈钢金属材质。在 V-Ray 材质修改面板中，单击【漫射】选项后的颜色选择栏按钮，在弹出的【颜色选择器】对话框中调整颜色为：红 50，绿 50，蓝 50，如图 12.13 所示。然后返回【材质编辑器】对话框，用同样的方法设置【反射】的颜色为：红 150，绿 150，蓝 150。

（2）在【反射】修改栏中将【光泽度】一栏的参数修改为"0.85"，对不锈钢的表面进行模糊反射处理。并加大下方【细分】栏的值，设置为"20"，保证模糊反射的清晰度，在【折射】修改栏中，调整【折射率】参数为"2.97"，如图 12.14 所示。

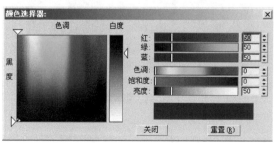

图 12.13 调整颜色

图 12.14 调整参数

图 12.17 乳胶漆材质

注意：V-Ray 材质中反射程度是根据反射颜色的亮度值来进行设置的，颜色越接近黑色，反射越差，越接近白色，反射程度越强。全白就是完全反射。图 12.14 中的参数是用来确定 V-Ray 材质中反射模糊程度的选项，值越接近 1，表现越接近镜面反射，值越接近 0，模糊反射越强。注意，场景中的模糊反射区域越多，速度越慢。

（3）单击工具栏【选择对象】按钮，选择 SketchUp 创建的室内模型，进入修改面板，观察模型属于【可编辑网格】类型，需要在一个整体模型上赋予多个不同的材质类型。单击【修改器列表】下拉菜单，在【修改器列表】中选择【网格选择】修改器，在【网格选择】类型中选择【多边形选择】。在修改参数中将【按材质 ID 选择】选项中的材质【ID】号设置为"1"，单击右侧【选择】按钮，如图 12.15 所示，将模型中的所有材质 ID 号为 1 的多边形全部选中，如图 12.16 所示，将制作的金属材质赋予对象。

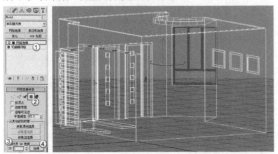

图 12.15 选择 ID　　　　图 12.16 选择多边形

（4）在修改面板中选择模型 ID2 的多边形，此材质 ID 对应的多边形对象为墙面和天花面，在【材质编辑器】中单击 ID2 材质，进入编辑面板，在材质类型中选择【VRayMtl】材质类型。调整【漫射】颜色参数为：红 20，绿 250，蓝 250，如图 12.17 所示。

注意：在 V-Ray 中设置墙体不能将墙体颜色直接设置为全白，即红 255，绿 255，蓝 255，否则会在渲染时出现错误，所以要尽可能使白色带上少许的灰色。如果想使白墙更白一些，可以在【漫射】中给一张纯白贴图，在后期渲染中方便调整白墙的亮度，解决白墙不白的问题。

12.2.3 玻璃材质和木材材质

场景中有一扇玻璃窗，需要赋予其玻璃材质，在进行材质调整时要注意玻璃的反射程度。场景中出现的木材材质应该具有木材的特殊纹理，有一定的油漆反射，除在反射面上具有反射模糊特性，还应该使用纹理贴图来突出其质感。

（1）玻璃材质。在修改面板中选择模型 ID3 的多边形，此材质 ID 对应的多边形对象为玻璃窗中的玻璃，在【材质编辑器】中单击 ID3 材质，进入编辑面板，在材质类型中选择【VRayMtl】材质类型。调整【漫射】颜色参数为：红 250，绿 250，蓝 250，将【反射】和【折射】颜色均调整为全白，并勾选【反射】选项中的【菲涅耳反射】，【折射率】调整为"1.517"。将【反射】和【折射】的【细分】设置为"50"，如图 12.18 所示。

（2）在修改面板中选择模型 ID4 的多边形，此材质 ID 对应的多边形对象为门的木材材质，在【材质编辑器】中单击 ID4 材质，进入编辑面板，在材质类型中选择【VRayMtl】材质类型。将【漫射】颜色调整为：红 128，绿 128，蓝 128，并单击【漫射】颜色旁的按钮，进入【材质 / 贴图浏览器】，选中【位图】贴图类型，赋予其一张木纹贴图。保持 ID4 的多边形选择状态，在材质中赋予贴图后，在模型修改面板中单击【修改器列表】，选择【UVW 贴图】修改器，在【UVW 贴图】中将贴图模式设置为"长方体"，并设置贴图坐标参数，如图 12.19 所示。

（3）调整贴图坐标后，进入【基本参数】面板，单击【反射】栏后的颜色按钮，调整颜色参数为红 28，绿 28，蓝 28，将材质进行反射处理，表现木材的反光，并将反射【光泽度】设置为"0.75"，将反射【细分】参数设置为"12"，确定材质的细腻程度，如图 12.20 所示。

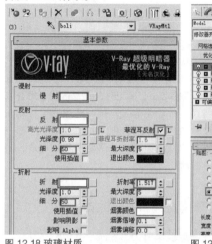

图 12.18 玻璃材质　　图 12.19 UVW 贴图

图 12.20 木材材质

（4）用同样的方法选择 ID5 材质，也应该为木材材质。单击【材质编辑器】工具【转到父对象】回到【多维 / 子对象基本参数】材质修改面板中，按住鼠标左键将 ID4 材质栏直接拖入 ID5 材质框，在弹出的对话框中选择【复制】，将 ID4 材质参数直接复制到 ID5 材质中，如图 12.21 所示。单击进入复制后的 ID4 材质，修改参数，将【漫射】后赋予的位图贴图替换为一张深色的木纹贴图。在材质中赋予贴图后，在模型修改面板中单击【修改器列表】，选择【UVW 贴图】修改器，在【UVW 贴图】中将贴图模式设置为"长方体"，并设置贴图坐标参数，如图 12.22 所示。

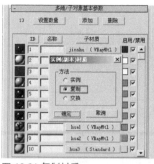

图 12.21 复制材质　　图 12.22 UVW 贴图

（5）用同样的方法选择 ID6 材质和 ID7 材质，发现 ID 对应的分别是电视柜和画框，这里可以给其同一种深色木纹材质，以达到色调上的统一，方法如上，将 ID5 的材质直接复制到 ID6 和 ID7 材质框上即可。然后在修改面板中单击【修改器列表】，选择【UVW 贴图】修改器，在【UVW 贴图】修改面板中将贴图模式设置为"长方体"，将贴图进行 UVW 贴图坐标固定，参数保持默认。

12.2.4 挂画材质和自发光材质

挂画材质的制作很简单，不需要调整漫反射，只要在【漫射】中给一张挂画的贴图即可。自发光材质这里主要是应用于筒灯和弧形灯带，并不作为真正的灯光效果，具体操作如下。

（1）ID8、ID9、ID10 的材质是三幅挂画，这里只要制作一种，其他直接进行复制，然后在【漫射】里将位图中的贴图替换为其他挂画贴图即可。观察摄像机视图会发现 ID10 中的挂画不在摄像机视域内，最终出图的时候是看不到的，为了节省时间和提高效率，ID10 的材质可以不进行赋予。

（2）在修改面板中选择模型 ID11 的多边形，此材质 ID 对应的多边形对象为筒灯和弧形灯带的发光材质。在【材质编辑器】中单击 ID11 材质，进入编辑面板，在材质类型中选择【V-Ray 灯光材质】类型。此 V-Ray 材质能模拟发光灯面的自发光属性，常用于灯槽、灯带的制作。保持默认参数即可，如图 12.23 所示。

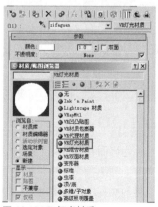

图 12.23 VR 灯光材质

12.2.5 墙纸材质和木地板材质

墙纸材质的制作有一些特殊,不仅需要漫反射上的贴图,同样要考虑凹凸的质感效果贴图,这样才能充分表现墙纸的真实质感。木地板材质的制作和前面提到的木材材质的制作方法类似,都需要木纹贴图来体现其木材的质感,同时还要赋予其一定的凹凸感,这需要通过贴图来解决。

(1)在【修改器列表】中选择【网格选择】修改器,在修改面板中选择模型 ID12 的多边形,此 ID 与室内的墙面对应,对其进行墙纸处理。单击材质面板 ID12 材质,设置材质类型为【VRayMtl】,并调整【漫射】颜色为: 红 128,绿 128,蓝 128。单击【漫射】颜色旁的按钮,进入【材质 / 贴图浏览器】,选中【位图】贴图类型,选择一张墙纸的贴图,如图 12.24 所示。

(2)保持 ID12 的多边形选择状态,在修改面板中单击【修改器列表】,选择【UVW 贴图】修改器,在【UVW 贴图】修改面板中将贴图模式设置为"长方体"。将墙纸贴图进行 UVW 贴图坐标固定,设置修改器参数,如图 12.25 所示。

图 12.24 墙纸材质

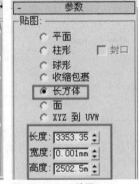
图 12.25 UVW 贴图

(3)选择面板中的【贴图】栏,将【漫射】贴图中的位图按住鼠标左键直接拖动到【凹凸】栏中进行复制,并将【凹凸】数值设置为"15",以突出墙纸材质的凹凸质感,如图 12.26 所示。

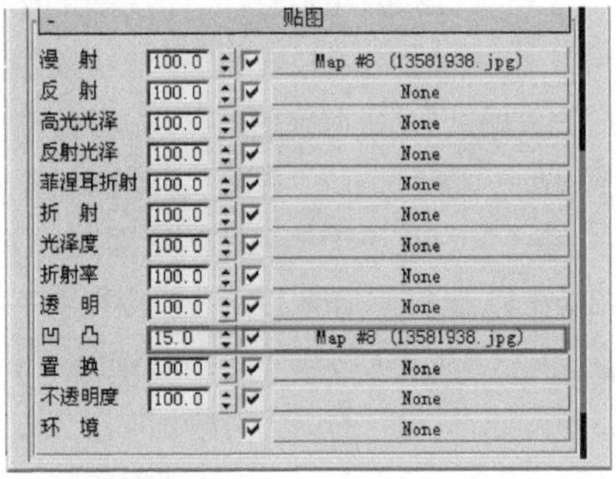

图 12.26 设置凹凸

(4)在【修改器列表】中选择【网格选择】修改器,在修改面板中选择模型 ID13 的多边形,此 ID 与室内的地面对应。单击材质面板 ID13 材质,设置材质类型为【VRayMtl】,并调整【漫射】颜色为: 红 128,绿 128,蓝 128。单击【漫射】颜色旁的按钮,进入【材质 / 贴图浏览器】,选中【位图】贴图类型,选择一张地板的贴图。保持 ID13 的多边形选择状态,在修改面板中单击【修改器列表】,选择【UVW 贴图】修改器,在【UVW 贴图】修改面板中将贴图模式设置为"长方体"。将地板贴图进行 UVW 贴图坐标固定,设置修改器参数,如图 12.27、图 12.28 所示。

图 12.27 UVW 贴图

图 12.28 地板材质

13.3 合并家具和设置灯光

根据设计方案,场景中的室内墙体部分已经在 SketchUp 中创建完成,需要在场景中添加相关的家具模型如电器、沙发、餐桌、灯具等,用来丰富场景。家具模型应该遵循由大到小的顺序进行导入,导入时要注意对齐和模型的比例问题。当整个场景丰富完毕,就要观察场景,分析光源,对场景进行灯光设置了。

12.3.1 合并家具

观察场景,本例是一个客厅和餐厅的室内空间设计,房体的大体模型已经建立,在电视背景墙的位置需要导入电视及音响设备的模型,在沙发背景墙前要导入一组沙发,餐厅内需要导入一组餐桌,沙发背景墙上的三幅挂画上方应导入 3 盏射灯,客厅中挂一组吊顶。

(1)单击【文件】→【合并】选项,选择配套下载资源中的"电视 .max"文件,双击打开,在弹出的【合并】选项栏中将【灯光】、【摄影机】的勾选取消，单击【全部】按钮，将模型组件进行合并，如图 12.29 所示。

（2）观察合并文件，单击【组】→【成组】命令，将合并后的电视文件进行成组处理，组成单一对象，防止后期在移动的过程中出现模型丢失的错误。

（3）单击工具栏【捕捉】工具按钮，打开【2.5 维捕捉】，右键单击【2.5 维捕捉】按钮，在弹出的设置对话框中将捕捉模式设置为【边／线段】，如图 12.30 所示。在前视图窗口中将床模型底部对齐至地面平面，如图 12.31 所示。

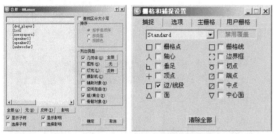

图 12.29 合并　　　　图 12.30 捕捉设置

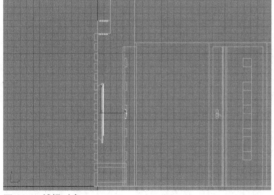

图 12.31 捕捉对齐

（4）采取同样的方法，将音响、沙发、餐桌、灯具等模型导入到场景中，并对齐模型位置，如图 12.32 所示。

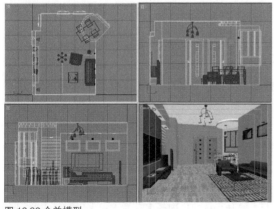

图 12.32 合并模型

12.3.2 设置 V-Ray 渲染环境

在进行灯光渲染设置前，需要在 V-Ray 的渲染面板中对场景的渲染属性进行一定的设置，用以满足当前的渲染需求，具体操作如下。

（1）单击菜单栏【渲染】→【渲染面板】，打开【渲染面板】，进行材质设置之前已经将 V-Ray 渲染器打开，此时只需对 V-Ray 渲染器的参数进行设置。

（2）单击【V-Ray：帧缓冲区】卷展栏，勾选【启用内置帧缓冲区】选项，打开 V-Ray 的渲染缓冲区进行渲染预览，如图 12.33 所示。

（3）进入【渲染面板】中【渲染器】修改面板，单击【V-Ray：全局开关】卷展栏，在【灯光】选项栏中取消【默认灯光】前的勾选，使场景在默认的 3ds Max 光源下进行渲染。取消【材质】选项栏中的【反射／折射】和【贴图】选项的勾选，以加快灯光渲染测试时的速度，如图 12.34 所示。

图 12.33 帧缓冲区设置

图 12.34 全局开关设置

（4）单击【V-Ray：间接照明（GI）】卷展栏，勾选【开】选项，将间接照明打开，并且将【首次反弹】和【二次反弹】选项栏后的【全局光引擎】分别设置为"发光贴图"和"灯光缓冲"，并将【二次反弹】的数值降低，调整为"0.7"左右，如图 12.35 所示。

（5）单击【V-Ray：图像采样（反锯齿）】卷展栏，选择【图像采样器】的【类型】为"自适应准蒙特卡洛"，【抗锯齿过滤器】的类型选择为【Mitchell-Netravali】，此种采样器对模型边缘的锯齿有较好的优化处理，如图 12.36 所示。

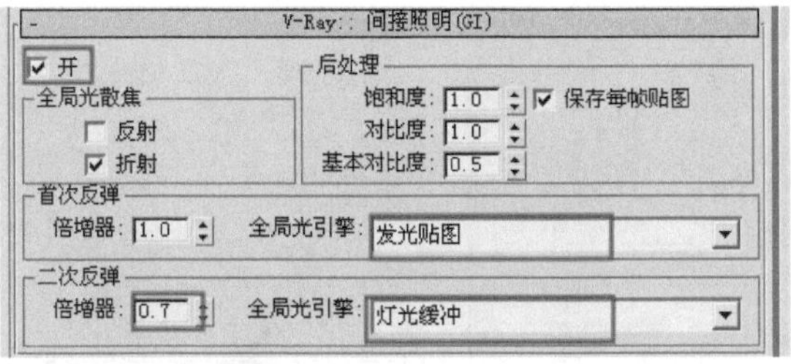

图 12.35 间接照明设置

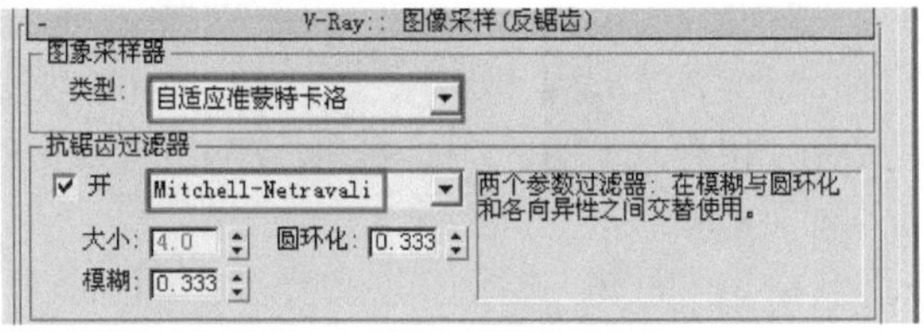

图 12.36 图像采样设置

（6）单击【V-Ray：发光贴图】卷展栏，【当前预置】选择"非常低"，降低【模型细分】的参数为"20"，降低【插补采样】的参数为"15"，以提高测试速度，如图 12.37 所示。

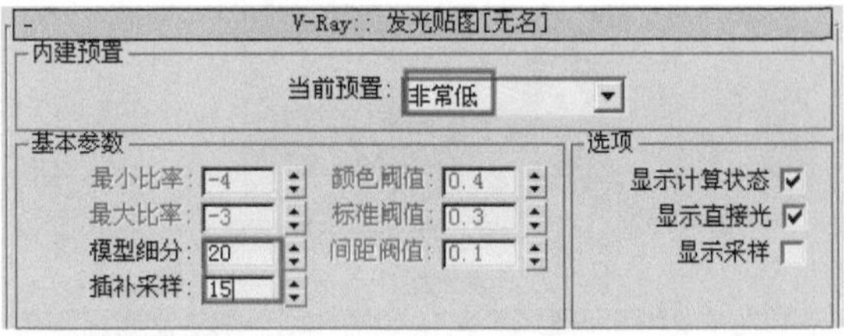

图 12.37 发光贴图

（7）单击【V-Ray：灯光缓冲】卷展栏，将【细分】的参数降低为"100"，提高测试渲染的速度，并勾选【显示计算状态】，如图 12.38 所示。

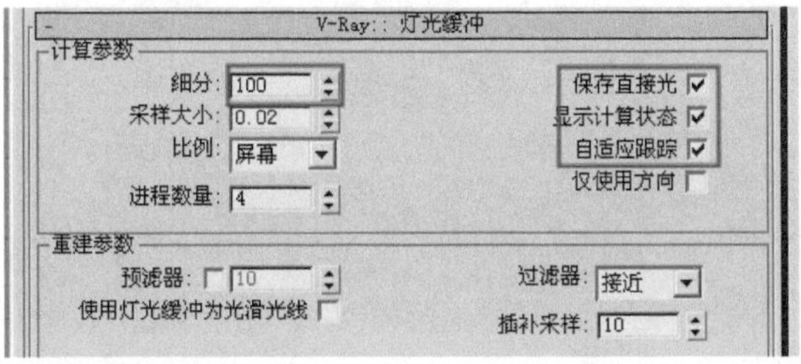

图 12.38 灯光缓冲

12.3.3 设置灯光

在用 V-Ray 渲染场景时，需要打开 V-Ray 的环境光线，也被称作环境光。在打开环境光后，调整场景亮度，然后设置其他直接光。

（1）设置环境光。单击【V-Ray：环境】卷展栏，在【全局光环境（天光）覆盖】选项栏中勾选【开】，打开 V-Ray 的环境光，如图 12.39 所示。按下键盘上的【F9】键进行渲染测试，如图 12.40 所示。

图 12.39 打开环境光

图 12.40 渲染环境光

（2）创建主光源。单击【创建】→【灯光】→【V-Ray】→【VR 灯光】，选择【穹顶灯】，在室内如图 12.41 所示的位置创建一盏主光源，参数如图 12.42 所示。

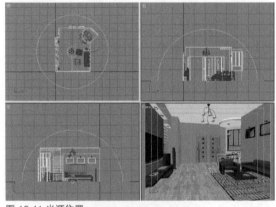

图 12.41 光源位置

图 12.42 参数设置

（3）创建补光。单击【创建】→【灯光】→【VRay】→【VR 灯光】，选择【平面】，在室内如图 12.43 所示的窗户位置创建一盏补光，灯光面积等于窗户的面积，利用【移动】工具将此灯光移动至窗户外，此灯光用来表现户外光照射入室内，使画面灯光产生变化，参数如图12.44所示，因为是室外光，所以给其冷色调。

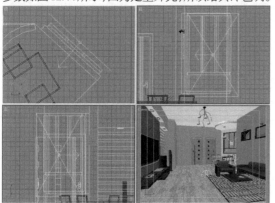

图 12.43 创建补光

图 12.44 参数设置

（4）创建气氛光。单击【创建】→【灯光】→【光度学】→【自由点光源】，在如图 12.45 所示的室内电视背景墙下筒灯的位置创建点光源。

（5）选中创建的点光源，单击【修改面板】→【常规参数】打开灯光阴影，阴影模式为【VRay 阴影】，在【强度/颜色/分布】选项栏中将【分布】设置为【Web】方式，如图 12.46 所示。单击【Web 参数】→【Web 文件】选项按钮，在弹出的对话框中选择适当的光域网文件，设置灯光的形态，并适当调整灯光强度倍增值，如图 12.47 所示。

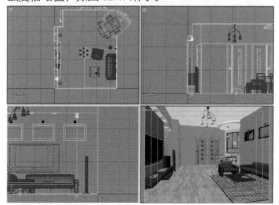

图 12.45 创建点光源

图 12.46 设置灯

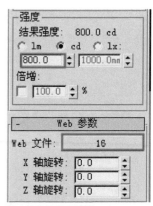

图 12.47 设置光域网

（6）复制灯光。选择创建的灯光，配合【Shift】键，使用【移动】工具进行复制，在弹出的【克隆选项】对话框中选择【实例】方式，在【副本数】中输入"4"，将其他 4 个筒灯的位置也复制上灯光，如图 12.48 和图 12.49 所示。

图 12.48 复制灯光

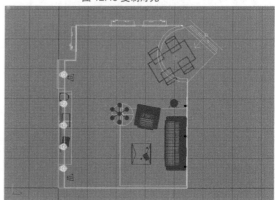

图 12.49 灯光位置

（7）射灯灯光。任意选择创建的一个筒灯灯光，配合【Shift】键，使用【移动】工具进行复制，在弹出的【克隆选项】对话框中选择【复制】方式，在【副本数】中输入"1"，将其放置到画框上射灯的位置，然后使用相同的方法再复制两个到其他两个射灯的位置，选择【实例】方式，如图 12.50 所示。

（8）选中复制的射灯灯光，单击【修改面板】→【Web 参数】→【Web 文件】选项按钮，在弹出的对话框中选择另一种适合的光域网文件，设置灯光的形态，并适当调整灯光强度倍增值，如图 12.51 所示。

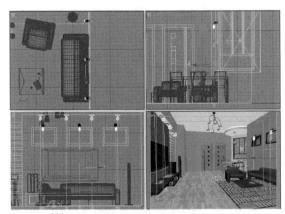

图 12.50 射灯

图 12.51 替换光域网

（9）渲染测试。单击【V-Ray: 全局开关】卷展栏，勾选【反射/折射】和【贴图】选项，如图 12.52 所示。按下键盘上的【F9】键进行渲染测试，如图 12.53 所示。观察场景中的灯光基本上已经设置好了，可以准备出图了。

图 12.52 渲染测试

图 12.53 测试图

12.4 调整出图

场景中材质及灯光的处理已经基本完成，仔细观察测试渲染，进行调整，最后在 3ds Max 中进行 VRay 的渲染出图工作。V-Ray 可以用"渲染小图出大图"的方法来操作，主要是在小图中进行光子计算，渲染光子图，然后将光子文件运用到大图中进行输出。

12.4.1 调整场景

观察场景发现，场景内有一面墙上出现错误的光圈，这是因为电视背景墙有一盏筒灯的光域网需要调整，换成另一种类型的光域网就可以将墙上出现的多余光圈去除。整个场景还不够亮，可以采用调高环境光的方法来解决这个问题，具体操作如下。

（1）选择电视背景墙里侧造型墙顶上的点光源，将其删除。再选择旁边筒灯上的点光源，配合【Shift】键，使用【移动】工具，将其复制一个，在弹出的【克隆选项】对话框中选择【复制】方式，【副本数】为"1"，如图 12.54 所示。

（2）保持灯光在选中状态，单击【修改面板】→【Web 参数】→【Web 文件】选项按钮，在弹出的对话框中选择另一种合适的光域网文件，设置灯光的形态，并适当调整灯光强度倍增值，如图 12.55 所示。

图 12.54 克隆选项 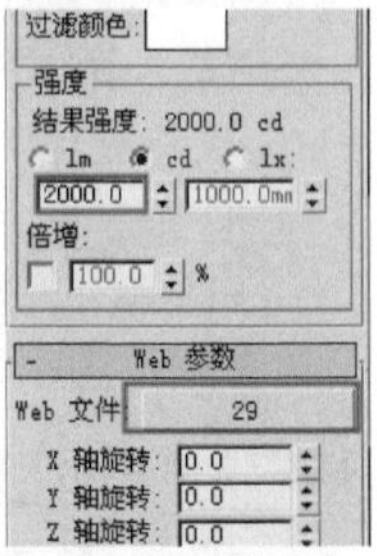　　　　图 12.55 灯光参数

（3）按下键盘上的【F10】键，打开【渲染场景】对话框，单击【V-Ray: 环境】卷展栏，在【全局光环境（天光）覆盖】选项栏中勾选【开】，打开 V-Ray 的环境光，将【倍增器】参数提高到"1.5"，如图 12.56 所示。按下键盘上的【F9】键进行渲染测试，如图 12.57 所示。

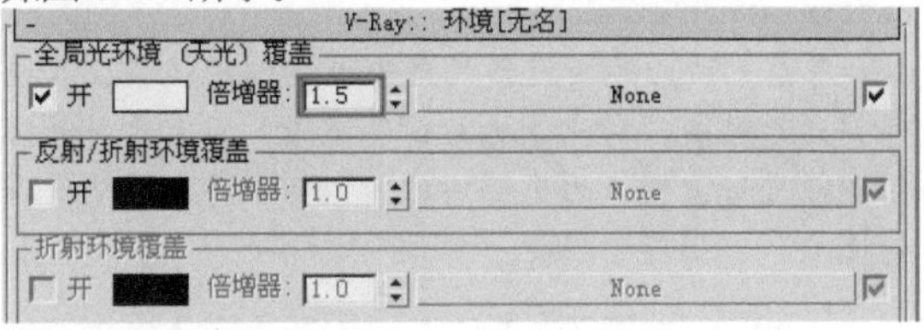

图 12.56 调整环境光

图 12.57 渲染测试

（4）观察场景中的灯光和材质基本已经设置完成，为了使渲染出图时达到更加细腻的灯光效果，这里需要将灯光的【细分】调高。分别选择场景中创建的"穹顶"光和"平面"光，单击【修改面板】→【参数】→【采样】选项，将【细分】的参数调高到"20"，如图 12.58 所示。

图 12.58 灯光细分

12.4.2 计算光子贴图

渲染光子贴图需要对【渲染面板】中的参数进行一些调整，适当提高需要的参数，在保证渲染质量的同时还要注意加快渲染速度，将"发光贴图"和"灯光缓冲"的计算保存起来。

（1）单击【渲染】→【渲染器】→【V-Ray：全局开关】选项栏，勾选【不渲染最终的图像】选项，如图 12.59 所示。

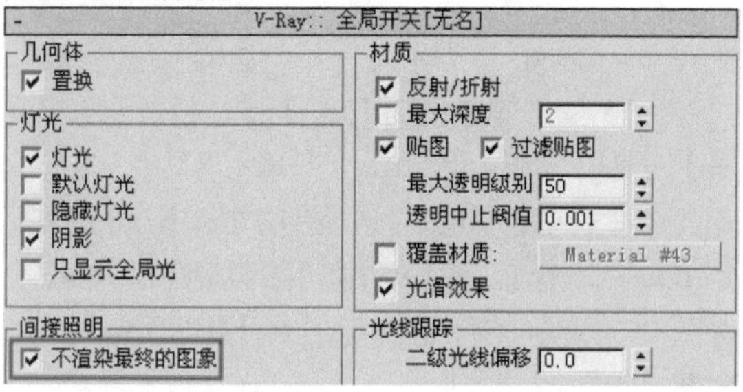

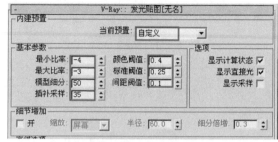

图 12.59 全局开关设置

注意：因为此时进行的是光子贴图的渲染，只要保存光子贴图，对光子进行计算渲染，不需要对最终的图像进行渲染，为了节省时间，可以将此选项取消勾选。

（2）单击【渲染】→【渲染器】→【V-Ray：

发光贴图】选项栏，将【当前预置】设置为"自定义"类型，提高【基本参数】值的设置，如图 12.60 所示。

（3）单击【渲染后】→【自动保存】→【浏览】，设置发光贴图的保存位置，将渲染出的发光贴图进行保存，勾选【切换到保存的贴图】，如图 12.61 所示。

图 12.60 设置发光贴图

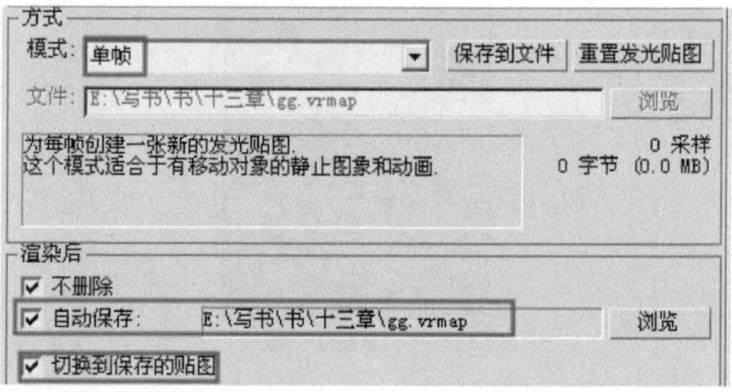

图 12.61 保存发光贴图

（4）单击【渲染】→【渲染器】→【V-Ray：灯光缓冲】，将灯光缓冲的【细分】参数增大至"1000"，提高灯光缓冲的细节，这个参数可以根据机器的配置而定，一般设置在 500~800 即可，设置越高，速度越慢。单击【渲染后】→【自动保存】→【浏览】，设置灯光缓冲的保存位置，将渲染出的灯光贴图进行保存，勾选【切换到被保存的缓冲】，这样光子贴图渲染完成后，渲染大图时就可以直接渲染图像了，如图 12.62 所示。

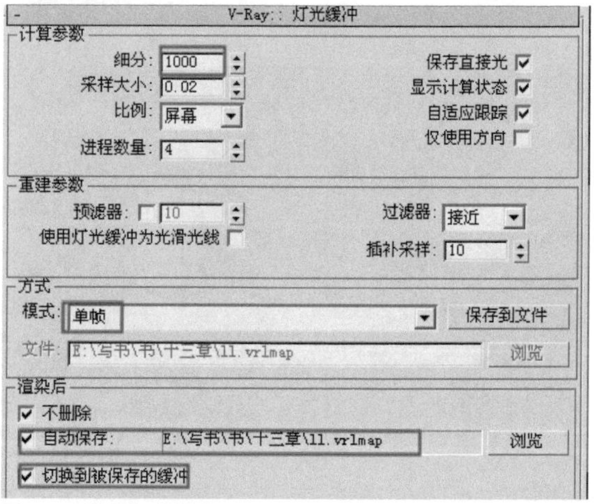

图 12.62 调整灯光缓冲

（5）单击【渲染】→【渲染器】→【V-Ray：颜色映射】→【类型】按钮，将【颜色映射】类型设置为"指数"，指数曝光控制能改善场景中曝光不均匀的情况，比较适合室内场景的制作。调整【变亮倍增器】和【变暗倍增器】，将其参数进行修改，如图 12.63 所示。

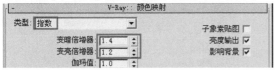

图 12.63 颜色映射

注意：V-Ray 中的灯光贴图文件在第一次渲染保存后，在场景不变的情况下，能在再次渲染时提出使用，以加快渲染的速度，避免多次的重复渲染，这也是 V-Ray 渲染器"渲染小图出大图"的特点。

（6）其他参数设置保持默认值，这时候就可以对光子贴图进行渲染计算了。按下键盘上的【F9】键，进行渲染。

12.4.3 渲染正式图

光子贴图计算完毕，这时就可以再次调整渲染器参数，调高分辨率，进行最终出图渲染的工作了，这里的参数也要制图者根据各自的机器配置进行设置，以免渲染时间过长。具体操作如下。

（1）单击【渲染】→【渲染器】→【V-Ray：帧缓冲区】选项栏，取消【从 MAX 获取分辨率】选项的勾选，选择分辨率为"1024×768"，如图 12.64 所示。

（2）单击【渲染】→【渲染器】→【V-Ray：全局开关】选项栏，取消【不渲染最终的图像】选项的勾选，如图 12.65 所示。

图 12.64 调整分辨率

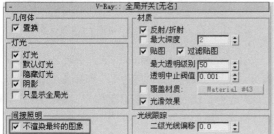

图 12.65 打开渲染最终的图像

（3）单击【渲染】→【渲染器】→【V-Ray：发光贴图】选项栏，确定"发光贴图"及"灯光缓冲"的渲染【模式】是"从文件"，即获取保存好的光子贴图文件，如图 12.66 及图 12.67 所示。

图 12.66 发光贴图

图 12.67 灯光缓冲

（4）单击【渲染】→【渲染器】→【V-Ray：rQMC 采样器】选项栏，将【噪波阈值】设置为"0.005"，将【最小采样值】设置为"12"，如图 12.68 所示。

图 12.68 rQMC 采样器

（5）设置完成后，单击键盘上的【F9】键，将场景进行最终渲染，如图 12.69 所示。渲染完成后，将场景进行保存，并设置保存格式为 Targa 图像文件（＊.tga，＊.vba，＊.icb，＊.vst）。

图 12.69 渲染完成

12.5 后期处理

渲染出的图像还需要借助后期处理软件进行加工，调整画面的不足之处。后期处理是室内效果图制作的重要部分，优秀的效果图是与后期处理分不开的。本例使用的后期处理软件是 Photoshop，该软件操作非常简单，主要是针对图形的黑白调子、色彩进行简单的处理。

12.5.1 在 Photoshop 中进行明暗的调整

虽然使用 V-Ray 渲染器可以将灯光模拟得与真实情况基本相同，但在 Photoshop 中还需要对图像进行一些局部修饰。

（1）双击桌面 Photoshop 图标，打开 Photoshop 软件。单击【文件】→【打开】命令，打开保存的效果图文件，如图 12.70 所示。

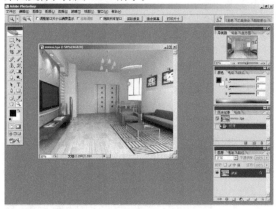

图 12.70 打开图片

（2）对背景图层进行复制，然后生成一个副本图层。在副本图层上对图像进行修改，如图 12.71 所示。这样有利于对比处理前后的效果。

（3）调整图像亮度。单击【图像】→【调整】→【色阶】命令，进入【色阶】调整窗口。单击如图 12.72 所示的序号①所示的【暗部】吸管，在图像中最暗的部分吸取颜色，然后单击序号②所示的【亮部】吸管，在图像中最亮的部分吸取颜色。

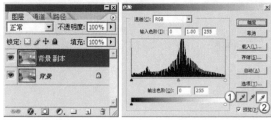

图 12.71 复制图层　　图 12.72 进入色阶调整窗口

（4）通过【曲线】调整图像对比度。单击【图像】→【调整】→【曲线】命令，进入【曲线】调整窗口，调整窗口中的两个滑块，可以提高效果图的对比度，如图 12.73 所示。

（5）单击【图像】→【调整】→【亮度 / 对比度】命令，进入【亮度 / 对比度】调整窗口，如图 12.74 所示，

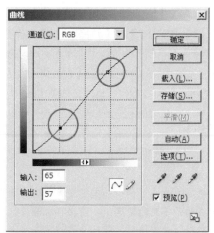

图 12.73 曲线

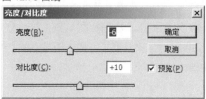

图 12.74 亮度 / 对比度

具体参数根据制图者最终渲染出来的效果图具体情况具体分析，再进行调整。

（6）调整效果如图 12.75 所示，与处理前的效果图相比，场景的明暗对比要强烈些，图像的明度稍微暗了些，更接近真实光线的效果。

图 12.75 明度调整

12.5.2 在 Photoshop 中进行色彩调整

色彩的调整是 Photoshop 的强大功能之一，图像偏粉、偏灰的问题都可以在这里得到解决，还可以通过调整色调，获取冷调、暖调等不同气氛的效果图，具体操作方法如下。

（1）单击【图像】→【调整】→【色彩平衡】命令，

打开【色彩平衡】调整窗口。分别对【色彩平衡】的【高光】、【中间调】和【阴影】进行调整。选择【阴影】选项，使其偏蓝；选择【中间调】，使其偏黄；选择【高光】，使其偏蓝，如图 12.76 至图 12.78 所示。室内效果图中通常是偏暖色调的，所以色彩上以偏暖为主。

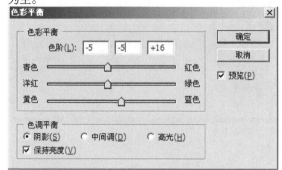

图 12.76 阴影部分

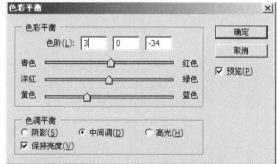

图 12.77 中间调部分

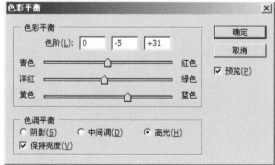

图 12.78 高光部分

（2）单击【图像】→【调整】→【色相 / 饱和度】命令，在弹出的【色相 / 饱和度】对话框中，将【饱和度】调高，如图 12.79 所示。

（3）单击【图像】→【调整】→【照片滤镜】命令，在弹出的【照片滤镜】对话框中，选择"加温滤镜（81）"，如图 12.80 所示。

（4）最后进入【变化】调整，强调效果图的色彩偏向。单击【图像】→【调整】→【变化】命令，在【变化】对话框中将色彩加入到效果图中，如图 12.81 所示。

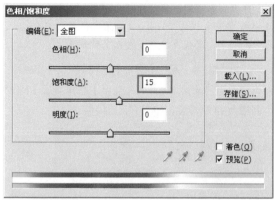

图 12.79 饱和度

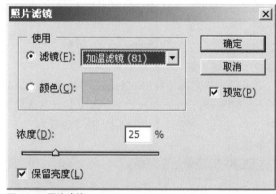

图 12.80 照片滤镜

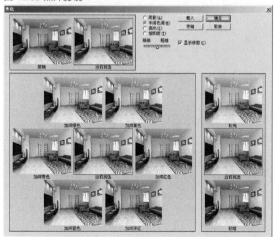

图 12.81 变化调整

12.5.3 最终调整

图像基本上已经处理完了，这时候只要做锐化调整、加边框等最终的调整就可以出图了，最后出图前一定要将图片进行锐化。具体操作如下。

（1）单击【滤镜】→【锐化】→【USM 锐化】命令，在【USM 锐化】对话框中进行 USM 锐化调整，使图片更加清晰，如图 12.82 所示。

注意：在出图之前必须进行锐化，否则打印的图像中会有很多"像素点"。USM 锐化是众多锐化工具中的一种，其优点就在于可以实时预览。

（2）加边框。单击【图像】→【画布大小】命令，将单位改为"像素"，并将【宽度】和【高度】的大小都增大 40 个像素，如图 12.83 所示。

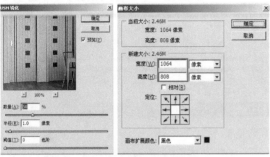

图 12.82 调整锐化度　　图 12.83 加边框

（3）将图片保存为 JPG 格式的文件，如图 12.84 所示。在保存时，Photoshop 会自动弹出【JPEG 选项】对话框，在【图像选项】栏中将【品质】设置为"12"（最佳）。

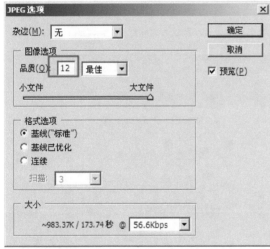

图 12.84 设置图片品质

（4）最终效果如图 12.85 所示。

图 12.85 效果图

第 13 章　输出到渲染伴侣 Artlantis 中渲染

SketchUp 除了阳光与阴影功能外，没有额外的灯光效果。而且材质也仅限于物体本色、本色上的贴图、透明，图面表达十分有限。Artlantis 是 SketchUp 官方的渲染伴侣，支持 SKP 文件直接导入、支持贴图与材质的导入。而且软件本身有灯光、高级材质、光能传递等高级渲染功能。本章将用一个实例来介绍从 SketchUp 输出到 Artlantis 的效果图制作流程。

Artlantis Studio 是由法国 Abvent 公司隆重推出的纯照片级的渲染软件，渲染速度之快让人称奇。Artlantis Studio 和 SketchUp 兼容得比较完美，因此得到"渲染伴侣"的称号。兼容性是相对而言的，各种渲染软件发展到今天，能和 SketchUp 完美兼容并且渲染质量较好的还有常见的另外几个，如 Maxwell Studio 和 V-Ray for SketchUp。

13.1 整理模型

有时候建立的模型正反面不统一，导入 Artlantis 中就会出现材质丢失的现象，虽然可以在其中单独赋予材质，可是势必增加工作量，而且操作不如在 SketchUp 中方便。因此，在导入模型之前，应该校核模型。

（1）在配套下载资源中找到本章节需要使用的 SketchUp 文件，打开模型，进行剖切设置，观察内部情况，如图 13.1 所示。由于主要是表现室内的情况，因此确保正面面向室内即可。

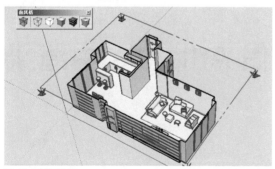
图 13.1 剖切设置

（2）单击显示模式工具栏最后面的【单色模式】按钮，此时可以观察到放置台灯的桌面有反面向外的情况，如图 13.2 所示。

（3）单击【材质】按钮，将顶部的吊灯材质分离出来，用一种颜色填充灯架，如图 13.3 所示。这样在 Artlantis 中编辑材质就很方便。

（4）选择【文件】→【另存为】按钮，在存储格式中选择 SketchUp 低版本，否则无法导入 Artlantis 中，文件名和存储路径不要出现汉字，如图 13.4 所示。

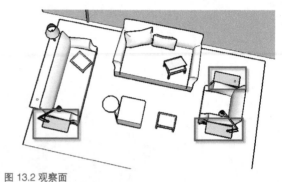
图 13.2 观察面

图 13.3 分离材质

图 13.4 导出文件

13.2 渲染模型

Artlantis Studio 的操作界面与其他的渲染器界面相比很简单，也很人性化，表现在很多的参数调整都是滑杆控制。在渲染速度上与其他的渲染软件相比极快，因此可以在最短时间内制作时间尽可能长的动画。相信将来的版本会进一步提高渲染质量。

下面演示渲染室内的完整过程，希望对读者掌握 Artlantis Studio 有所帮助。

（1）Artlantis Studio 可以直接将 SKP 文件打开。运行 Artlantis Studio，软件运行过程中会弹出如图 13.5 所示的对话框。此时必须选择一个文件打开，如果不打开，选择【取消】，那么 Artlantis Studio 也会随之关闭。

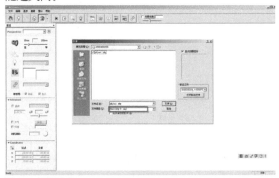

图 13.5 选择文件

（2）如果模型中的材质有以中文命名的，在导入过程中会因为软件无法识别而丢失。通过逐一选择材质路径，可以解决此问题，如图 13.6 所示。

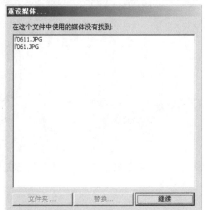

图 13.6 选择材质路径

（3）当模型转化完毕后，Artlantis Studio 呈现给读者如图 13.7 所示的视图界面。这是因为 Artlantis Studio 只支持 SketchUp 模型的相机信息而不支持时间和日期信息。

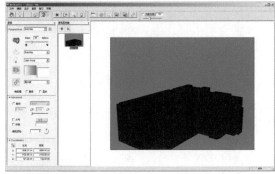

图 13.7 初始视图

（4）打开模型所在的文件夹，发现有两个贴图文件名中有汉字，这正是开始时丢失的那两个贴图文件，如图 13.8 所示。

图 13.8 核对贴图

（5）打开 SketchUp 中模型的材质列表，单击 Artlantis Studio 中的【材质】按钮，打开【材质列表】，观察二者的材质名称，可以发现，如果没有中文名或是一些特殊字符，材质导入后是一一对应的，如图 13.9 和图 13.10 所示。右击 Artlantis Studio 中【材质列表】中的一种材质，选择【删除未使用的材质 ID】选项，清理材质，如图 13.11 所示。

图 13.9 SketchUp 中的材质

图 13.10 Artlantis Studio 中的材质

图 13.11 清理材质

（6）单击 Artlantis Studio 中的【2D 视图】按钮，进入 2D 视图模式，调整相机水平位置如图13.12所示。在 2D 视图模式下，单击 2D 视图对话框上面的【前】

视图按钮，如图 13.13 所示。

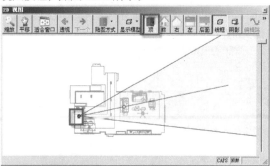

图 13.12 相机平面调整

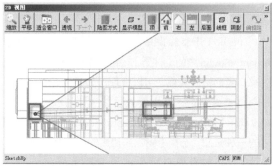

图 13.13 相机调整

（7）观察模型现实视图，视图为室内的透视图现实。因为没有光线，故而漆黑一片，如图 13.14 所示。

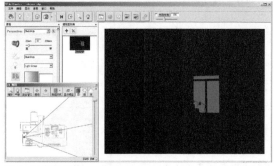

图 13.14 相机调整

（8）单击【灯光】按钮，添加一个泛光灯，如图 13.15 所示，泛光灯加到了相机位置。做室内渲染最好在相机位置加一个泛光灯进行补光。

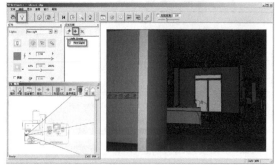

图 13.15 补光效果

（9）按下【Alt】键，拖动相机处的灯光图标，复制一个泛光灯，移动到吊灯位置，如图 13.16 所示，这是表现真实灯光效果，不同于其他软件的模拟效果。

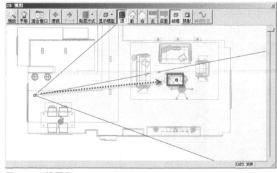

图 13.16 放置灯

（10）单击【光能传递】按钮，预览布灯效果。关键是观察灯光的发光强度和颜色，以便找到问题并发现构图的灵感，如图 13.17 所示。

图 13.17 视图预览

（11）打开 2D 视图，按下【Alt】键，复制泛光灯。将每个泛光灯放在每个安置灯泡的位置，这样渲染出的效果才接近真实，如图 13.18 所示。

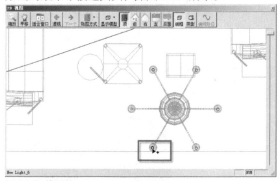

图 13.18 放置灯

（12）在【灯光列表】中选择要编辑的灯，在颜色控制框中调整发光颜色。再次调整相机位置，使构图趋于均衡，如图 13.19 所示。

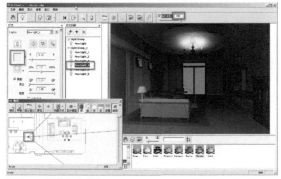

图 13.19 调整灯光颜色

（13）单击【材质编辑】按钮，进入材质编辑模式。单击一下要编辑的材质，系统自动跳转到相应的材质编辑状态。单击图中红色框框选的【编辑】按钮，进入【贴图】面板，在其中调整地板的【反射】值，如图 13.20 所示。

图 13.20 编辑地板材质

（14）单击【光能传递】按钮，再次预览视图。观察图 13.21 所示，发现灯光仅仅照亮了客厅，画面太平淡。丰富图面有两大途径，一个就是在其中添加植物或是小饰品，另一个就是改善材质和灯管布置。下面通过第二种方法来改进图面效果。

图 13.21 预览视图

（15）在沙发上面增加带颜色的射灯，用软件中的聚光灯模拟，如图 13.22 所示。设定射灯的衰减范围，可以控制地面的曝光量。

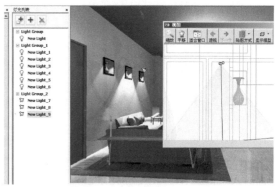

图 13.22 增加射灯

（16）在电视墙的上方增加一条灯带，可以加强电视墙的艺术效果，这也是电视墙处理的常规方法。可以使用软件提供的平行光源制作，如图 13.23 所示。

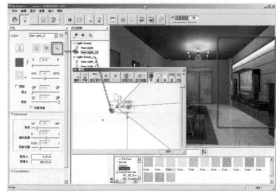

图 13.23 制作灯带

进行一系列微调后，渲染最终效果如图 13.24 所示。

图 13.24 最终效果

第 14 章　V-Ray for SketchUp

V-Ray for SketchUp，是 ASGVIS 为从事可视化工作的专业人员提供的一套可以创造极高艺术效果的解决方案，它能够渲染出极具真实感的图像。"许多不同类型的高端艺术工作室，多年来一直利用 V-Ray 去设计制作照片级的图像和卓越的品质，"ASGVIS 的主管 Corey Rubadue 说道，"通过 V-Ray for SketchUp，我们为 SketchUp 用户带来了强有力的、灵活而优惠的解决方案，以至大家都能全面、充分地利用 V-Ray。"

该软件的功能包括：真实的光线追踪反射、折射效果；有光泽的反射和折射；区域阴影（软阴影），包括 BOX 和 SPHERE 发射器；间接照明（全局照明、全局光），不同的途径，包括直接计算（强力）和发光贴图；摄像机景深效果；抗锯齿；多通道渲染；完全有线状图案装饰的光线追踪器；真实的 HDRI 贴图支持；可重复使用的发光贴图；可预览的材质编辑器；V-Ray 阳光和天空；物理相机；支持 10 台计算机网络渲染、置换；全局光、背景、发射、折射；双面材质，用于轻松制作透明效果；动画支持。

V-Ray 提供给 SketchUp 用户全局光照明和光线追踪等特色功能，这些特色功能令设计师的想法能够快速、轻松地实现，并非常划算。

14.1 建立室内模型

在使用 V-Ray for SketchUp 渲染之前，必须建立模型，而且必须边建模边赋予材质。由于软件的局限性，材质的名称必须是非中文，否则在后面渲染时会出错。虽然 V-Ray 并不像 Lightscape 那样对模型有高要求，但是设计师也必须使用单面建模法，保证面的数量，并注意不要把背面对着相机。

本例以一个卫生间的封闭模型来说明 V-Ray for SketchUp 对封闭室内空间的制作流程。

14.1.1 建立主体空间

本例中建立模型采用的方法是优化 AutoCAD 平面图纸，再导入到 SketchUp 中。SketchUp 的【推拉】工具可以让二维图形伸拉成三维实体，这是软件三维建模中的主要工具。在 SketchUp 作图过程中，房间的三维高度基本上由这个工具来完成。在将 AutoCAD 图导入到 SketchUp 中之前，还需要对 SketchUp 的场景进行设置，以方便制图，避免出现

不必要的麻烦。

（1）优化 AutoCAD 图纸。打开 AutoCAD 文件，如图 14.1 所示，然后单击【图层特性管理器】按钮，在弹出的【图层特性管理器】对话框中新建一个图层，更改图层的颜色并将其设置为当前图层，将其他图层锁定，如图 14.2 所示。

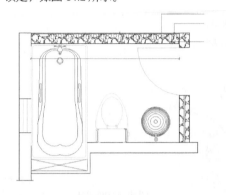

图 14.1 平面布置图

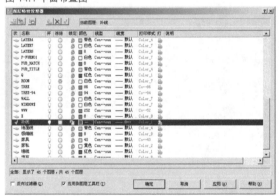

图 14.2 图层特性管理器

（2）绘制轮廓。如图 14.3 所示，在 AutoCAD 中，使用【直线】工具在平面布置图上沿墙线绘制需要的轮廓线，并将其他图层隐藏。这样就可以在 SketchUp 中使用【推拉】工具绘制房间的基本墙体模型了。

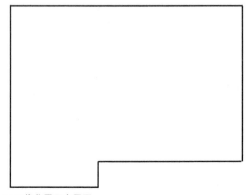

图 14.3 优化平面布置图

（3）保存导出文件。输入"Wblock"（写块）命令，在弹出的【写块】对话框中单击【选择对象】按钮，选择要导出的轮廓线，并更改文件的保存路径，【插入单位】选择"毫米"，将这个轮廓线的文件单独保存为一个"新块 .dwg"文件，如图 14.4 所示。

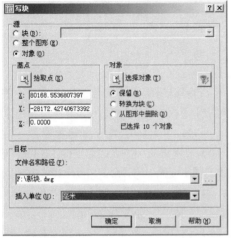

图 14.4 写块文件

（4）设置 SketchUp 场景。启动 SketchUp，单击【窗口】→【风格】命令，在弹出的【风格】对话框中单击【编辑】→【面设置】按钮，然后单击【正面色】对应的颜色按钮，弹出【选择颜色】对话框。移动颜色滑块，调整颜色为黄色，单击【确定】按钮。这样就完成了对模型面的设置，如图 14.5 所示。

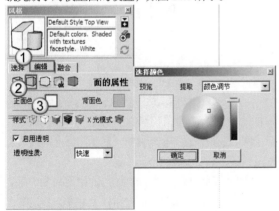

图 14.5 场景设置

（5）如图 14.6 所示，单击【文件】→【导入】命令，弹出【打开】对话框。选择保存的 AutoCAD 图块，单击【选项】按钮，确定【单位】为"毫米"，然后单击【打开】按钮。导入后的平面图如图 14.7 所示。

（6）封闭面。使用【直线】工具，在导入的平面图中沿着任意一条边线绘制一条直线，形成如图 14.8 所示的封闭面。

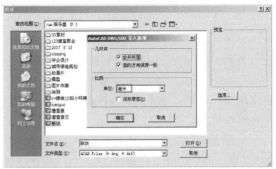

图 14.6 导入图块

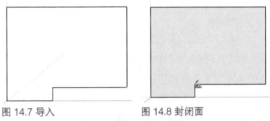

图 14.7 导入　　　　　图 14.8 封闭面

（7）拉伸模型。使用【推拉】工具，沿着 z 轴方向向上拉伸出 2800 mm 的距离，这就是房间的净高，如图 14.9 所示。

（8）反转面。右击模型的任意一个面，选择【将面翻转】命令，将黄色的正向转到内侧，如图 14.10 所示。

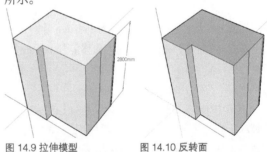

图 14.9 拉伸模型　　　　图 14.10 反转面

（9）统一面的方向。右击翻转的面，选择【统一面的方向】命令，将所有的黄色正面翻转到内侧，而蓝色的反面转到外侧，如图 14.11 所示。

（10）右击选择模型的顶面，选择【隐藏】命令，将阻挡视线的面进行隐藏，以利于观察模型的内部空间，如图 14.12 所示。

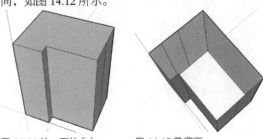

图 14.11 统一面的方向　　　图 14.12 隐藏面

14.1.2 绘制门窗

本例中只有一扇门和一扇窗户，造型简单。门的尺寸为 700 mm×2100 mm，门套尺寸为 60 mm。窗户的尺寸为 500 mm×800 mm，窗框宽 40 mm，窗户距离地面 1700 mm。绘制时可以先借助辅助线来确定门窗的具体位置。

（1）绘制门的轮廓。将视图定位到门的位置，按下键盘上的【L】键，在距离地面 2100 mm 的位置绘制一条直线，删除多余的线，得到如图 14.13 所示的门的轮廓。

（2）绘制门套。选择绘制的门的面域，按下键盘上的【F】键，将其向内偏移 60 mm 的距离，然后，使用【推拉】工具，将门套向外拉伸 20 mm 的距离，将门面向内推进 100 mm 的距离，如图 14.14 所示。

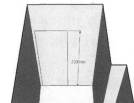

图 14.13 绘制门的轮廓

图 14.14 绘制门套

（3）绘制门面造型。按下键盘上的【C】键，在门面适当的位置绘制一个半径为 155 mm 的圆，并按下键盘上的【F】键，将圆向内偏移复制 10 mm 的距离，然后使用【直线】工具，以圆为中心，绘制如图 14.15 所示的造型线，宽度为 20 mm。

（4）拉伸门面造型。按下键盘上的【P】键，将绘制的圆向外拉伸 20 mm 的距离，将圆外的边框向外拉伸 10 mm 的距离，然后将绘制的造型线向内推进 30 mm 的距离，如图 14.16 所示。

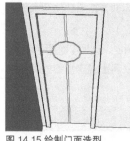

图 14.15 绘制门面造型

图 14.16 拉伸门面造型

（5）绘制细节。门面圆形造型上还有一些木制线条的装饰。按下键盘上的【R】键，在圆面上绘制如图 14.17 所示的七个矩形，矩形宽为 10 mm，长度根据由中心到圆形轮廓的距离而定。

（6）拉伸细节。按下键盘上的【P】键，将绘制

的线条分别向外拉伸 10 mm 的距离，如图 14.18 所示。自此门的模型就建立完毕了，下面要对其赋予材质并创建成组件。

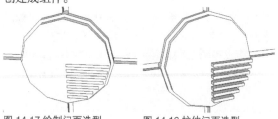

图 14.17 绘制门面造型　　图 14.16 拉伸门面造型

（7）金属材质。按下键盘上的【B】键，在弹出的【材质】面板中给其命名，设定其材质颜色为 R = 130，G = 145，B = 160，如图 14.19 所示。

（8）玻璃材质。按下键盘上的【B】键，在弹出的【材质】面板中给其命名，设定其材质颜色为 R = 150，G = 220，B = 220，在【不透明度】选择中，设定参数为"60"，如图 14.20 所示。

（9）木材材质。按下键盘上的【B】键，在弹出的【材质】面板中给其命名，勾选【使用贴图】选项，在弹出的文档中选择一张木纹贴图，如图 14.21 所示。

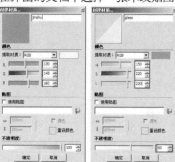

图 14.19 金属材质　图 14.20 玻璃材质　图 14.21 木材材质

（10）赋予材质。按下键盘上的【B】键，选择木材材质，赋予门面及门套的各个面，选择玻璃材质，赋予圆形造型，选择金属材质，赋予门面上的圆形边框及线条，如图 14.22 所示。

（11）制作组件。将绘制的门的模型的各个面全部选择，右击门，选择【制作组件】命令，将门制作成组件，如图 14.23 所示。

（12）模型交错。制作成组件后的门，发现被埋

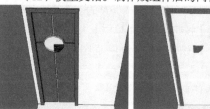

图 14.22 赋予材质　　　图 14.23 制作组件

在墙壁里，出现模型错误，这时用【模型交错】命令可以解决。右击门组件，选择【交错】→【模型交错】命令，然后删除多余的面和线，如图 14.24 所示。

（13）补面。发现门组件与地面有破面。按下键盘上的【L】键，沿着门的底面轮廓线，绘制线，封闭面，删除多余的线，如图 14.25 所示。

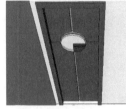 

图 14.24 模型交错　　　图 14.25 补面

（14）绘制窗户轮廓。按下键盘上的【T】键，在墙壁上绘制两条如图 14.26 所示的辅助线，以确定窗户的大体轮廓。然后按下键盘上的【L】键，根据辅助线绘制直线，删除多余的线条和辅助线。

（15）拉伸窗户。按下键盘上的【F】键，将绘制的窗户轮廓向内偏移复制 40 mm 的距离，形成窗框，并使用【推拉】工具，将窗框向外拉伸 30 mm 的距离，如图 14.27 所示。

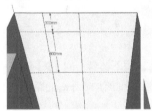 

图 14.26 绘制窗户轮廓　　　图 14.27 拉伸窗户

（16）绘制窗扇。将窗分为两等份，作为上下的两扇窗扇，中间留出 20 mm 的缝隙。然后按下键盘上的【F】键，分别将两扇窗扇向内偏移复制 30 mm 的距离，形成窗框，再使用【推拉】工具将窗框向外拉伸 20 mm 的距离，如图 14.28 所示。

（17）赋予材质。按下键盘上的【B】键，选择金属材质，赋予窗框，选择玻璃材质，赋予窗户玻璃，如图 14.29 所示。将窗户的各个面全部选择，右击窗户，选择【制作组件】命令，将窗户制作成组件。

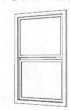 

图 14.28 绘制窗扇　　　图 14.29 赋予材质并群组

14.1.3 绘制立面

本例中卫生间的立面很简单，主要绘制的是东面墙壁。在浴缸的上面，设置了三个玻璃搁物架，洗手台上面设置一面椭圆形的镜子，镜子旁也设有一个小的搁物架。这里绘制立面时，简单的家具也可以一并绘制出来。

（1）墙砖材质。按下键盘上的【B】键，在弹出的【材质】面板中给其命名，勾选【使用贴图】选项，在弹出的文档中选择一张瓷砖贴图，单击旁边的锁按钮，打开锁定，设置参数为"300，300"，如图 14.30 所示。

（2）马赛克材质。按下键盘上的【B】键，在弹出的【材质】面板中给其命名，勾选【使用贴图】选项，在弹出的文档中选择一张马赛克贴图，如图 14.31 所示。

 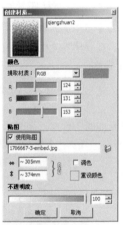

图 14.30 墙砖材质　　　图 14.31 马赛克材质

（3）赋予材质。按下键盘上的【B】键，选择马赛克材质，赋予东面的墙壁，选择墙砖材质，赋予给其他三面墙壁。此时若发现贴图的位置不对，右击贴图，选择【贴图】→【位置】命令，拖动指针调整贴图的位置，调整好后，再次右击贴图，选择【完成】命令，如图 14.32 和图 14.33 所示。

图 14.32 调整贴图位置　　　图 14.33 赋予材质

（4）绘制搁物架。选择墙壁底面的一条边线，配合【Ctrl】键，使用【移动 / 复制】工具，将其向上偏移复制 920 mm 的距离，将复制出来的边线再次向上偏移复制 20 mm 的距离，得到第一个搁物架的轮廓。将复制出来的两根边线同时选择，配合【Ctrl】键，使用【移动 / 复制】工具，将其向上偏移复制 476 mm 的距离，输入"＊2"，即以相同的距离和方向，偏移复制两次，如图 14.34 所示。

（5）赋予材质并拉伸。按下键盘上的【B】键，选择玻璃材质，赋予搁物架，并使用【推拉】工具，分别将搁物架向外拉伸 240 mm 的距离，如图 14.35 所示。

图 14.34 绘制搁物架　　图 14.35 制作搁物架

（6）台面材质。按下键盘上的【B】键，在弹出的【材质】面板中给其命名，勾选【使用贴图】选项，在弹出的文档中选择一张浅色大理石贴图，如图 14.36 所示。

（7）绘制洗手台。按下键盘上的【R】键，在墙壁上绘制一个 500 mm×576 mm 的矩形，并选择家具材质赋予矩形，如图 14.37 所示。

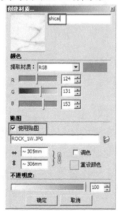

图 14.36 台面材质

图 14.37 绘制洗手台

（8）拉伸洗手台。按下键盘上的【P】键，将绘制的矩形向外拉伸 550 mm 的距离，如图 14.38 所示。

图 14.38 拉伸洗手台

（9）绘制台面细节。选择台面内侧的一条轮廓线，配合【Ctrl】键，使用【移动 / 复制】工具，将其向前偏移复制 10 mm 的距离，形成一块矩形区域，如图 14.39 所示。

图 14.39 绘制台面细节

（10）拉伸台面细节。按下键盘上的【P】键，将绘制的宽 10 mm 的矩形向上拉伸 50 mm 的距离，如图 14.40 所示。

图 14.40 制作台面细节

（11）绘制圆角。按下键盘上的【T】键，绘制三条辅助线，辅助线与轮廓线的距离都为 20 mm。再按下键盘上的【A】键，在辅助线形成的两个小矩形内绘制两个圆弧，如图 14.41 所示。

（12）拉伸圆角。按下键盘上的【P】键，将圆弧外多余的三角面向内推至墙壁，删除墙壁上多余的线，得到如图 14.42 所示的带圆角的台面。

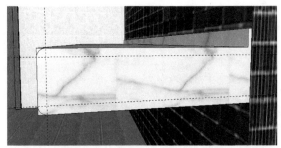

图 14.41 绘制圆角

图 14.42 拉伸圆角

（13）镜子材质。按下键盘上的【B】键，在弹出的【材质】面板中给其命名，设定其材质颜色为 R = 170，G = 230，B = 255，如图 14.43 所示。

（14）绘制镜子轮廓。按下键盘上的【R】键，在距离台面 100 mm 的墙壁上绘制一个宽 950 mm 的与墙宽等长的矩形，如图 14.44 所示。

图 14.43 镜子材质

图 14.44 绘制镜子轮廓

（15）拉伸镜子。按下键盘上的【P】键，将绘制的镜子轮廓向外拉伸 120 mm 的距离，并选择其外面的三根轮廓线，配合【Ctrl】键，使用【移动 / 复制】工具，将其向内偏移复制 40 mm 的距离，如图 14.45 所示。

（16）制作造型。按下键盘上的【P】键，将轮廓线分割的内侧矩形区域向内推进 100 mm 的距离，如图 14.46 所示，留出镜子上放置灯管的灯槽位置。

图 14.45 拉伸镜子　　　　图 14.46 制作造型

（17）绘制广告钉。按下键盘上的【C】键，在制作的镜子模型上绘制一个半径为 20 mm 的圆，如图 14.47 所示，注意将圆的段数改小为"12"。

（18）制作广告钉。按下键盘上的【P】键，将绘制的圆形向外拉伸 20 mm 的距离。将制作的广告钉模型的各个面全部选择，右击广告钉，选择【制作组件】命令，将广告钉制作成组件，如图 14.48 所示。

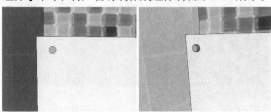

图 14.47 绘制广告钉　　　　图 14.48 制作广告钉

（19）复制广告钉。选择广告钉组件，配合【Ctrl】键，使用【移动 / 复制】工具，偏移复制三个广告钉，使用【移动 / 复制】工具，将其分别放置到镜子的四个角的适当位置，如图 14.49 所示。

图 14.49 复制广告钉

（20）大理石材质。按下键盘上的【B】键，在弹出的【材质】面板中给其命名，勾选【使用贴图】选项，在弹出的文档中选择一张深色大理石贴图，如

图 14.50 所示。

（21）绘制踢脚线。选择墙壁的底面边线，配合【Ctrl】键，使用【移动 / 复制】工具，将其向上偏移复制 80 mm 的距离，如图 14.51 所示。被物体挡住的可以不用绘制，选择大理石材质赋予踢脚线。

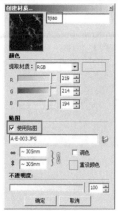

图 14.50 大理石材质

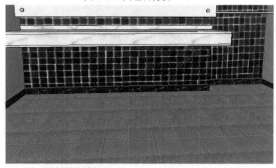

图 14.51 绘制踢脚线

（22）制作踢脚线。按下键盘上的【P】键，将绘制的踢脚线向外拉伸 20 mm 的距离，如图 14.52 所示。

（23）地面材质。按下键盘上的【B】键，在弹出的【材质】面板中给其命名，勾选【使用贴图】选项，在弹出的文档中选择一张地砖贴图，如图 14.53 所示。

图 14.52 制作踢脚线

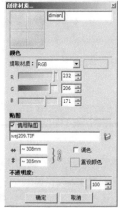

图 14.53 地面材质

（24）赋予材质。按下键盘上的【B】键，选择地面材质赋予给地面，如图 14.54 所示。

图 14.54 赋予材质

14.1.4 绘制吊顶

在室内设计中可以通过吊顶来调整屋顶不呈水平的问题，以吊顶的造型来变化空间，实现艺术创作，还可以隐藏灯光，用灯具的反射光来表现柔和自然等。因为吊顶的诸多或实用或装饰的作用，使得吊顶或部分吊顶在室内设计中大量应用。

卫生间吊顶的材质现在采用较多的是铝塑板。本例中的卫生间吊顶即采用了铝扣板上面镶嵌格栅灯的形式。

（1）天花材质。按下键盘上的【B】键，在弹出的【材质】面板中给其命名，设置材质颜色为 R = 255，G = 255，B = 255，如图 14.55 所示。将材质赋予天花板。

（2）绘制定位线。按下键盘上的【T】键，在模型外的吊顶上绘制如图 14.56 所示的辅助线，用来确定吊顶造型的轮廓。

（3）绘制轮廓线。按下键盘上的【R】键，根据绘制的辅助线的位置，绘制吊顶的造型轮廓线，如图 14.57 所示。

（4）绘制线条。吊顶扣板与扣板之间有宽 20 mm 的线条，按下键盘上的【F】键，将绘制的矩形分别向内偏移复制 10 mm 的距离，删除多余的线，形成如图 14.58 所示的造型。

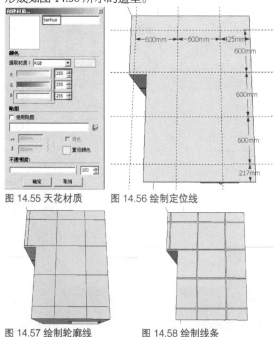

图 14.55 天花材质　图 14.56 绘制定位线

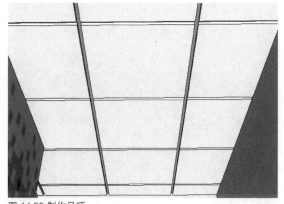

图 14.57 绘制轮廓线　图 14.58 绘制线条

（5）制作吊顶。从模型内，使用【推拉】工具，将绘制的线条向内推进 20 mm 的距离，如图 14.59 所示。按下键盘上的【B】键，选择金属材质赋予线条，这样铝扣板吊顶就制作好了。

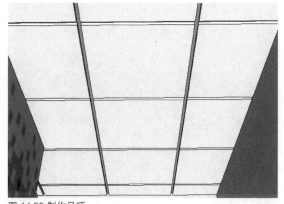

图 14.59 制作吊顶

14.1.5 插入组件

室内大体空间建立完成后，就该往室内摆放家具了。有些简单的家具可以在建立室内空间时自己建出来。但 SketchUp 不容易建立曲面，所以复杂的家具模型就需要导入组件了。

本例中的室内家具已经制作成组件，请读者朋友们从配套下载资源中复制进来。当然也可以根据自己的需要，使用 SketchUp 制作家具。

（1）添加组件。单击【窗口】→【组件】命令，将配套下载资源中的组件复制到 SketchUp 安装目录下的组件目录"Components"子路径中。

（2）单击【窗口】→【组件】命令，会弹出【组件】浏览器。单击浏览器右侧的【详细信息】按钮，在菜单中选择【添加库】命令，如图 14.60 所示，系统会弹出【浏览文件夹】对话框。

（3）选择 SketchUp 的组件目录"Components"，单击【确定】按钮，加入组件。

（4）双击【家具】目录，进入组件选择窗口，可以观察到可供选择的本例所需要的组件，如图 14.61 所示。

图 14.60 添加库

图 14.61 组件

注意：SketchUp 的默认安装路径是"C:\Program Files\SketchUp2018"，对计算机操作不太熟练的朋友请不要更改安装目录。另外要说明的是，SketchUp 安装路径是绝对不允许出现中文文件名称的。平常建好的模型，可以制作成组件保留下来，以备日后使用。组件应当分门别类复制到"C:\Program Files\SketchUp2018\Components"目录中，如图 14.62 所示。

图 14.62 安装目录

（5）单击【窗口】→【组件】命令，在弹出的【组件】面板中，选择格栅灯的组件，并放到卫生间顶部适当的位置，如图 14.63 所示。

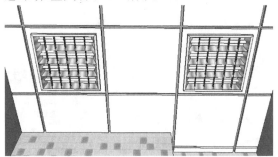

图 14.63 格栅灯

（6）单击【窗口】→【组件】命令，在弹出的【组件】面板中，选择浴缸的组件，观察平面布置图，将组件放置到卫生间内适当的位置，如图 14.64 所示。

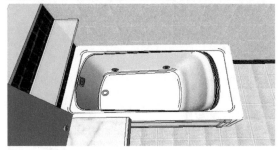

图 14.64 浴缸

（7）单击【窗口】→【组件】命令，在弹出的【组件】面板中，选择挂件的组件，并放到卫生间南面墙壁上适当的位置，如图 14.65 所示。

（8）单击【窗口】→【组件】命令，在弹出的【组件】面板中，选择坐便器的组件，并放到卫生间洗手台旁边适当的位置，如图 14.66 所示。

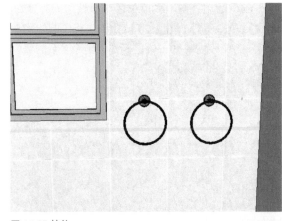

图 14.65 挂件

图 14.66 坐便器

（9）单击【窗口】→【组件】命令，在弹出的【组件】面板中，选择洗手盆的组件，并放到卫生间内洗手台上的适当位置，如图 14.67 所示。

图 14.67 洗手盆

（10）单击【窗口】→【组件】命令，在弹出的【组件】面板中，选择花瓶的组件，并放到卫生间内洗手台上适当的位置，如图 14.68 所示。

（11）单击【窗口】→【组件】命令，在弹出的【组件】面板中，选择生活用品的组件，并放到卫生间内浴缸上的搁物架上，如图 14.69 所示。

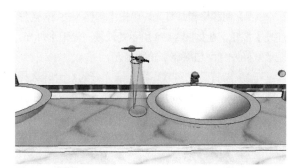

图 14.68 花瓶

图 14.69 生活用品

（12）单击【窗口】→【组件】命令，在弹出的【组件】面板中，选择花盆组件，并放到卫生间内门旁的适当位置，最终完成模型，如图 14.70、图 14.71 所示。

图 14.70 花盆

图 14.71 完成模型

14.2 检查模型和设置灯光

在进行渲染设置之前一定要检查模型，主要是检查模型的正反面的问题，看模型中是否有反面存在，如果有，要将其调整过来。

V-Ray for SketchUp 中有两种类型的灯光：矩形灯与圆形灯。使用这两种灯光就可以模拟真实场景中的照明效果了。

14.2.1 检查模型

检查模型需要的是细心，只有仔细观察模型，才能发现模型中的错误，方法并不复杂，关键是举一反三。

（1）检查模型。在菜单栏中单击【查看】→【工具栏】→【面的类型】命令，在弹出的面的类型选项中，单击【单色】选项，模型转换为单色模型，如图 14.72 所示。

图 14.72 检查模型

（2）翻转面。观察模型，发现模型中的格栅灯有反面存在，要将其翻转，如图 14.73 所示。双击格栅灯组件，进入群组的编辑模式，右击要翻转的面，选择【将面翻转】命令，依次将反面翻转为正面，如图 14.74 所示。

图 14.73 检查模型　　　　图 14.74 翻转面

（3）仔细检查模型，发现模型中的花盆和洗手盆都有反面存在，按照上面相同的方法，依次将有反面存在的模型都进行面翻转。检查完毕后，再单击面的类型中的【材质贴图】按钮，返回赋予材质的模型。

（4）调整视图。单击【缩放】按钮，然后键入"28 mm" 焦距 28毫米，此时视图采用 28 mm 的广角镜头进行显示，调整视图后如图 14.75 所示。

图 14.75 调整视图

注意：50 mm 的镜头称为标准镜头，相当于人眼的视角范围，小于 50 mm 的镜头称为广角镜头。在设计室内效果图时，由于室内空间有限，一般情况下选用广角镜头，如 35 mm、28 mm、24 mm。但是不宜选取小于 24 mm 的镜头，因为这样会出现透视变形。

（5）添加页面。为了在后面设置灯光和材质的时候不破坏当前视图的摄像机位置，需要添加页面来解决这个问题。在菜单栏中单击【查看】→【动画】→【添加页面】命令，在弹出的【警告 – 页面风格】对话框中单击【创建页面】按钮，添加一个页面，如图 14.76 所示。使用同样的方法再添加一个页面，这样在视图的左上角就出现了两个页面的显示，如图 14.77 所示。后面设置灯光及材质的操作就可以在页面 2 上进行。

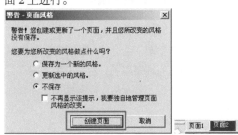

图 14.76 添加页面　　　　图 14.77 页面显示

14.2.2 创建顶部矩形灯

本例在天花吊顶处设置了格栅灯。此处使用 V-Ray for SketchUp 的矩形灯光来模拟真实的格栅灯效果。要注意矩形灯有正反之分，需要将正面向着地面，反面向着天花。并且灯与天花要有 50~100 mm 的距离，只有这样才能保证灯光不会嵌入到模型中产生漏影。具体操作如下。

（1）创建格栅灯灯光。单击【创建 V-Ray 矩形灯光】按钮，在如图 14.78 所示处设置一处矩形灯光。注意灯光发光面与格栅灯轮廓相近。

（2）设置灯光参数。右击建立好的灯光，选择【V-Ray for SketchUp】→【编辑灯光】命令，在弹出的【矩形灯光】面板中调整如图 14.79 所示的相应参数。本例为室内设计，灯光的颜色偏暖色，会为室内空间增添温馨的气氛。

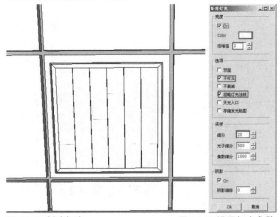

图 14.78 创建灯光　　　　　图 14.79 设置灯光参数

（3）复制灯光。使用【移动 / 复制】工具，并配合键盘的【Ctrl】键，将已经调整好参数的矩形灯光再进行偏移复制，位置在大厅格栅灯底下，如图 14.80 所示。

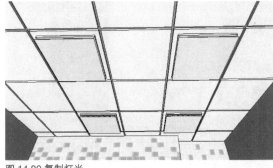

图 14.80 复制灯光

注意：此时的复制应当锁定在 x、y 平面中进行，也就是不要有 z 轴上的偏移。只有这样才能保证渲染时灯光的正确性。

（4）创建灯管灯光。单击【创建 V-Ray 矩形灯光】按钮，在如图 14.81 所示处设置一处矩形灯光。注意灯光发光面与镜子后的灯槽轮廓相近。

（5）设置灯光参数。右击建立好的灯光，选择【V-Ray for SketchUp】→【编辑灯光】命令，在弹出的【矩形灯光】面板中调整如图 14.82 所示的相应参数。

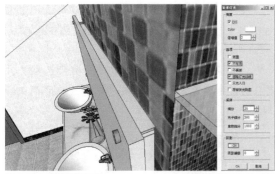

图 14.81 创建灯管灯光　　　图 14.82 设置灯光参数

（6）复制灯光。使用【移动／复制】工具，并配合键盘的【Ctrl】键，将已经调整好参数的矩形灯光再进行偏移复制，位置在镜子下方的灯槽，如图 14.83 所示，注意灯光的正面朝外。

（7）创建窗户灯光。单击【创建 V-Ray 矩形灯光】按钮，在如图 14.84 所示窗户所在的位置，设置一处矩形灯光。注意灯光发光面与窗户轮廓相近。

（8）设置灯光参数。右击建立好的灯光，选择【V-Ray for SketchUp】→【编辑灯光】命令，在弹出的【矩形灯光】面板中调整如图 14.85 所示的相应参数。从窗户进来的光是天光，所以颜色应该设置为偏蓝的颜色。

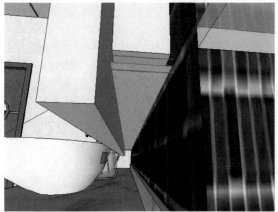

图 14.83 复制灯光

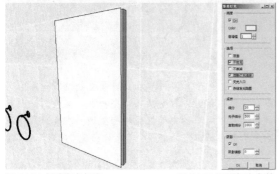

图 14.84 创建窗户灯光　　　图 14.85 设置灯光参数

14.2.3 渲染测试

设定灯光之后，并不能从视图中看到场景的实际亮度，这就需要进行渲染测试操作。只有这道工序完成后，设计师才能了解场景具体的照明效果。如果场景亮了，就减少灯光强度。如果场景暗了，就增加灯光强度。具体操作如下。

（1）单击【Plugins】→【V-Ray for SketchUp】→【选项】命令，在弹出的【V-Ray for SketchUp –渲染选项】面板中打开【全局开关】卷展栏。去掉【默认灯光】的勾选，加上【覆盖材质】的勾选，如图 14.86 所示。

（2）单击【覆盖材质】右侧的颜色按钮，在弹出的【选择颜色】面板中，选择覆盖材质的颜色为 R = 220，G = 220，B = 220，如图 14.87 所示。

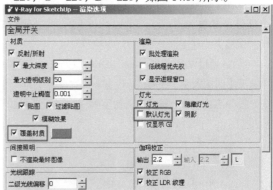

图 14.86 全局开关

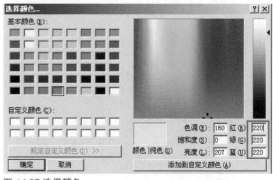

图 14.87 选择颜色

注意：覆盖材质的颜色一般选用 R=220，G=220，B=220。不能用全白（R=255，G=255，B=255），因为全白材质会将场景提得很亮，与赋上真实材质差距很大。

（3）在【V-Ray for SketchUp– 渲染选项】面板中打开【Camera】卷展栏，去掉【物理摄像机】中【On】的勾选，如图 14.88 所示。只有在阳光系统中才能使用物理摄像机。

（4）在【V-Ray for SketchUp- 渲染选项】面板中打开【输出】卷展栏，单击【800×600】按钮，设置输出图像的分辨率为 800 dpi×600 dpi，如图 14.89 所示。

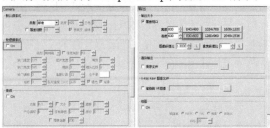

图 14.88 物理摄像机　　　图 14.89 设置分辨率

（5）在【V-Ray for SketchUp- 渲染选项】面板中打开【环境】卷展栏，去掉【GI（天光）】与【背景】的勾选。由于本例是一个全封闭的空间，不需要 V-Ray 的天光照明，直接用矩形灯就行了。打开【图像采样器】卷展栏，设置为【固定比率】方式，设定【细分】参数为"1"，如图 14.90 所示，这样会加快测试渲染的速度。

（6）在【V-Ray for SketchUp- 渲染选项】面板中打开【间接照明】卷展栏，设置【首次反弹】为"发光贴图"渲染引擎，设置【二次反弹】为"灯光缓冲"渲染引擎，如图 14.91 所示。

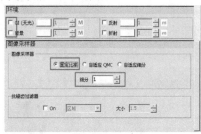

图 14.90 设置环境与采样

图 14.91 间接照明

注意：首次反弹有"光子贴图""发光贴图""准蒙特卡罗""灯光缓冲"四种渲染引擎。二次反弹有"光子贴图""无""准蒙特卡罗""灯光缓冲"四种渲染引擎。在间接照明中，首次反弹与二次反弹可以有 4×4=16 种搭配方式，画面表达的效果是千变万化的。而"发光贴图"+"灯光缓冲"是所有方式中效果与速度配比最优的一种。

（7）在【V-Ray for SketchUp- 渲染选项】面板中打开【发光贴图】卷展栏，设置相应的参数如图 14.92 所示。

（8）在【V-Ray for SketchUp- 渲染选项】面板中打开【灯光缓冲】卷展栏，设置相应的参数如图 14.93 所示。

图 14.92 发光贴图

图 14.93 灯光缓冲

（9）单击【Plugins】→【V-Ray for SketchUp】→【渲染】命令，对当前场景进行渲染，如图 14.94 所示。

图 14.94 渲染测试

注意：赋予真实材质后，场景总会偏暗一点，所以在渲染测试时，灯光应当略亮一点。渲染测试图完成后，可以对场景中的灯光进行微调。渲染的最终原则是尽量模拟真实的场景，不允许出现"死黑"与"曝光"的地方。

14.3 调整材质

材质主要用于描述物体如何反射、折射、透过与传播光线，并模拟物体受光后的颜色。贴图主要用于模拟物体的质地，提供纹理图案。

V-Ray for SketchUp 不仅支持 SketchUp 自身的材质，还自带有 V-Ray 的专用材质。V-Ray 专用材质的表现效果明显要好于 SketchUp 材质。

14.3.1 调整 SketchUp 材质

V-Ray for SketchUp 渲染器虽然支持 SketchUp 自带材质，但是仅仅是对颜色上的表现，也就是说 SketchUp 自带材质只能用在漫射级别上。SketchUp 材质也有很大的优点，就是速度快。所以场景中如果只需要颜色的表达，不需要反射、折射的效果，就可以直接用 SketchUp 自带材质去表现。具体的操作如下。

（1）地面材质。按下键盘上的【B】键，在弹出的【材质】面板中找到 "dimian"（地面）材质，设置材质的颜色为 R=230，G=220，B=200，调整尺寸大小为 "600，600"，如图 14.95 所示。

（2）按下键盘上的【B】键，在弹出的【材质】面板中找到 "qiangzhuan1"（墙砖 1）材质，设置材质的颜色为 R=240，G=250，B=245，如图 14.96 所示。

（3）按下键盘上的【B】键，在弹出的【材质】面板中找到 "masaike"（马赛克）材质，设置材质的颜色为 R=65，G=80，B=100，如图 14.97 所示。

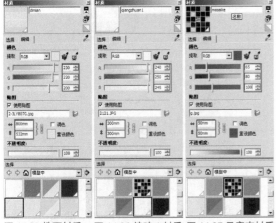

图 14.95 地面材质　图 14.96 墙砖 1 材质　图 14.97 马赛克材质

注意：在 V-Ray for SketchUp 的关联材质中，是不允许出现中文名的，所以所有的 SketchUp 的材质名称都必须使用英文或数字。另外，在 V-Ray for

SketchUp 的关联材质中，漫射（就是物体的本色）是不能再调整的，必须在 SketchUp 中将颜色调准。

（4）石材材质。按下键盘上的【B】键，在弹出的【材质】面板中找到 "shicai"（石材）材质，设置材质的颜色为 R=230，G=240，B=210，如图 14.98 所示。

（5）木材材质。按下键盘上的【B】键，在弹出的【材质】面板中找到 "wood"（木材）材质，设置材质的颜色为 R=60，G=50，B=40，如图 14.99 所示。

（6）踢脚线材质。按下键盘上的【B】键，在弹出的【材质】面板中找到 "tijiao"（踢脚线）材质，设置材质的颜色为 R=30，G=40，B=30，如图 14.100 所示。

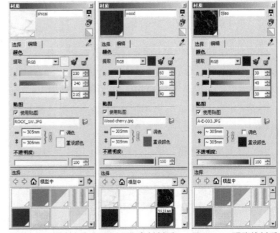

图 14.98 石材材质　图 14.99 木材材质　图 14.100 踢脚线材质

（7）天花材质。按下键盘上的【B】键，在弹出的【材质】面板中找到 "tianhua"（天花）材质，设置材质的颜色为 R=255，G=250，B=240，如图 14.101 所示。

（8）瓶子材质。按下键盘上的【B】键，在弹出的【材质】面板中找到 "pingzi"（瓶子）材质，设置材质的颜色为 R=255，G=147，B=204，如图 14.102 所示。

（9）瓶盖材质。按下键盘上的【B】键，在弹出的【材质】面板中找到 "pinggai"（瓶盖）材质，设置材质的颜色为 R=170，G=240，B=240，如图 14.103 所示。

注意：SketchUp 自带材质的颜色与贴图都可以作为关联材质在 V-Ray for SketchUp 中渲染，所以此处必须先将材质与贴图调整好。贴图坐标的调整最好在 SketchUp 中进行，因为 V-Ray for SketchUp 不可能调整贴图坐标。

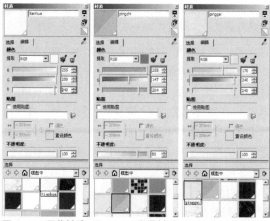

图 14.101 天花材质　图 14.102 瓶子材质　图 14.103 瓶盖材质

14.3.2 调整 V–Ray 材质

V–Ray for SketchUp 的材质非常丰富，有漫射、反射、折射、发光等效果。支持纹理贴图、凹凸贴图、发光贴图、环境贴图、HDRI 贴图等。使用 V–Ray for SketchUp 材质可以表现很多真实的效果，具体操作如下。

（1）金属材质。单击【Plugins】→【V–Ray for SketchUp】→【材质编辑器】命令，在【V–Ray- 材质编辑器】面板中右击【场景材质】选项，选择【添加 V–Ray 关联材质】命令，增加 "jinshu"（金属）材质。在【V–Ray- 材质编辑器】面板中右击【Linked_jinshu】选项，选择【导入】命令，在弹出的文档中打开 "Metal" 文件夹，选择 "steel-shiny.vismat" 材质，材质参数不用调整，如图 14.104 所示。

（2）玻璃材质。在【V–Ray- 材质编辑器】面板中右击【场景材质】选项，选择【添加 V–Ray 关联材质】命令，增加 "glass"（玻璃）材质。在【V–Ray- 材质编辑器】面板中右击【Linked_glass】选项，选择【导入】命令，在弹出的文档中打开 "Glass" 文件夹，选择 "clear-glass.vismat" 材质，材质参数不用调整，如图 14.105 所示。

（3）地面材质。在【V–Ray- 材质编辑器】面板中右击【场景材质】选项，选择【添加 V–Ray 关联材质】命令，增加 "dimian"（地面）材质，调整材质参数如图 14.106 所示。

（4）马赛克材质。在【V–Ray- 材质编辑器】面板中右击【场景材质】选项，选择【添加 V–Ray 关联材质】命令，增加 "masaike"（马赛克）材质，调整材质参数如图 14.107 所示。

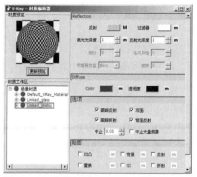

图 14.104 金属材质

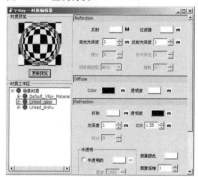

图 14.105 玻璃材质

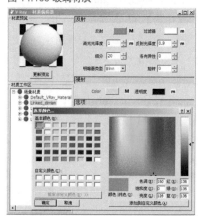

图 14.106 地面材质

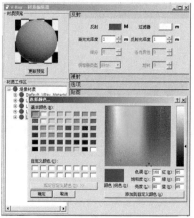

图 14.107 马赛克材质

（5）自发光材质。在【V-Ray-材质编辑器】面板中右击【场景材质】选项，选择【添加 V-Ray 关联材质】命令，增加"Azure"（自发光）材质，调整材质参数如图 14.108 所示。

（6）瓶子材质。在【V-Ray-材质编辑器】面板中右击【场景材质】选项，选择【添加 V-Ray 关联材质】命令，增加"pingzi"（瓶子）材质，调整材质参数如图 14.109 所示。

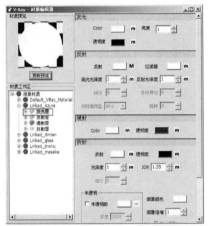

图 14.108 自发光材质

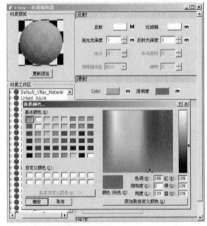

图 14.109 瓶子材质

（7）花瓶材质。在【V-Ray-材质编辑器】面板中右击【场景材质】选项，选择【添加 V-Ray 关联材质】命令，增加"CornflowerBlue1"（花瓶）材质，调整材质参数如图 14.110 所示。

（8）洗手台材质。在【V-Ray-材质编辑器】面板中右击【场景材质】选项，选择【添加 V-Ray 关联材质】命令，增加"shicai"（石材）材质，调整材质参数如图 14.111 所示。

（9）陶瓷材质。在【V-Ray-材质编辑器】面板中右击【场景材质】选项，选择【添加 V-Ray 关

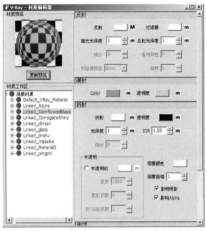

图 14.110 花瓶材质

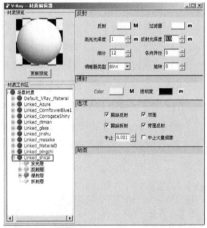

图 14.111 洗手台材质

联材质】命令，增加"taoci"（陶瓷）材质，调整材质参数如图 14.112 所示。

（10）坐便器材质。在【V-Ray-材质编辑器】面板中右击【场景材质】选项，选择【添加 V-Ray 关联材质】命令，增加"White1"（坐便器）材质，调整材质参数如图 14.113 所示。

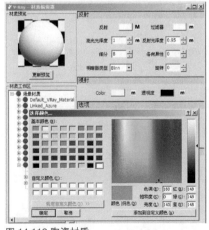

图 14.112 陶瓷材质

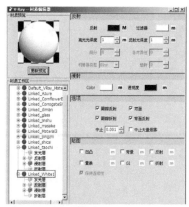

图 14.113 坐便器材质

（11）镜子材质。在【V-Ray- 材质编辑器】面板中右击【场景材质】选项，选择【添加 V-Ray 关联材质】命令，增加"jingzi"（镜子）材质，在【V-Ray- 材质编辑器】面板中右击【Linked_jingzi】选项，选择【导入】命令，在弹出的文档中打开"Metal"文件夹，选择"steel-shiny.vismat"材质，右击【折射层】选项，选择【添加层】命令，调整材质参数如图 14.114 所示。

（12）墙砖材质。在【V-Ray- 材质编辑器】面板中右击【场景材质】选项，选择【添加 V-Ray 关联材质】命令，增加"qiangzhuan1"（墙砖 1）材质，调整材质参数如图 14.115 所示。

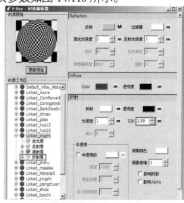

图 14.114 镜子材质

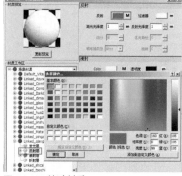

图 14.115 墙砖材质

（13）再次调整视图角度，进行渲染测试，如图 14.116 所示。观察测试效果图，观察场景内模型和灯光是否正确，有误的要继续进行调整，调整完成后，接着进行最终效果图的渲染。

图 14.116 渲染测试

14.3.3 渲染出图

渲染出图的参数与渲染测试的参数有着天壤之别，所需时间会出现几何级数的增长，当然渲染品质好很多，具体操作如下。

（1）单击【Plugins】┝【V-Ray for SketchUp】┝【选项】命令，在弹出的【V-Ray for SketchUp- 渲染选项】面板中打开【全局开关】卷展栏。去掉【覆盖材质】的勾选，调整【伽玛校正】值为"2.2"，如图 14.117 所示。

注意: V-Ray 官方资料介绍，伽玛校正值为 2.2 时，图像输出最接近真实水平，场景偏灰（阴天时）可以选用 1.8。

（2）在【V-Ray for SketchUp- 渲染选项】面板中打开【输出】卷展栏，单击【2048×1536】按钮，设置输出图像的分辨率为 2048 dpi×1536 dpi，如图 14.118 所示。

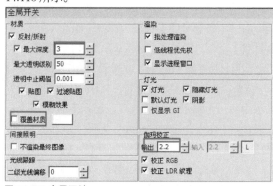

图 14.117 全局开关

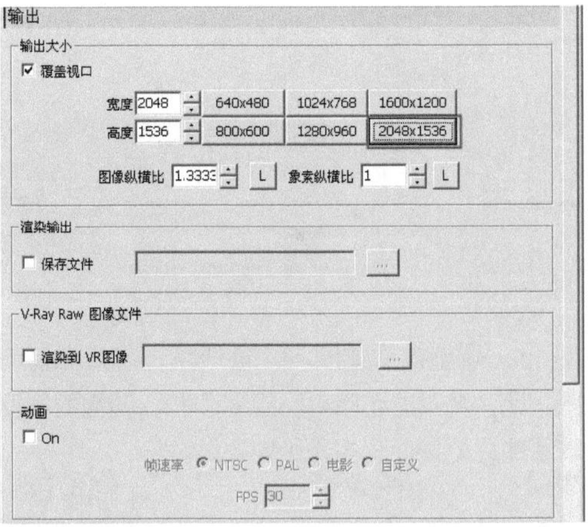

（5）在【V-Ray for SketchUp-渲染选项】面板中打开【灯光缓冲】卷展栏，设置相应的参数如图 14.121 所示。

图 14.121 灯光缓冲

（6）单击【Plugins】→【V-Ray for SketchUp】→【渲染】命令，对当前场景进行渲染。渲染完成后，在【V-Ray 渲染帧缓冲器】面板中单击【保存】按钮，在弹出的【选择输出图像文件】对话框中，设置保存类型为"＊.tga"格式，效果图如图 14.122 所示。

图 14.122 效果图

14.4 后期处理

渲染出的图像还需要借助后期处理软件进行加工，调整画面的不足之处。后期处理在室内外建筑效果图表现中占有很大比例，几乎所有的效果图在出图之前都要进行后期处理。后期处理不仅可以弥补图像的不足，还可以增加图像的艺术性，后期处理的质量直接影响到最终图像的品质。

后期处理是室内效果图绘制的重要部分，优秀的效果图是与后期处理分不开的。本例使用的后期处理软件是 Photoshop，该软件操作非常简单，主要是针对图形的黑白调子、色彩进行简单的处理。

图 14.118 输出

（3）打开【图像采样器】卷展栏，设置为【自适应细分】方式，相应参数如图 14.119 所示。打开【色彩映射】卷展栏，设定为"线性倍增"类型。

注意：线性倍增是一种很方便的色彩映射类型，可以直接调亮暗部或亮部。

（4）在【V-Ray for SketchUp-渲染选项】面板中打开【发光贴图】卷展栏，设置相应的参数如图 14.120 所示。

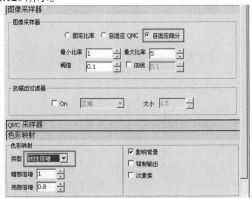

图 14.119 图像采样

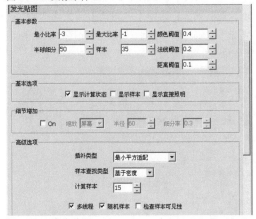

图 14.120 发光贴图

14.4.1 在 Photoshop 中进行明暗的调整

虽然使用 V-Ray 渲染器可以将灯光模拟得与真实情况基本相同，但在 Photoshop 中还需要对图像进行一些局部修饰。

（1）双击桌面 Photoshop 图标，打开 Photoshop 软件。单击【文件】→【打开】命令，打开保存的效果图文件，如图 14.123 所示。

图 14.123 打开图片

（2）对背景图层进行复制，然后生成一个副本图层。在副本图层上对图像进行修改，如图 14.124 所示。这样有利于对比处理前后的效果。

（3）调整图像亮度。单击【图像】→【调整】→【色阶】命令，进入【色阶】调整窗口。单击如图 14.125 所示的【暗部】吸管，在图像中最暗的部分吸取颜色，然后单击【亮部】吸管，在图像中最亮的部分吸取颜色。

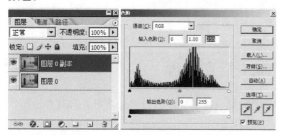

图 14.124 复制图层   图 14.125 进入【色阶】调整窗口

（4）通过【曲线】调整图像对比度。单击【图像】→【调整】→【曲线】命令，进入【曲线】调整窗口，调整窗口中的两个滑块，可以提高效果图的对比度，如图 14.126 所示。

（5）单击【图像】→【调整】→【亮度/对比度】命令，进入【亮度/对比度】调整窗口，如图 14.127 所示，具体参数根据制图者最终渲染出来的效果图的具体情况具体分析，再进行调整。

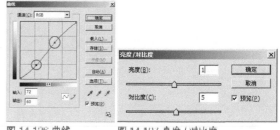

图 14.126 曲线   图 14.127 亮度/对比度

（6）调整效果如图 14.128 所示，与处理前的效果图相比，场景的明暗对比要强烈些，图像的明度稍微暗了些，更接近真实光线的效果。

图 14.128 明度调整

14.4.2 在 Photoshop 中进行色彩调整

色彩的调整是 Photoshop 的强大功能之一，图像偏粉、偏灰的问题都可以在这里得到解决，还可以通过调整色调，得到冷调、暖调等不同气氛的效果图，具体操作方法如下。

（1）单击【图像】→【调整】→【色彩平衡】命令，打开【色彩平衡】调整窗口。分别对【色彩平衡】的【高光】、【中间调】和【阴影】进行调整。选择【阴影】选项，使其偏蓝；选择【中间调】，使其偏黄；选择【高光】，使其偏蓝，如图 14.129 至图 14.131 所示。卫生间整体色调偏冷，给人干净、清爽的感觉。

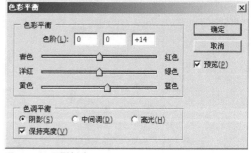

图 14.129 阴影部分

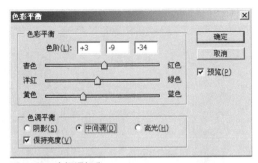

图 14.130 中间调部分

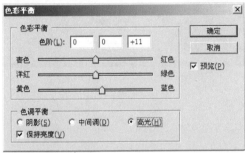

图 14.131 高光部分

（2）单击【图像】→【调整】→【色相 / 饱和度】命令，在弹出的【色相 / 饱和度】对话框中，将【饱和度】调高，如图 14.132 所示。

（3）单击【图像】→【调整】→【照片滤镜】命令，在弹出的【照片滤镜】对话框中，选择"冷却滤镜（82）"，如图 14.133 所示。

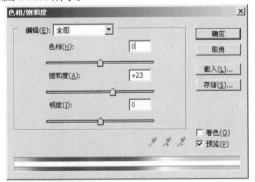

图 14.132 饱和度

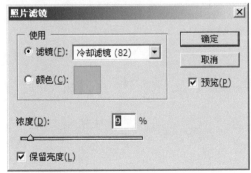

图 14.133 照片滤镜

（4）最后进入【变化】调整，强调效果图的色彩偏向。单击【图像】→【调整】→【变化】命令，在【变化】对话框中将色彩加入到效果图中，如图 14.134 所示。

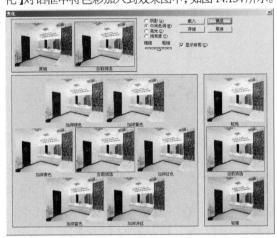

图 14.134 变化调整

14.4.3 最终调整

图像基本上已经处理完了，这时候只要做锐化调整、加边框等最终的调整就可以出图了，最后出图前一定要将图片进行锐化。具体操作如下。

（1）单击【滤镜】→【锐化】→【USM 锐化】命令，在【USM 锐化】对话框中进行 USM 锐化调整，使图片更加清晰，如图 14.135 所示。

图 14.135 调整锐化度

（2）加边框。单击【图像】→【画布大小】命令，将单位改为"像素"，并将【宽度】和【高度】的大小都增大 40 个像素，如图 14.136 所示。

图 14.136 加边框

（3）将图片保存为JPG格式的文件，如图 14.137 所示。在保存时，Photoshop会自动弹出【JPEG 选项】对话框，在【图像选项】栏中将【品质】设置 为"12"（最佳）。

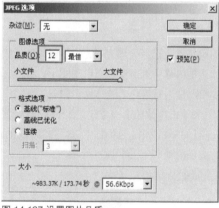

图 14.137 设置图片品质

最终效果如图 14.138 所示。

图 14.138 效果图